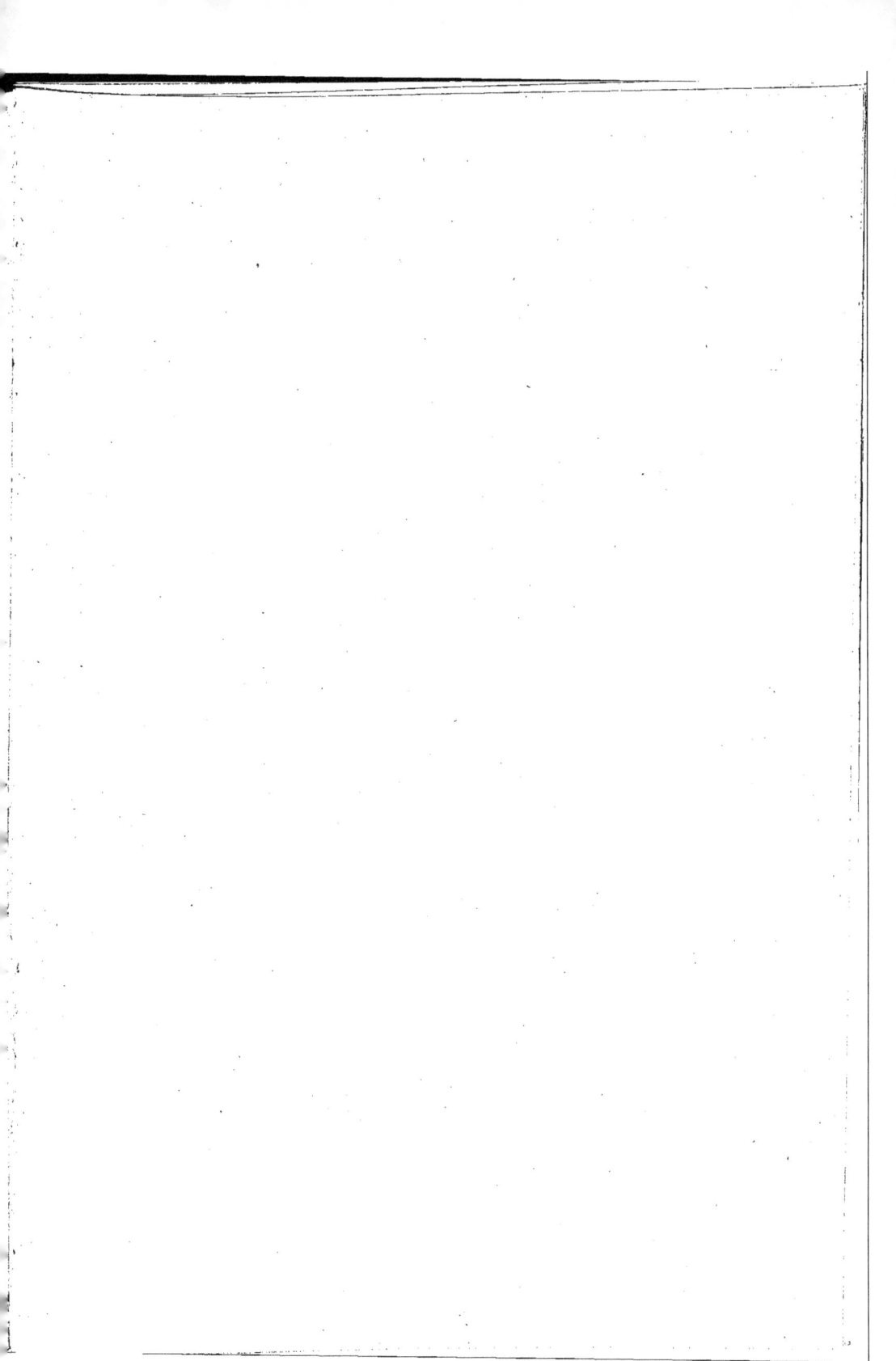

ATLAS

D'EMBRYOLOGIE

MÉMOIRES D'EMBRYOLOGIE DU MÊME AUTEUR

— Recherches sur le sinus rhomboïdal des oiseaux, sur son développement et sur la névroglie périépendymaire, avec 6 planches (*Journal de l'anat. et de la physiol.* Janvier 1877).

— Sur la ligne primitive de l'embryon du poulet, avec 6 planches (*Annales des sciences naturelles*, 1880. Tome VII).

— Études sur l'origine de l'allantoïde, avec 2 planches (*Revue des sciences naturelles* de E. Dubreuil, tome VI, 1877).

— Sur le développement de l'appareil génito-urinaire de la grenouille : le rein précurseur, avec 2 planches (*Revue des sciences naturelles* de E. Dubreuil, 3e série. Tome I, page 471).

— Études histologiques et morphologiques sur les annexes des embryons d'oiseaux, avec 4 planches (*Journal de l'anat. et de la physiol.* de Ch. Robin, 1884).

— De la formation du blastoderme dans l'œuf d'oiseau, avec 5 planches et 66 figures schématiques (*Annales des sciences naturelles. Zoologie*, 1882. Tome XVIII).

— De la spermatogénèse chez les mollusques en général, chez la paludine, chez les batraciens; 3 mémoires, avec 5 planches (*Revue des sciences naturelles* de E. Dubreuil, 1878, 1879, 1880).

— La corne d'Ammon; morphologie et embryologie, avec 4 planches (*Archives de neurologie*, 1881).

— La signification morphologique de la ligne primitive, avec figures dans le texte (*L'Homme, journal des sciences anthropologiques*, 1884, nos 15 et 16).

— Le développement de l'œil, avec figures dans le texte (*Bulletin de la Société d'anthropologie*. Mai 1883).

342-88. — Corbeil. Imprimerie Crété.

ATLAS

D'EMBRYOLOGIE

PAR

MATHIAS DUVAL
PROFESSEUR D'HISTOLOGIE A LA FACULTÉ DE MÉDECINE DE PARIS
MEMBRE DE L'ACADÉMIE DE MÉDECINE

AVEC 40 PLANCHES EN NOIR ET EN COULEUR

Comprenant ensemble 652 figures

PARIS
G. MASSON, ÉDITEUR
LIBRAIRE DE L'ACADÉMIE DE MÉDECINE
120, boulevard Saint-Germain, en face de l'École de Médecine

1889

ATLAS
D'EMBRYOLOGIE

INTRODUCTION

Sommaire. — Objet de cet atlas; exposé général du contenu des planches. — Mode de disposition des figures représentant les coupes transversales ou longitudinales; lignes de repère et chiffres correspondants. — Mode de représentation de chaque feuillet et de ses dérivés.
Orientation des coupes transversales; distinction des organes de la moitié gauche et de la moitié droite de l'embryon. — Manière de *lire* les figures des planches. — Texte explicatif; répertoire alphabétique.
Technique. — Couveuses. — Extraction et préparation de la cicatricule, du blastoderme et de l'embryon. — Pratique des coupes (méthode de l'*inclusion au collodion*). — Montage définitif des préparations.

L'étude de l'embryologie est devenue aujourd'hui fondamentale pour toutes les branches des sciences anatomiques. On ne saurait plus aborder une question de morphologie générale, d'histologie, d'anatomie pathologique, sans se préoccuper d'abord de l'évolution embryonnaire de l'organe considéré; quant à la tératologie, elle n'est devenue réellement scientifique qu'en rattachant les anomalies et monstruosités à des arrêts et accidents du développement normal. D'autre part, les classifications zoologiques n'ont pas de plus sûr criterium que les caractères tirés de l'évolution embryonnaire, en même temps que l'étude de cette évolution est devenue la source la plus sérieuse des arguments en faveur de la doctrine transformiste, à laquelle se rallie aujourd'hui l'immense majorité des biologistes.

Le développement du poulet dans l'œuf a été le point de départ de toutes les recherches d'embryologie. Aujourd'hui encore c'est à lui qu'il faut revenir pour toutes les questions, à cause de la facilité à se procurer les matériaux d'étude, de manière à avoir tous les stades du développement d'un organe, sans qu'il y ait lieu à combler par des hypothèses aucune lacune d'observation. L'embryologie du poulet est donc et restera peut-être toujours la base et l'introduction à toutes les recherches d'embryologie générale et comparée. Elle devra être connue de l'anatomiste et du médecin, qui, sans se livrer à des études spéciales d'embryologie, ont besoin de connaître les origines blastodermiques et l'évolution des organes ; elle devra être également familière au zoologiste qui entreprend des recherches spéciales sur le développement de n'importe quel vertébré.

Mais la lecture des rares traités didactiques que nous possédons sur ce sujet est, à juste titre, réputée difficile et laborieuse ; les apparitions et transformations des divers organes se font simultanément, dans une étroite dépendance les unes des autres, et cependant la description n'en peut être faite qu'en divisant le sujet, pour traiter, chapitre par chapitre, de chaque formation particulière. Si les figures qui accompagnent ces descriptions sont la reproduction exacte de préparations, elles ne peuvent jamais être assez nombreuses pour donner une idée suffisante de tous les stades successifs, et si elles sont schématiques, elles ne répondent plus à la nature même des faits, mais à l'idée théorique adoptée par l'auteur.

Plus que toute autre étude anatomique, l'étude de l'embryologie serait donc singulièrement facilitée par un atlas complet, dont les nombreuses figures seraient méthodiquement disposées de manière à présenter les faits absolument comme ils se succèdent et s'enchaînent sous les yeux de l'observateur. Me livrant depuis douze ans à des recherches d'embryologie, je me suis trouvé à un moment donné en possession d'une collection complète de préparations sur le développement du poulet, et lorsque quelques-uns de mes élèves ont étudié cette collection, j'ai été frappé de la facilité avec laquelle ils comprenaient les processus les plus compliqués du développement, alors que les descriptions des auteurs ne leur en avaient donné qu'une idée incomplète ou fausse. Il était donc tout indiqué de mettre une semblable collection à la large disposition de tous, en la publiant sous forme de figures réunies en planches. Le point capital était de disposer ces planches d'une manière pratique, c'est-à-dire que la *lecture* en fût facile et pour ainsi dire courante. Ce point a été l'objet de nombreux essais, de combinaisons diverses, et, enfin, nous croyons avoir trouvé des dispositions qui répondent au but proposé. En expliquant ici ces dipositions nous donnerons en même temps la manière de se servir du présent atlas.

D'abord il fallait un format pratique. Un grand atlas est embarrassant sur la table étroite de l'étudiant ou sur la table encombrée du laboratoire ; on hésite parfois à le consulter, on ne le lit pas comme un livre didactique. Or le présent ouvrage est réellement un livre dans lequel on lira la succession des figures comme on lit la succession des idées dans un texte. Et cependant l'étendue du blastoderme, celle de l'ensemble de l'embryon et de ses annexes exigent des figures très étendues, c'est-à-dire de grandes planches. Nous avons satisfait aux deux conditions, format moyen et planches grandes, en pliant ces dernières et les collant sur onglet, et nous avons fait en sorte que jamais le pli de la planche ne vînt couper une figure dans ses parties essentielles.

La première planche est composée de manière à donner au lecteur une vue d'ensemble du sujet, depuis l'œuf dans l'ovaire et l'oviducte, jusqu'au poulet près de l'éclosion, c'est, vu à l'œil nu, et sans autres procédés de préparation que l'écartement des parties, l'indication des objets qui vont être étudiés ensuite par le microscope et à l'aide de coupes.

Les deux planches suivantes sont consacrées à la structure de l'œuf, à sa segmentation, à la formation du blastoderme. Chaque partie est d'abord représentée à un faible grossissement, parfois de grandeur naturelle, puis, par exemple pour le blastoderme, sa constitution, à chaque stade, est étudiée par des figures spéciales, à un fort grossissement, le chiffre de chacune de ces figures reproduisant un chiffre indicateur, placé, sur la vue d'ensemble, dans la région même dont l'analyse histologique est ainsi faite sur la figure en question (voir par exemple pl. III, fig. 37, les chiffres 38 et 42 qui renvoient aux figures 38 et 42). Quand on a une fois lu un pareil groupe de figures se commandant réciproquement, la lecture du reste de la planche devient on ne peut plus facile, sans qu'il y ait lieu de se reporter continuellement au texte explicatif pour voir ce que représente une figure. Le texte n'est ainsi à consulter que lorsqu'il y a lieu de rechercher non la signification d'une figure, mais celle de ses détails et le nom des parties. Ajoutons que ce nom des parties est facile à retrouver, car chacune d'elles est désignée, dans toute la série des planches, toujours par la même lettre, laquelle est autant que possible l'initiale de ce nom.

Les planches IV à X représentent le blastoderme et l'embryon dans leur configuration extérieure : chaque planche débute par la représentation du blastoderme et de l'embryon tels qu'on les aperçoit à l'œil nu aussitôt après l'ouverture de la coquille : les contours de celle-ci sont indiqués, pour rendre compte de la manière dont l'embryon est orienté dans l'œuf. Puis viennent des séries de figures représentant ce blastoderme détaché, par section circulaire, de la surface jaune, reçu sur une lame de verre et examiné par transparence au microscope à un faible grossissement, de manière à distinguer l'ensemble des organes : quelques-uns de ces organes ou parties de l'embryon sont repris à un grossissement plus fort. Par cette succession de figures, le débutant lui-même suit sans difficulté la démonstration; en effet il assiste pour ainsi dire aux manipulations qui permettent de distinguer tel ou tel détail : il sait à chaque moment où il en est de la démonstration, et ne peut se trouver égaré en face d'une préparation dont il ignorerait la provenance et les rapports avec ce qu'on voit à l'œil nu.

Vient alors la série des planches qui forment la partie la plus considérable du présent ouvrage, et qui sont destinées à l'étude de la constitution du blastoderme et de l'embryon, tels qu'ils ont été représentés, quant à leur configuration extérieure, dans les planches précédentes. Cette étude ne peut se faire qu'à l'aide de coupes microscopiques transversales et longitudinales. Ici plus que jamais nous avons voulu que les figures représentant ces coupes pussent être lues sans avoir incessamment recours au texte explicatif, c'est-à-dire que, du premier coup d'œil, on reconnût à quel embryon appartenait une coupe, à quel niveau et dans quelle direction elle a été faite. A cet effet nous donnons pour chaque planche une ou deux figures destinées à rappeler les contours et la forme extérieure de l'embryon (précédemment représenté avec détails dans les planches précédentes) auquel vont être empruntées les coupes repoduites dans la planche maintenant en question. Sur cette esquisse de l'embryon sont tracées des lignes rouges transversales ou longitudinales, portant chacune un chiffre également en rouge; or ces lignes indiquent la direction et le niveau des coupes qui sont représentées dans les figures adjacentes, et le chiffre rouge attaché à chaque ligne n'est autre chose que le numéro d'ordre de la figure, c'est-à-dire de la coupe correspondante. Si nous ajoutons qu'en général les figures représentant des coupes longitudinales sont disposées sur la partie gauche de la planche, et orientées longitudinalement (de haut en bas), tandis que les figures de coupes transversales sont rangées sur la partie droite et transversalement (de gauche à droite), et qu'elles se succèdent régulièrement, dans leur ordre naturel, sans interposition, on comprendra que ces dispositions répondent aussi complètement que possible à ce que nous avions en vue. Il suffira de s'être une fois exercé à lire une de ces planches (la planche XIII ou XIV par exemple, prises comme types) pour qu'aussitôt la lecture des autres planches devienne d'une extrême facilité (1).

Mais il ne nous suffisait pas de réaliser ainsi la lecture simple et pratique des figures d'une planche dans leur succession et leurs rapports avec la configuration extérieure de l'embryon. Il fallait qu'ensuite les détails de chaque figure fussent lus et interprétés avec une égale facilité. Ces détails sont en somme de deux ordres: ils se rapportent d'abord aux épaississements, courbures, inflexions, gouttières que présente le blastoderme; à ce point de vue la comparaison de la coupe avec la région correspondante de l'embryon, région qu'on retrouve aussitôt par la présence de la ligne rouge de renvoi, permet tout de suite de constater que tel épaississement, telle courbure du blastoderme, correspondent à tel ou tel détail de la configuration du blastoderme ou de l'embryon. En second lieu, les détails de chaque figure se rapportent à la part que prend chaque feuillet du blastoderme à la constitution des parties. Or le mésoderme s'associe si intimement, par ses lames fibro-cutanée et fibro-intestinale, à chaque formation du feuillet externe et du feuillet interne, qu'il fallait, pour faire saisir du premier coup d'œil ce qui revient à chaque feuillet, employer des couleurs différentes pour la représentation de chacun d'eux. C'est ce qu'on ne manque pas de faire dans les grandes figures murales destinées aux démonstrations d'un cours d'embryologie. C'est ce que nous avons fait également ici, mais avec parcimonie. Il a suffi que le mésoderme, et tout ce qui est de provenance mésodermique, fût figuré en rouge; ce feuillet, s'interposant

(1) Nous avions inauguré ce mode de disposition de figures en embryologie dans les planches de notre mémoire sur *La ligne primitive* (*Annales des sciences naturelles*, 1878).

partout entre les deux autres, ces derniers pouvaient dès lors être tous deux en noir, sans que la confusion fût possible entre eux. Cependant, pour plus de netteté encore, nous avons adopté pour le feuillet externe ou ectoderme un dessin plus foncé, c'est-à-dire que ses couches sont ombrées d'un fond granuleux, tandis que le feuillet interne ou entoderme est d'un ton clair, les contours des cellules étant seuls tracés, sans fond granuleux. Du reste, ce mode de représentation se trouve bien correspondre à l'aspect naturel des éléments ectodermiques et entodermiques. Enfin, comme les vaisseaux, qui forment un véritable feuillet vasculaire, viennent encore compliquer ces superpositions de lames blastodermiques, nous avons représenté ces vaisseaux en un noir foncé, qui contraste bien avec l'aspect clair de l'entoderme; or c'est précisément avec l'entoderme seul que les vaisseaux sont

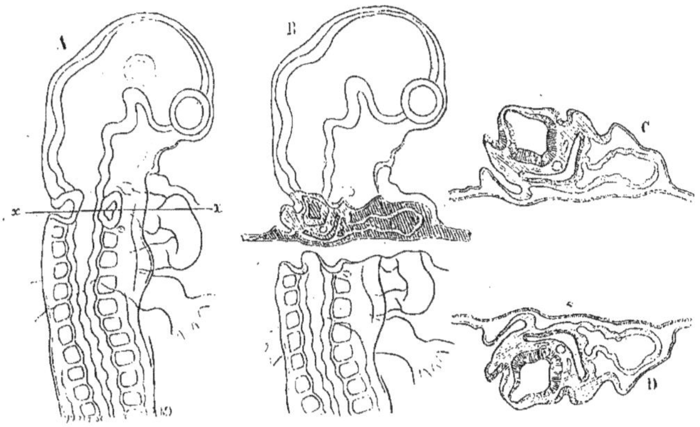

Fig. 1.

en contact pendant les premières phases du développement; il importait donc que la distinction des deux ordres d'éléments fût facile au premier coup d'œil.

Ce tirage en rouge du feuillet moyen, et ces teintes plus ou moins foncées données aux autres feuillets, sont tout ce qu'il y a de schématique dans nos figures. Il est à peine besoin, en effet, de dire que celles-ci ont été très soigneusement dessinées à la chambre claire, qu'elles sont la reproduction exacte de nos préparations et qu'ainsi elles ne sont absolument pas schématiques, dans aucun détail. Quant à la clarté qui résulte du tirage en rouge du feuillet moyen, le lecteur s'en convaincra facilement en considérant par exemple la planche XXI et notamment les figures 338 et 339, qui seront un type montrant combien serait facile la confusion des divers feuillets si tous avaient été représentés de même couleur et de même teinte.

A une certaine époque du développement les origines blastodermiques sont bien définies, achevées et closes; chaque organe, composé de ce qu'il a emprunté à chaque feuillet, continue pour son compte son évolution; dès lors il devenait superflu d'insister sur ces origines blastodermiques suffisamment précisées antérieurement. C'est pourquoi les planches XXX à XXXVIII ne sont plus faites à l'aide de tirage en couleur.

Il nous faut dire encore un mot de la manière selon laquelle ont été et devaient être orientées les figures représentant des coupes transversales. Soit un embryon (fig. 1 en A) vu par la face supérieure ou dorsale, sur lequel va être faite une coupe selon la ligne *xx*, c'est-à-dire au niveau des fossettes auditives et de la partie supérieure du cœur. En B on voit, en raccourci, la surface de la section : en faisant une coupe parallèlement à cette surface de section, nous obtenons une mince

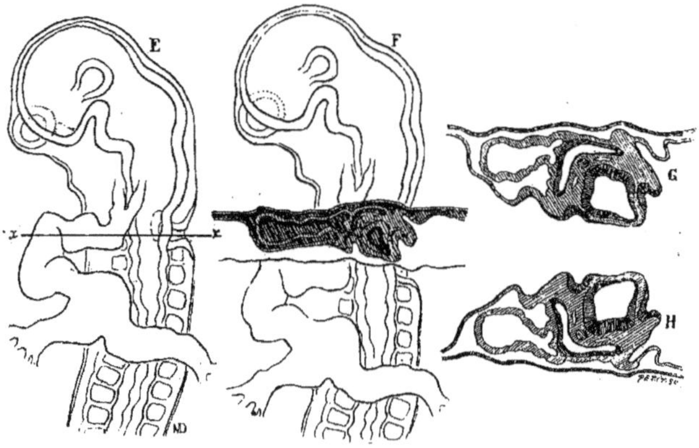

Fig. 2.

tranche qui pourra être couchée à plat soit dans la position représentée en C, soit en celle de D. Ici il n'y a pas d'hésitation à avoir, c'est la position de C que nous choisirons, c'est-à-dire que nous dirigerons en haut la région dorsale, l'ectoderme, et en bas la région ventrale, l'entoderme ; alors la coupe concordera comme position avec le dessin sur lequel est tracée la ligne de repère *xx*, dessin qui représente l'embryon vu de dos, c'est-à-dire la face dorsale en haut.

Mais s'il s'agit plus spécialement d'étudier le cœur ou tout autre organe mieux visible par la face ventrale, nous représenterons, vu par la face ventrale, l'embryon sur lequel doit être tracée la ligne de repère *xx* (en E, fig. 2); dans ce cas la surface de section se montrera telle qu'on l'aperçoit en F (fig. 2), et la coupe obtenue pourra être couchée soit dans la position présentée en G, soit en celle figurée en H. D'après le principe qui nous a guidé précédemment, c'est la position G que nous devrions choisir; mais alors la figure ainsi obtenue serait difficilement comparable avec les autres figures, et l'expérience nous a montré qu'on se trouvait comme désorienté en présence de coupes dont les unes avaient la région dorsale en bas (G) et les autres la région dorsale en haut (C); il faut que toujours la partie dorsale de la coupe regarde le haut de la planche. Nous choisirons donc, dans le cas actuel, la position H. Mais alors il faut remarquer que l'anse cardiaque est dirigée vers le côté gauche de la planche et non vers le côté droit (comme en C, fig. 1). Cette fois l'inversion ne présente pas d'inconvénient pour la comparaison des figures, comme on pourra s'en convaincre par l'inspection de la planche XVIII; en faisant la lecture des figures de cette planche, on comprendra de suite que si, dans quelques-unes, le cœur est à gauche, et non à droite (sa position réelle), c'est que les lignes de repère des figures en question sont tracées sur un embryon vu par la face ventrale, et sur lequel, par suite, l'anse cardiaque fait saillie vers la gauche (de la planche) et non vers la droite.

Un dernier cas se présente : c'est lorsque l'embryon, à partir du troisième jour, commence à se courber sur le côté gauche, présentant en haut son côté droit. Dans les figures qui portent les lignes de repère des coupes l'embryon est toujours représenté vu par la face latérale droite ou supérieure. Soit en A (fig. 3) un tel embryon, et

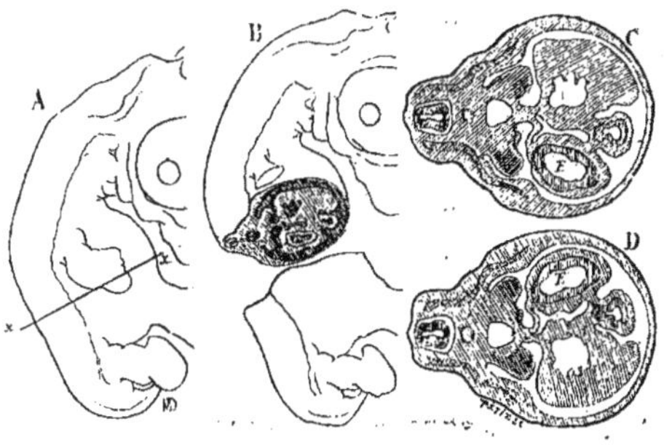

Fig. 3.

en xx, une ligne repère de section; en B on voit l'aspect de la surface d'une section faite selon cette ligne : une coupe détachée de cette surface pourra être couchée selon la position C ou la position D. Nous n'hésiterons pas entre ces deux dispositions et choisirons celle figurée en C, parce qu'elle représente dirigées vers le haut les parties qui sont en effet dirigées en haut sur l'embryon couché sur son côté gauche : c'est pourquoi dans la figure C (comme par exemple dans toutes les figures des planches XXXVII et XXXVIII), le foie, qui est à droite, se trouve dans la partie supérieure de la figure, tandis que l'estomac (E), qui est à gauche, se trouve dans la partie inférieure. Cette disposition devait absolument être adoptée, puisque seule elle permet une comparaison facile avec la figure repère, dans laquelle nous avons parfois retracé le contour des viscères (pl. XXXVII et XXXVIII par exemple), et qu'il fallait absolument qu'il y ait concordance entre les deux ordres de figures. Et cependant le choix de la position C pourrait désorienter au premier abord le lecteur, qui a l'habitude de voir, dans les ouvrages d'anatomie, les organes orientés tels qu'ils le seraient si nous avions choisi la position D (fig. 3); mais une fois prévenu de ce fait, que nous représentons en bas le côté gauche et en haut le côté droit, pour concorder avec la vraie position de l'embryon sur l'œuf, le lecteur ne sera plus exposé à une confusion à cet égard et reconnaîtra parfaitement, dans les organes non symétriques, ceux qui sont à droite, c'est-à-dire en haut, et ceux qui sont à gauche, c'est-à-dire en bas.

Pour les deux dernières planches, il n'y a pas lieu de donner ici des explications spéciales ; la lecture en est simple et facile, soit pour les figures qui représentent le développement morphologique des viscères (pl. XXXIX), soit pour celles qui donnent le schéma des annexes de l'embryon (pl. XL) et dans lesquelles a été soigneusement représentée la formation du sac placentoïde, que j'ai découvert en 1884 (1).

Tout ce qui précède montre assez que nous avons voulu faire un atlas dont les planches pussent être lues comme on lit un texte imprimé. Au lieu de lire des idées et des théories on lit ici la succession des faits, leurs rapports et leur enchaînement. Certes, les théories sont précieuses et séduisantes, en embryologie plus encore que dans toute autre branche des sciences biologiques et, pour ma part, je ne me suis pas privé de développer ces théories, soit dans d'autres publications, soit dans mon enseignement à l'école d'anthropologie (cours d'anthropogénie ou embryologie comparée des vertébrés) ; mais ce n'était pas ici le cas. Aussi cet atlas ne comportait-il pas de texte à proprement parler, mais seulement une *explication des planches*, figure par figure, et un *répertoire alphabétique*.

L'*Explication des planches* débute par la liste alphabétique des lettres de renvoi, lettres avec lesquelles le lecteur sera bien vite familiarisé, puisque le même organe est toujours désigné par la même initiale. Puis vient, pour chaque planche, une explication aussi brève que possible de chaque figure. Cette explication a surtout pour but de signaler toute nouvelle formation au moment de son apparition ; c'est alors seulement qu'il est donné quelques détails sur cette formation, et, pour les figures ultérieures où on la retrouve, il est renvoyé aux explications données une première fois pour toutes.

Enfin, nous avons joint à ce texte un *répertoire alphabétique*, dont voici le but : le lecteur qui voudra consulter l'atlas en vue d'y suivre la formation d'un organe particulier, du cœur par exemple, n'aura qu'à chercher le mot *Cœur* dans ce répertoire, et il y trouvera indiqué sur quelle figure on assiste à la première apparition du tube cardiaque, puis à sa torsion, etc. ; sur quelles figures on voit sa constitution histologique, la part que prend le mésoderme à sa formation, etc. En indiquant ces figures nous renvoyons souvent à l'explication de l'une d'elles en particulier. Cela veut dire que c'est dans cette partie du texte qu'on trouvera les détails géné-

(1) Sur un organe placentoïde chez le poulet (*Comptes rendus de l'Académie des sciences*, 18 février 1884). — Pour l'histologie de cette formation nous renvoyons au mémoire complet sur ce sujet : *Études histologiques et morphologiques sur les annexes des embryons d'oiseaux, avec quatre planches* (*Journ. de l'anat. et de la physiol.* de Ch. Robin et G. Pouchet, n° de mai 1884).

raux donnés une fois pour toutes, relativement à l'organe en question, comme il vient d'être dit ci-dessus.

Cet atlas étant un ouvrage pratique, c'est-à-dire de laboratoire aussi bien que de cabinet, nous devons terminer cette introduction par quelques indications techniques sur les procédés de travail que nous avons employés, c'est-à-dire sur les couveuses, sur le maniement des œufs pour l'extraction du blastoderme ou de l'embryon, et enfin sur la pratique des coupes et leur montage en préparations.

Couveuses. — Au début de nos recherches, ne disposant pas d'un laboratoire, c'est-à-dire de gaz et d'étuves perfectionnées, nous avons pratiqué l'incubation artificielle avec une simple couveuse à eau chaude, sans feu. Ces appareils, dont il existe dans le commerce divers modèles (couveuses Deschamps, couveuses Frémond, couveuses Roullier-Arnould), se composent essentiellement d'une caisse cubique en bois, à doubles parois pour éviter la déperdition de chaleur. Cette caisse est divisée en deux étages, dont l'un est occupé par un tiroir où on place les œufs, l'autre par un réservoir où on verse de l'eau chaude. Nous passons sous silence les divers détails de construction et les dispositions de robinets qui varient avec chaque constructeur (1). Le principe en est toujours le même : maintenir dans le tiroir à œufs une température à peu près constante de 40 degrés, en réchauffant matin et soir (ou parfois en été seulement une fois par jour) l'eau du réservoir. A cet effet on commence à mettre l'appareil en train en remplissant le réservoir de trois quarts d'eau bouillante, et un quart d'eau froide, ce qui donne une température d'environ 40 degrés dans le tiroir; pour entretenir cette température, il suffit de retirer matin et soir une certaine quantité d'eau du réservoir, de la porter à l'ébullition et de la reverser dans l'appareil : avec quelques essais on détermine la quantité d'eau à retirer et réchauffer, et du reste chaque constructeur donne à ce sujet des indications précises dans la notice jointe à l'appareil. Pendant deux ans, nous avons incubé avec un appareil de ce genre, et il nous a donné les résultats les plus satisfaisants.

Dans les mêmes conditions de non installation du gaz, on peut faire usage de la couveuse Carbonnier (le pisciculteur bien connu du quai du Louvre), laquelle ne diffère des précédentes qu'en ce que la température de l'eau du réservoir est maintenue par une petite veilleuse, dont on règle la flamme en faisant varier la hauteur et l'épaisseur de la mèche.

Mais du moment qu'on dispose du gaz, comme dans un laboratoire, on doit faire usage d'une étuve à température constante, et qui, une fois réglée, ne demande

(1) *Couveuse-éleveuse Deschamps, sans feu*, 71, rue Fondary (Paris, Grenelle). — *Appareils perfectionnés, systèmes Frémond*, 5, avenue Rapp, Paris. — *L'incubation artificielle*, par Voitellier (Mantes, chez Beaumont frères, 1880). — *Guide pratique illustré pour l'éclosion et l'élevage artificiel des oiseaux*, par Roullier et Arnoult (Paris, 1878, 7, rue des Canettes). — *Les hydro-incubateurs à Gambais*, par Roullier et Arnoult (*Bullet. de la Société d'acclimatation*, décembre 1875). — *La culture intensive de l'œuf, visite à Gambais*, par E. Gayot (Paris, 1878, Firmin Didot).

plus aucun soin. A cet égard la *couveuse* de d'Arsonval (à Paris, chez Wiesnegg, 64, rue Gay-Lussac) nous a paru la plus simple et la plus pratique à tous égards : nous la décrirons seule.

Cette étuve (fig. 4), dite à *régulateur direct*, se compose de deux vases cylindro-coniques concentriques limitant deux cavités : l'une centrale, qui est l'enceinte qu'on veut maintenir constante, l'autre annulaire, que l'on remplit par la douille et qui constitue le matelas liquide soumis à l'action du foyer. Ce matelas d'eau distribue régulièrement la chaleur autour de l'enceinte et l'empêche de subir de brusques variations de température; il mérite donc bien le nom de *volant de chaleur* que lui a donné M. Schlœsing.

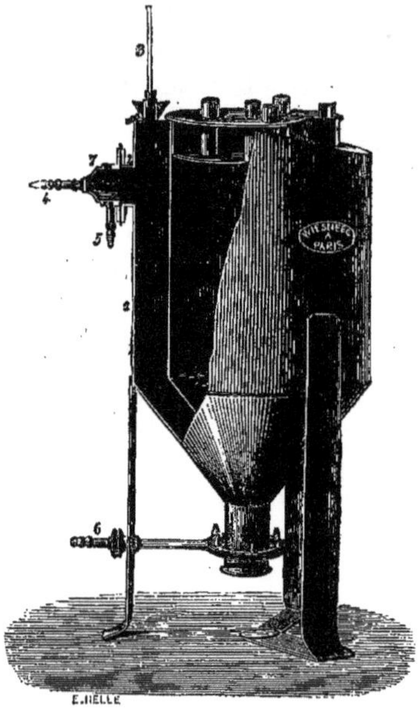

Fig. 4.

M. d'Arsonval a eu l'idée d'utiliser les variations du volume de cette masse énorme de liquide pour régler le passage du gaz allant au brûleur. C'est là ce qui constitue l'originalité de ses appareils en même temps que leur exquise sensibilité.

Pour cela, la paroi externe de l'étuve porte (en 2, 5, 7, fig. 4) une tubulure latérale qui, communiquant avec l'espace annulaire, se trouve fermée, à l'extérieur, par une membrane verticale de caoutchouc (2) : cette membrane constitue, une fois la douille du haut bouchée, la seule portion de paroi qui puisse traduire à l'extérieur les variations de volume du matelas d'eau en les totalisant. Or, le gaz qui doit aller au brûleur est amené par un tube (4, fig. 4) qui débouche normalement au centre de cette membrane et à une faible distance de sa surface externe dans l'intérieur d'une boîte métallique, d'où il ressort par un autre orifice (5) qui le conduit au brûleur. Tube et membrane constituent de la sorte un robinet très sensible dont le degré d'ouverture est sous la dépendance des variations de volume du matelas d'eau, et qui ne laisse aller au brûleur que la quantité de gaz strictement nécessaire pour compenser les causes de refroidissement.

Dans cette combinaison le combustible chauffe *directement* le régulateur qui, à son tour, réagit *directement* sur le combustible; ainsi se trouve justifiée l'épithète appliquée à ces régulateurs qui, de la sorte, ne peuvent être paresseux à régler.

Pour mettre l'appareil en train et le régler les opérations sont les suivantes :

1° Après avoir ouvert la douille du haut (3) qui communique avec l'espace annulaire (1), on remplit cet espace d'eau récemment bouillie en dehors de l'étuve et, par conséquent, privée d'air. Ce remplissage est fait une fois pour toutes.

2° Sans fermer la douille, on plonge un thermomètre dans l'eau, et, après avoir ajusté les tubes de caoutchouc, on allume le brûleur (6); la température s'élève peu à peu.

3° Lorsque l'appareil est à la température désirée, on retire le thermomètre et l'on replace sur la douille le bouchon avec le tube de verre (3) qui le surmonte.

L'appareil se trouve définitivement réglé pour cette température, et voici par quel mécanisme : le tube (4) qui amène le gaz porte un petit disque mobile qui, s'appliquant sur la membrane de caoutchouc sus-indiqué (2), tend sans cesse à l'éloigner de l'orifice d'arrivée du gaz, grâce à l'élasticité d'un petit ressort à boudin. Tant que la douille du haut est ouverte, l'eau provenant de la dilatation s'écoule au dehors, et, le gaz continuant d'affluer au brûleur par la tubulure (5), la température s'élève d'une façon continue; mais, lorsque l'on met le bouchon surmonté du tube, l'eau provenant de la dilatation, au lieu de se perdre, monte dans le tube de verre, et cette colonne d'eau exerce sur la membrane une pression de plus en plus forte, qui, surmontant graduellement l'élasticité du boudin, rapproche de plus en plus la membrane de l'orifice d'arrivée du gaz dont le passage se trouve ainsi réglé.

On place les œufs dans l'enceinte centrale, dans laquelle il est bon de faire plonger un thermomètre, afin de s'assurer chaque jour que l'appareil fonctionne bien. Quant à la disposition des œufs, elle se fait dans de petites corbeilles ou paniers qu'on peut superposer, de manière à en faire tenir plus ou moins dans l'enceinte à température constante.

Les auteurs qui se sont occupés de l'incubation artificielle au point de vue de l'élevage donnent avec raison diverses indications sur la nécessité de retourner de temps en temps les œufs et de maintenir une certaine humidité dans l'enceinte incubatrice. Pour les recherches d'embryologie, où l'on utilise les œufs principalement dans la première semaine de l'incubation, ces divers soins sont inutiles, et si leur absence produit parfois des embryons monstrueux, comme l'a montré Dareste, ces accidents ne sont pas un inconvénient, mais bien plutôt une bonne fortune pour l'observateur.

Extraction et préparation de la cicatricule, du blastoderme de l'embryon. — Les procédés d'extraction et de préparation des pièces destinées à être ensuite débitées en coupes diffèrent selon qu'il s'agit de la cicatricule de l'œuf et du blastoderme avant l'apparition de la ligne primitive, ou bien du blastoderme avec ligne primitive et embryon bien dessiné, ou bien enfin de l'embryon développé et enveloppé de ses annexes.

1° *Cicatricule et blastoderme avant l'apparition de la ligne primitive.* — Nous nous sommes toujours attaché à bien orienter les coupes, c'est-à-dire à bien préciser si elles sont faites transversalement ou longitudinalement, orientation très importante même pour la cicatricule, car, dès l'époque de la segmentation avancée, les processus de formation ne sont pas les mêmes dans la future région antérieure de l'embryon et dans la future région postérieure (1). Cette orientation est facile sur un blastoderme où la ligne primitive est visible, surtout quand on peut enlever ce blastoderme (en excisant sous l'eau la partie correspondante du jaune, voir ci-après) et l'examiner par transparence. Mais sur l'œuf non incubé et dans les quinze premières heures environ de l'incubation, on ne peut avec succès essayer d'isoler la cicatricule du jaune, et l'examen de cette cicatricule en place, par la lumière réfléchie, ne présente pas, au premier abord, des traits caractéristiques qui permettent de lui distinguer une région antérieure et une région postérieure. Nous avons tourné la difficulté grâce à la connaissance de l'orientation future de l'embryon sur le jaune, par rapport au gros et au petit bout de l'œuf. Ainsi qu'il résulte des observations de Balfour, de Kölliker, et de celles que nous avons faites en très grand nombre, l'embryon, alors que son extrémité céphalique est bien reconnaissable, se trouve couché sur le jaune perpendiculairement au grand axe de l'œuf, et de telle manière que le gros bout de l'œuf est à sa gauche et le petit bout à sa droite; l'orientation est la même lorsque l'embryon n'est encore représenté que par la ligne primitive. Il est donc certain que cette orientation est chose tout à fait originelle, et que, par exemple, dans un œuf non incubé, la cicatricule, homogène en apparence, tourne, lorsqu'on tient l'œuf devant soi, avec la grosse extrémité à gauche, et la petite à droite, tourne vers l'observateur la future région postérieure et à l'opposé la future région antérieure.

Connaissant ainsi la signification (antérieure ou postérieure) des parties d'une cicatricule mise à nu en ouvrant l'œuf avec soin sur l'étendue de 1 ou 2 centimètres carrés de la région moyenne de la coquille, il faut durcir, en conservant cette orientation, la cicatricule qui se présente précisément au centre de l'ouverture (l'ouverture étant dirigée en haut, on sait que les densités relatives des diverses parties du jaune sont telles que la cicatricule se présente nécessairement aussi en haut). Plonger l'œuf en entier, avec albumine et coquille, dans les liquides durcissants n'est pas pratique, car alors il faut souvent renouveler le liquide et cette manœuvre amène toujours des déplacements par rotation latérale de la sphère vitelline. D'autre part, en dégageant la sphère vitelline et la plongeant seule dans le liquide durcissant, on se met dans l'impossibilité de reconnaître ultérieurement non seulement l'orientation, mais même la place de la cicatricule. Il faut donc marquer sur la sphère vitelline des signes reconnaissables après durcissement et qui permettent de distinguer les régions reconnues comme future partie antérieure et future partie postérieure.

A cet effet on construit, avec une petite bande de papier large de 5 millimètres et longue de 50 millimètres, une sorte de cuvette triangulaire sans fond, c'est-à-dire en se bornant à plier cette bandelette de sorte qu'elle figure les bords d'une cuvette triangulaire (fig. 5). Alors, l'œuf étant ouvert, on enlève avec une pipette

(1) Voir à cet égard notre mémoire *De la formation du blastoderme dans l'œuf d'oiseau* (*Annales des Sciences naturelles*, 1884, t. XVIII, n°s 1, 2 et 3, avec 5 planches et 66 figures dans le texte).

la mince couche d'albumine qui recouvre à cette époque la région de la cicatricule, et sur la surface ainsi dégagée on applique le triangle de papier en l'orientant de façon que sa base réponde à la future région antérieure et son sommet à la future région postérieure du blastoderme. On appuie un peu avec une pince sur ce triangle pour le maintenir en place, pendant qu'on remplit la cuvette ainsi formée (dont le fond est alors constitué par la région de la surface vitelline renfermant la cicatricule) avec une solution d'acide osmique à 1 p. 100, et on continue à le maintenir pendant les quelques minutes nécessaires à l'action du réactif. Quand le fond de la petite cuvette commence à noircir, on dépose la pièce entière (œuf avec reste de coquille) dans un large cristallisoir plein de solution chromique à 3 p. 1000 ; le papier se détache ; on isole de son albumine et de sa coquille la sphère vitelline, qui, à l'aide d'un verre de montre très creux, peut être transportée dans une nouvelle solution chromique où s'achève le durcissement. Mais, grâce aux opérations précédentes, cette sphère vitelline est marquée d'une surface triangulaire noire (fig. 6), et nous savons non seulement que la cicatricule est au milieu de ce triangle, mais encore que sa future région antérieure correspond à la base, et sa future région postérieure au sommet de ce triangle. On pourra donc, après durcissement suffisant dans la solution chromique, découper sur la sphère vitelline un fragment contenant ce triangle, en achever le durcissement dans l'alcool, puis pratiquer des coupes qu'on saura orienter transversalement ou longitudinalement, en même temps que pour ces dernières on saura où est la région antérieure, où la région postérieure.

Fig. 5.

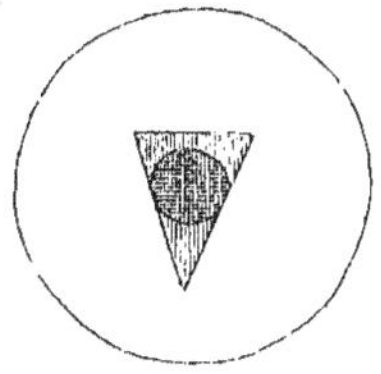

Fig. 6.

Si, dans le but d'avoir une pièce où la coloration des noyaux soit plus facile, on veut durcir uniquement par l'alcool, on fait encore usage du petit triangle de papier, et, sur l'œuf ouvert, on l'applique comme précédemment, mais sans avoir fait aucune tentative pour enlever de l'albumine ; avec une pipette on arrose d'alcool absolu la cavité de la cuvette ; l'albumine s'y coagule rapidement et bientôt ne forme plus, avec le triangle de papier, qu'une seule masse compacte adhérant fortement à la sphère vitelline. On peut alors plonger le tout dans l'alcool absolu, ou, par économie, faire couler la plus grande partie de l'albumine restée liquide sur les parties latérales du jaune, et se servir de la coquille comme récipient de l'alcool destiné à durcir la surface du jaune. Toujours est-il qu'au bout de quelques heures les couches périphériques du jaune sont assez durcies pour former une coque résistante dans laquelle on découpe et extrait la partie correspondant à la masse triangulaire formée par la cuvette de papier et son albumine. Si le papier se détache pendant cette opération, la présence de la masse triangulaire d'albumine constitue une marque suffisante pour permettre l'orientation des coupes ; s'il ne se détache pas, on le laisse en place crainte d'accident de brisure de la pièce par des manœuvres de traction; la pièce n'en est que mieux marquée comme orientation, et ce fragment de papier se coupera facilement au rasoir quand on débitera ultérieurement la coupe.

2° *Blastoderme avec ligne primitive ou embryon.* — Ici il n'y a plus à faire de marques pour établir l'orientation, la ligne primitive ou l'embryon étant bien visible sur le blastoderme examiné par transparence. Il s'agit donc seulement d'extraire ce blastoderme et de le préparer pour l'étude à la lumière transmise. Nous avons employé plusieurs procédés.

L'œuf étant ouvert à sa partie supérieure sur l'étendue circulaire d'une pièce de 2 francs au plus, on peut le placer dans un cristallisoir plein d'eau tiède et renfermant en solution 1 p. 200 de chlorure de sodium ou de sulfate de soude. Avec de fins ciseaux pointus, dont on plonge l'une des pointes dans la périphérie du blastoderme (en dehors de l'air opaque), on découpe circulairement ce blastoderme, qu'on fait alors glisser, en le tirant légèrement avec une pince fine, dans l'eau du cristallisoir. Pendant qu'il flotte dans cette eau, la membrane vitelline se sépare du blastoderme, et il est facile de s'en débarrasser complètement à l'aide de quelques petites manœuvres avec deux pinces. Le blastoderme est alors recueilli sur une lame porte-objet. Ce mode de préparation a l'avantage de permettre d'observer l'embryon vivant, c'est-à-dire qu'on voit battre le cœur en portant la préparation sous le microscope, et, en la maintenant à une température de 38 à 40 degrés (en l'arrosant de temps en temps avec la solution chaude de sulfate de soude), on peut prolonger pendant des heures l'observation des battements cardiaques; on est maître de les ralentir ou de les accélérer selon qu'on produit un réchauffement trop fort ou trop faible. Quand on a fini ces observations, on arrose le blastoderme d'alcool à 36°, puis d'alcool absolu; ou bien on le traite d'abord par le liquide de Kleinenberg (solution picro-sulfurique, voir les traités de technique histologique), puis successivement par l'alcool à 36° et l'alcool absolu. On achève en tout cas le durcissement par un séjour de plusieurs heures dans l'alcool absolu, en un verre de montre. La pièce est ensuite colorée en masse, soit par le picro-carmin, soit par le carmin aluné de Grenacher, puis montée dans de la glycérine, entre lame et lamelle, en préparation provisoire. Par préparation provisoire nous voulons dire lutée seulement à la paraffine, de sorte qu'il soit ultérieurement facile de défaire la préparation, pour reprendre le blastoderme et en faire des coupes, comme il sera dit plus loin.

Mais quand on ne veut pas observer les mouvements du cœur, il est plus avantageux de traiter le blastoderme par les réactifs fixateurs (acide osmique ou alcool absolu) avant de l'extraire de l'œuf. A cet effet, la coquille étant ouverte comme précédemment, on arrose, à l'aide d'une pipette, le blastoderme avec une solution osmique à 1 p. 100. Dès que la surface arrosée commence à s'assombrir, on place l'œuf dans un cristallisoir plein d'eau, et avec des ciseaux on découpe circulairement le blastoderme : en le faisant alors glisser de dessus le jaune il arrive presque toujours que la membrane vitelline se sépare complètement, et en tout cas elle s'isole quand le disque blastodermique flotte dans l'eau. Recueilli sur une lame porte-objet, ce disque blastodermique est arrosé d'alcool absolu; puis, comme précédemment, on en achève le durcissement par un séjour dans l'alcool absolu, on le colore en masse et le monte en préparation provisoire. — Pour fixer par l'alcool absolu, sans usage préalable de l'acide osmique, on arrose, après ouverture de la coquille, le blastoderme avec de l'alcool absolu, opération qu'on renouvelle à plusieurs reprises; puis, quand tout le blastoderme est devenu d'un blanc éclatant, on en opère l'isolement dans l'eau, et procède pour le reste comme ci-dessus. Il arrive, par cet emploi unique de l'alcool, que la membrane vitelline adhère fortement au blastoderme et n'en saurait être séparée sans accident. — Enfin on peut encore varier les procédés, en fixant le blastoderme en place par le liquide de Kleinenberg, le sectionnant dans un cristalisoir plein de ce liquide, puis le traitant successivement par l'alcool à 36° et l'alcool absolu.

Par tous ces procédés, et nous donnons la préférence soit à l'emploi de l'acide osmique puis de l'alcool, soit à celui du liquide de Kleinenberg puis de l'alcool, nous avons, pour nos études, fait une collection très considérable de blastodermes recueillis à toutes les heures de l'incubation, depuis le début du premier jour jusque vers la fin du cinquième jour. Cette collection de préparations provisoires devait nous servir à étudier et dessiner l'embryon sous ses formes extérieures et à le débiter en coupes pour examiner sa constitution intime.

Toutes ces préparations portaient une étiquette indiquant le nombre d'heures d'incubation, c'est-à-dire l'âge de l'embryon. Mais c'est un fait bien connu que, surtout pendant les premiers jours de l'incubation, deux œufs examinés après un séjour exactement égal dans la couveuse peuvent présenter des degrés de développement très différents. Aussi, quand on étudie des phénomènes de formation qui se succèdent à court intervalle, comme l'apparition de la gouttière médullaire, il serait illusoire de croire que deux blastodermes vont être arrivés exactement au même degré d'évolution parce que tous deux ont été retirés après un séjour égal à la température de 39 degrés. Pour établir l'identité de développement de deux embryons, il faut constater directement (*de visu*) cet état identique. C'est pour cela que nous faisions cette très nombreuse collection de préparations provisoires. En passant en revue cette collection, nous groupions ensemble les embryons parvenus exactement au même degré de développement, dont il est facile de juger par exemple par l'état du cœur, le nombre des prévertèbres, etc., et il fallait que pour chaque stade nous eussions au moins trois embryons identiques. Ces trois embryons identiques recevaient alors le même chiffre ou numéro d'ordre.

De ces trois préparations provisoires identiques, chacune était destinée à un sort différent : 1° l'une était en montée préparation définitive, c'est-à-dire que le blastoderme, extrait de la glycérine, était déshydraté par l'action successive de l'alcool à 36° puis de l'alcool absolu, éclairci par l'essence de girofle, et enfin monté en préparation permanente dans le baume du Canada. Cette préparation définitive était destinée à l'étude et au dessin de l'embryon vu en surface, et, comme cette étude se fait à de faibles grossissements, l'épaisseur de la lame porte-objet n'était pas un obstacle à l'examen microscopique du blastoderme sur chacune de ses faces, en retournant simplement la préparation sur la platine du microscope; 2° les deux autres, retirées également de la glycérine, étaient placées dans l'alcool absolu, puis montées dans le collodion pour être coupées l'une en travers (perpendiculairement à l'axe de l'embryon), l'autre en long (parallèlement à cet axe).

3° *Embryon développé et muni de ses annexes.* — A partir du sixième jour l'embryon est trop gros pour être conservé entre lame et lamelle et examiné par transparence. Il faut donc en faire collection dans de petits flacons bien bouchés, comme pour toute autre pièce anatomique. L'extraction de l'embryon se fait en ouvrant largement la coquille par en haut : on la plonge dans un cristallisoir plein d'une solution de sulfate de soude, et, avec des pinces, rien n'est plus facile que d'isoler l'embryon, avec ou sans annexes, c'est-à-dire par exemple avec l'allantoïde à l'état de vésicule (Voy. pl. IX et X), ou bien avec son amnios. Recueilli dans un verre de montre, il peut être aussitôt examiné à cet état au microscope ou à la loupe, car alors ses tissus, encore vivants, présentent une grande transparence et c'est alors seulement qu'on voit bien le trajet des gros vaisseaux gorgés de sang rouge; on distingue également l'intestin, le foie, le cœur, les vésicules cérébrales et oculaires, etc. Après cet examen, l'embryon est placé dans le liquide de Kleinenberg où il séjourne vingt-quatre heures; il est placé ensuite pendant douze à vingt-quatre heures dans l'alcool à 36°, puis dans l'alcool absolu, et c'est dans ce dernier liquide qu'on le conserve. Ainsi durci l'embryon n'est plus transparent, mais ses formes extérieures sont très nettement dessinées. Il servira pour faire des coupes, ou bien encore, s'il est très avancé (après le huitième jour), il pourra être soumis à une véritable dissection, pour l'étude de la disposition des viscères (Voy. pl. XXXIX).

Pratique des coupes et montage des préparations. — C'est la méthode du collodion qui nous a toujours servi pour l'inclusion des pièces et la pratique des coupes. Nous l'avons fait connaître pour la première fois dans une communication à la Société de biologie (1er février 1879). Depuis cette époque (1), nous avons apporté à l'emploi du collodion une série de perfectionnements qui ont été publiés successivement dans divers mémoires. Nous pouvons donc donner aujourd'hui les indications complètes sur l'usage de ce précieux moyen d'inclusion et de fixation des coupes (2).

(1) *De l'emploi du collodion humide pour la pratique des coupes histologiques* (*Journal de l'anat. et de la physiol.* de Ch. Robin, 1879). — *De quelques perfectionnements à l'emploi du collodion en technique histologique* (*Soc. de biologie*, 1880). — *La corne d'Ammon, morphologie et embryologie* (*Archives de neurologie*, n° 6, 1881-82). — *De la formation du blastoderme dans l'œuf d'oiseau* (*Annales des sciences naturelles*, 1884).

(2) Quelques embryologistes allemands (Voir par exemple : Sarasin, *Reifung und Furchung des Repti-*

Nous avons été amené à faire usage du collodion en présence des inconvénients présentés par la gomme, que nous avons employée d'abord selon la méthode classique, en durcissant l'enrobage par l'immersion dans l'alcool. Le plus désagréable dans la gomme, comme dans toutes les autres masses à inclusion (mélange de cire et d'huile, de savon et d'huile, de paraffine, de savon, de gélatine, etc.), c'est d'abord le défaut de transparence, ne permettant pas à l'opérateur de se rendre exactement compte du niveau et de la direction selon laquelle il dirige sa coupe, quelque soin qu'il ait pris d'indiquer par des marques de repère la situation et l'orientation de l'embryon inclus dans la masse solidifiable. C'est ensuite la nécessité de débarrasser de ce mélange la coupe obtenue, avant de pouvoir la monter entre lame et lamelle, ce qui nécessite des lavages compliqués dans la série desquels les coupes conservent rarement leur intégrité. C'est enfin le peu d'adhérence de ces mélanges à la substance même de la pièce anatomique, de telle sorte que si cette pièce (embryon) est de très petite dimension, formée de feuillets distincts, d'organes flottants, le passage du rasoir y détermine de petits déplacements qui sont incompatibles avec la régularité nécessaire à une série de coupes successives. Au contraire, la transparence et la ténacité du collodion devaient attirer sur cette substance l'attention des microtomistes; mais en même temps, sa rétractilité et sa dureté à l'état sec n'en indiquaient guère l'usage pour des

liencier; Arbeiten aus dem zoologisch-zootomischen Institut in Wurzburg, 1883, p. 160) citent, à propos de l'emploi du collodion, les noms de Mason et de Schiefferdecker, de sorte que j'ai cru un moment me voir dépossédé de mon titre à l'introduction du collodion dans la technique de la microtomie. D'autre part l'usage du collodion s'est très répandu en Allemagne, mais on l'emploie sous une forme qui porte le nom de celloïdine, de façon qu'avec le nom de collodion disparaît en même temps le mien, et qu'il n'est plus question que de la méthode à la celloïdine de Schiefferdecker. Or, en se reportant au mémoire même de ce dernier auteur (*Ueber die Verwendung des Celloïdins in der anatomischen Technik. Arch. f. Anat. und Entwickelungsgeschichte von His u. Braun*, 1882, p. 199), on voit que cet auteur ne présente sa méthode que comme une légère modification de la mienne, qu'il a mise en usage dès sa première publication, et que sa celloïdine n'est qu'une forme de collodion qu'on trouve à l'état sec dans le commerce en Allemagne. Rabl-Ruckhard, qui a été l'un des premiers à apprécier l'emploi du collodion, a soin de déclarer que la celloïdine de Schiefferdecker n'est autre chose que le collodion de Duval (*Das Grosshirn der Knochenfische und seine Anhangsgebilde.* — Arch. de His et Braun, 1883, page 282). D'ailleurs les récents traités de technique histologique m'ont rendu complètement justice à cet égard, et m'épargnent toute revendication de priorité. Il me suffira de citer les deux suivants :

Hermann Fol (*Lehrbuch der vergleichenden mikroscopischen Anatomie.* Leipzig, 1884 : erste Lieferung, p. 118) s'exprime en ces termes : « L'emploi du collodion a été trouvé par Duval, et ensuite perfectionné par Merkel et Schiefferdecker, de telle sorte que le collodion est aujourd'hui une des plus précieuses méthodes d'inclusion. » — Bolles Lee et F. Henneguy (*Traité des méthodes techniques de l'anatomie microscopique*, Paris, 1887) disent de leur côté (p. 186) : « La très importante méthode de l'inclusion au collodion est due à M. Duval (*Journ. de l'anat.*, 1879). La celloïdine, recommandée plus tard par Merkel et Schiefferdecker (*Arch. f. anat. u. Physiol.*, 1882, p. 200), n'est autre chose qu'un collodion pharmaceutique qui présente l'avantage d'être livré sous forme de plaques solides qui sont solubles en diverses proportions dans un mélange à parties égales d'éther et d'alcool absolu. La celloïdine s'emploie pour les inclusions de la même manière que le collodion ordinaire, et nous ne ferons pas de distinction dans ce qui suit entre les deux substances. »

J'ajouterai que j'ai aussi fait venir d'Allemagne des plaques de celloïdine et que je n'ai trouvé à cette substance aucun avantage sur le collodion. Avec elle on obtiendrait, dit-on, plus facilement des masses dures et résistantes; il n'en est rien : avec du collodion très épais, on arrive aux mêmes résultats, et la masse au collodion est toujours bien transparente; ce n'est pas le cas pour la celloïdine.

parties aussi délicates que le blastoderme ou l'embryon. Il ne saurait à cet effet être question du collodion sec, mais bien du *collodion humide*, c'est-à-dire auquel on ne laisse pas perdre tout l'alcool qu'il renferme, de façon qu'alors il ne se rétracte pas. Si en effet on laisse tomber, dans une cupule pleine d'alcool à 36°, une goutte assez consistante de collodion, on constate que ce collodion reste dans l'alcool sous la forme d'une petite sphère, ne changeant pas de volume, et présentant la consistance et l'élasticité d'un morceau de caoutchouc, en même temps qu'une transparence parfaite. C'est que l'éther a diffusé dans l'alcool et s'est évaporé, tandis que la partie solide du collodion (fulmi-coton), demeurant imbibée d'alcool, forme, à la condition de ne point perdre cet alcool par dessiccation, une masse homogène qui paraît dès lors essentiellement propre à l'inclusion des pièces délicates, destinées à passer par le microtome.

D'une manière générale les pièces sont enrobées dans le collodion par le procédé suivant : retirée de l'alcool où s'est achevé son durcissement, la pièce est placée quelques instants dans un mélange d'alcool et d'éther (1 d'alcool pour 10 d'éther), afin de faciliter la pénétration ultérieure du collodion. Puis elle est placée dans une solution très liquide de collodion normal (non riciné), où son séjour doit être de dix minutes au moins, et de vingt-quatre heures au plus, selon le volume de la pièce ; elle est ensuite portée dans une solution plus épaisse de collodion, solution qui pourra être depuis la consistance sirupeuse jusqu'à la consistance pâteuse, selon la dureté qu'on désire obtenir pour la masse d'enrobage. Retirée de ce collodion, qui l'a pénétrée, et dont une épaisse couche la revêt, la pièce est laissée à l'air libre pendant une minute au plus, le temps de donner une légère consistance à la surface du collodion qui l'englobe, puis elle est plongée dans l'alcool à 36°, dans un flacon qu'on laisse ouvert ou à demi fermé. Au bout de six à dix heures de séjour dans ce bain d'alcool, le collodion, ayant laissé diffuser tout l'éther qu'il renfermait, forme la masse solide désirée, masse absolument transparente comme du verre, de sorte qu'on peut ensuite, toujours avec du collodion, coller la pièce sur un morceau de sureau en l'orientant dans la direction voulue pour la placer dans le tube du microtome et pratiquer des coupes. Comme les coupes au microtome se font en mouillant rasoir et pièce avec de l'alcool, on voit que le collodion reste toujours à l'état humide, et, une fois les coupes obtenues, c'est encore le fait d'avoir inclus dans le collodion qui supprime ou simplifie toutes les manipulations ultérieures, si laborieuses après l'usage des autres masses à inclusion. C'est ce que nous verrons bientôt.

Mais nous devons d'abord insister sur un perfectionnement très important dans certains cas. Souvent il est nécessaire de fixer plus parfaitement encore, au fur et à mesure des coupes, les parties très ténues et fragiles que l'effort du rasoir tend à dissocier. Un exemple, emprunté à un ordre spécial d'études embryologiques, le fera bien comprendre. Les œufs des batraciens, lorsque la segmentation a donné les grosses cellules qui constituent le blastoderme, sont extrêmement difficiles à débiter en coupes, parce que ces cellules, relativement grosses et pleines de granulations vitellines, se vident de ces granulations lorsque le rasoir les a ouvertes, à peu près comme se viderait un sac de blé éventré. Pour éviter cet inconvénient, il ne suffit pas d'avoir collodionné la pièce en masse (œuf tout entier), il faut *collodionner après chaque coupe la surface de section de l'objet*, de façon que les éléments qui vont faire partie de la coupe suivante se trouvent agglutinés à la face inférieure d'une lamelle de collodion. De même, quand on débite un blastoderme, il peut arriver qu'à un certain moment on s'aperçoive que le feuillet interne ne tient pas bien au feuillet moyen par exemple, et que les coupes se disloquent plus ou moins. Ici encore on remédiera par *collodionnage des surfaces de section*. A cet effet, quand une coupe vient d'être enlevée, et qu'on a sous les yeux la surface de section où va être pratiquée une nouvelle coupe, on fait couler sur cette surface de section, avec une pipette, quelques gouttes de collodion très liquide, qui, comme lorsque le photographe prépare une plaque, s'y étale en une mince couche adhérente. On laisse alors (quelques minutes suffisent, selon la température extérieure) se produire une légère dessiccation à l'air libre, puis on se hâte d'arroser d'alcool pour empêcher le retrait du collodion (ce qui amènerait un enroulement de la coupe ultérieurement pratiquée). On peut, dès lors, tourner la vis du microtome de la quantité correspondant à l'épaisseur qu'on veut donner à la coupe, puis pratiquer celle-ci, comme d'ordinaire, avec le rasoir chargé d'alcool. Ce procédé n'allonge pas, comme on pourrait le croire *a priori*, la durée des manœuvres ordinaires du microtome, car le temps nécessaire pour recueillir sur la lame porte-objet la coupe qu'on vient de faire suffit, quand on a collodionné tout aussitôt la surface de section, pour que le collodion déposé sur cette surface se solidifie au point voulu, de sorte qu'il n'y a réellement pas de temps perdu. Du reste, les coupes ainsi obtenues seront traitées comme celles faites sans collodionnage de la surface de section.

Le collodion assure non seulement la solidité des coupes, mais il en facilite singulièrement le montage. En effet, pour cette opération consécutive, la coupe n'a pas à être, comme dans les autres procédés d'inclusion, débarrassée de la substance dans laquelle elle est incluse, c'est-à-dire de la mince lame de collodion avec laquelle elle a été enlevée par le rasoir. En recevant la coupe dans un godet plein d'eau, on peut aussitôt la faire de là glisser sur la lame porte-objet, et cette opération ne produit, quelque délicate que soit la préparation, aucune déchirure, les parties les plus fines, les portions même sans connexion les unes avec les autres étant conservées et maintenues exactement dans leurs rapports réciproques, par la présence du collodion qui remplit tous les vides. Sur la lame porte-objet, si la coupe est recouverte d'une goutte de glycérine puis d'une lamelle, la présence du collodion ne se traduit, au microscope, par aucune apparence optique ; ce n'est qu'en portant l'examen vers les bords de la coupe, qu'on reconnaît la présence de la lamelle de collodion, absolument comme on ne constaterait celle d'un fragment de lamelle couvre-objet qu'en ayant l'image de ses bords. On peut donc dire qu'en emprisonnant la pièce, et en laissant ses coupes emprisonnées dans le collodion. on a employé comme milieu d'inclusion une substance dont les propriétés optiques sont comparables à celles du verre, mais dont les autres propriétés physiques sont celles du caoutchouc : le collodion, disions-nous dès 1879, est, à ce point de vue, du verre élastique et très facile à couper régulièrement au rasoir. Du reste, la lamelle de collodion, conservée dans la glycérine avec la préparation elle-même, entre lame et lamelle, ne perd rien de sa transparence avec le temps, car nous avons des préparations de ce genre conservées depuis neuf années et qui ont conservé toute leur transparence et leur netteté.

Telle est la technique générale de l'emploi du collodion, et en la donnant ici, nous n'avons fait allusion qu'aux coupes montées ensuite dans la glycérine. En embryologie, où il s'agit de faire de nombreuses collections de coupes, et de les conserver indéfiniment pour des études comparatives, il faut adopter d'une manière exclusive le montage au baume de Canada qui donne des préparations inaltérables et indestructibles. Nous allons donc donner quelques nouvelles indications relatives à l'emploi du collodion spécialement en embryologie, en distinguant deux cas bien différents : 1° coupes de blastoderme avec embryon jusque vers le sixième jour ; 2° coupes d'embryons plus volumineux, à partir du sixième jour.

1° Nous l'avons dit précédemment, les embryons, jusqu'à la fin du sixième jour, sont, après durcissement, colorés en masse, et conservés en préparations provisoires. Quand on veut débiter en coupe un pareil disque blastodermique avec son embryon, on le fait passer successivement par l'alcool à 36°, l'alcool absolu, le mélange d'alcool et d'éther, le collodion très liquide et enfin le collodion épais. Alors on taille une surface plane, verticale, sur un fragment de moelle de sureau et, après avoir arrosé cette surface d'éther, on la plonge dans le collodion épais où repose le disque blastodermique. Avec une aiguille ou la pointe d'un scalpel on pousse le disque blastodermique et on l'amène sur la surface préparée dans la moelle de sureau, en l'y orientant selon le sens des coupes qu'on veut faire. Avec précaution, on retire sureau et disque blastodermique du collodion, dont une couche englobe le tout, et après une ou deux minutes de dessiccation à l'air, on met le tout dans l'alcool à 36° où le séjour doit être d'au moins vingt-quatre heures avant que la pièce soit soumise à des coupes.

Les coupes, faites avec ou sans collodionnage des surfaces de section, sont reçues, du rasoir, dans une cupule pleine d'eau, et aussitôt on les fait glisser au fur et à mesure sur la lame porte-objet où on les range en ordre. Quand cette lame en a reçu autant qu'elle en doit porter, les coupes sont déshydratées sur place, et montées dans le baume sans être déplacées. A cet effet, les coupes sont d'abord arrosées avec une pipette d'alcool à 36°, puis d'alcool absolu, à plusieurs reprises avec ce dernier : en opérant avec soin, on arrive facilement à faire ces petites manœuvres de manière à ne déranger en rien les coupes. Ayant arrosé une dernière fois celles-ci avec de l'alcool absolu bien pur, on les recouvre aussitôt de la lamelle couvre-objet. On a ainsi, pour le moment, une préparation dans l'alcool absolu, entre lame et lamelle ; mais on se hâte aussitôt de substituer à cet alcool un des dissolvants du baume de Canada. On ne saurait à cet effet employer la térébenthine, qui produit avec le collodion des taches et magmas blancs ; mais on peut se servir indifféremment de l'essence de girofle, ou de la benzine.

On se hâte donc de substituer à l'alcool absolu l'essence de girofle, en déposant une goutte de cette essence contre l'un des côtés ou bords de la lamelle couvre-objet, tandis qu'on place un fragment de papier à filtre contre le côté opposé ; le papier pompe l'alcool qui est graduellement remplacé par l'huile essentielle, de nouvelles gouttes de celle-ci étant successivement additionnées sur le point qui en a déjà reçu. Au bout de vingt-quatre heures, la préparation est parfaitement imprégnée d'essence, à laquelle on substitue définitivement, en procédant comme ci-dessus, du canada en dissolution dans le chloroforme. Si pendant chacune des petites opérations on évite avec soin d'amener la vapeur de l'air expiré sur la pièce en manipulation et si, pour plus de précaution, on fait reposer la lame porte-objet sur un corps légèrement chauffé (une plaque de métal, une brique, un godet de porcelaine), on ne voit se produire dans la préparation ni magma, ni nuage blanc, ni tache quelconque, ce qui arrive fatalement si une buée de vapeur d'eau est amenée à se condenser sur la plaque de verre, au contact des bords de la couche d'huile de girofle.

Pendant longtemps nous avons fait toutes nos préparations en employant ainsi l'essence de girofle ; mais, comme cette essence dissout et ramollit le collodion, il arrivait parfois, quoique rarement, que quelques coupes étaient légèrement dérangées par les courants d'essence se substituant à l'alcool absolu. Nous avons donc cherché un liquide qui n'eût pas cet inconvénient, et avec lequel il fût encore plus rare de voir se produire, sous l'influence de l'humidité de l'air, ces buées et taches blanches qu'on n'évite pas toujours assez radicalement en chauffant légèrement la plaque porte-objet pendant les manipulations. La benzine a répondu à ces désidérata et nous avons fini par l'employer exclusivement, en procédant exactement comme nous venons de dire pour l'essence de girofle. Nous avons aussi trouvé avantage à nous servir de canada en dissolution non dans le chloroforme, mais dans la benzine. Il faut seulement ajouter que les benzines qu'on trouve dans le commerce sont innombrables ; nous en avons essayé diverses et ce ne sont pas toujours les plus pures qui nous ont le mieux réussi ; celle qui nous a donné des résultats absolument irréprochables est tout simplement le produit connu sous le nom de *benzine Collas*, qu'on trouve partout employée pour enlever les taches de graisse sur les étoffes.

2° Les embryons à partir du sixième jour sont trop volumineux pour qu'on puisse réussir entièrement à les bien colorer en bloc, avant de les débiter ; il faudra colorer les coupes ; d'autre part l'inclusion de ces embryons devra être faite d'une manière spéciale pour pouvoir les coller ensuite solidement sur un morceau de moelle de sureau. Enfin leur montage en préparations pourra être un peu simplifié. Nous allons préciser ces trois points.

Un embryon, vu son volume et sa forme, doit être solidement inclus dans un *bloc de collodion.* A cet effet, retiré de l'alcool où il a été conservé (ci-dessus, page 16), il est mis pendant une heure environ dans le mélange d'alcool et d'éther, puis pendant vingt-quatre heures dans du collodion très liquide, et placé ensuite dans du collodion très épais. Pour faire le bloc d'inclusion, on a soit de petits verres de montre très creux, soit de tout petits cristallisoirs d'un diamètre de 2 à 3 centimètres. On place l'embryon dans un cristallisoir semblable, qu'on achève de remplir avec du collodion très épais, puis on laisse évaporer celui-ci jusqu'à ce qu'il ait la consistance voulue, et, nous l'avons dit (p. 17), on peut donner au collodion tous les degrés de consistance, de sorte que la celloïdine n'a pas sur lui les avantages qu'on a prétendu. Seulement, cette évaporation doit être faite avec des soins particuliers. Si nous laissions le petit cristallisoir à l'air libre, le collodion s'y durcirait très rapidement à la surface, et sa masse profonde resterait liquide ; puis il se formerait des bulles et des vides dans cette masse profonde, et l'inclusion serait défectueuse. Il faut que la consistance du collodion augmente simultanément et graduellement dans toute sa masse. Or il suffit pour cela que l'évaporation soit très lente. A cet effet on place le petit cristallisoir dans une soucoupe où est une mince couche d'alcool à 36°, et on recouvre le tout d'une cloche ou d'un autre cristalloir renversé. Le collodion est alors dans une véritable chambre humide à l'alcool. Son éther s'évapore, remplit de ses vapeurs l'espace de la chambre humide, et l'évaporation ne se continue qu'à mesure que la tension de ces vapeurs arrive à déprimer le niveau de l'alcool sous la cloche pour que les vapeurs s'échappent en passant sous les bords de la cloche. Un appareil ainsi disposé peut être abandonné à lui-même, sans surveillance. Au bout de douze, de vingt-quatre, de trente-six heures, on examine le degré de consistance du collodion; si sa masse s'est condensée et que l'embryon en dépasse le niveau, on ajoute de nouveau du collodion très épais, et on referme la cloche. On arrête l'opération quand la masse a la consistance voulue. Alors on laisse le cristallisoir à l'air libre pendant un quart d'heure au plus, puis on remplit d'alcool à 36° l'espace resté libre au-dessus du collodion revenu sur lui-même. Le lendemain, il suffit d'insinuer le manche d'un scalpel entre les parois du cristallisoir et le collodion pour enlever celui-ci en un seul bloc ayant la forme d'un disque épais, puisqu'il a été moulé dans le cristallisoir. Avec un rasoir on taille ce disque de façon à le transformer en un bloc cubique renfermant l'embryon. Les morceaux de collodion ainsi enlevés se redissolvent dans du collodion normal pour le transformer en collodion très épais. Le bloc cubique obtenu peut être laissé quelques instants à l'air libre, ou plus longtemps sous une petite cloche, dans le cas où on voudrait augmenter encore sa consistance. Enfin le bloc est collé, avec du collodion, sur un morceau de sureau, dans une position correspondant à la direction qu'on veut donner aux coupes.

Les coupes se pratiquent comme précédemment avec ou sans collodionnage des surfaces de section, selon les besoins. Mais n'oublions pas que ces coupes ont été faites sur un embryon non coloré en masse; il faut donc les colorer avant de les monter en préparations définitives. Or, la présence du collodion ne met aucun obstacle à une bonne coloration ; par l'immersion dans l'eau, comme par l'immersion dans l'alcool, le collodion ne subit aucune rétraction, et tandis que les éléments anatomiques exercent leur action élective sur les matières colorantes, le collodion ne se colore que peu ou pas, et du reste se décolore par des lavages. Enfin, on peut, et c'est ce qu'il faut absolument faire en embryologie, colorer les coupes sur la lame porte-objet, en les laissant en place, c'est-à-dire régulièrement disposées dans l'ordre de succession où elles ont été recueillies au fur et à mesure qu'elles étaient faites. A cet effet on dépose sur ces coupes de la glycérine mêlée à la solution colorée dont on veut faire usage (picro-carmin, carmin aluné de Grenacher, etc.); grâce à la glycérine, on n'a pas à craindre que la préparation se dessèche. On peut aussi mettre tout simplement une solution colorée aqueuse, et placer, pour éviter le dessèchement, la préparation dans une chambre humide (cloche renversée sur une assiette pleine d'eau). Dans ces conditions la coloration se fait en vingt-quatre heures environ et de telle sorte que la coupe même fixe très fortement le carmin, tandis que le collodion n'en prend que des traces qui sont facilement enlevées par un léger lavage à l'eau sur la plaque même, sans jamais déplacer les coupes et intervertir leur ordre.

Le montage dans le baume du Canada se fait ensuite par les procédés sus-indiqués, mais avec une variante nécessitée par ce fait que les coupes d'embryon, vu leur largeur, ne seraient pas facilement pénétrées par la benzine et le baume, si ces liquides arrivaient lentement par infiltration entre la lame et la lamelle, comme il suffit de faire pour les coupes du blastoderme et de l'embryon jusqu'au cinquième jour. On opère donc ici de la manière suivante : après avoir déshydraté en arrosant, avec une pipette, d'alcool à 36° puis d'alcool absolu, on place la préparation sur une brique chaude (une température que la main puisse supporter) et on arrose une dernière fois d'alcool absolu. Quand celui-ci est à demi évaporé, on se hâte d'arroser avec de la benzine : les coupes en sont aussitôt pénétrées, et on assure cette pénétration en ajoutant encore quelques gouttes de benzine, de manière que jamais la chaleur de la brique n'arrive à dessécher la préparation. On verse alors le baume du Canada (avec un pinceau) et on couvre soigneusement avec la lamelle.— On pourrait se demander pourquoi ce procédé, plus expéditif, ne serait pas appliqué aux coupes de blastoderme. C'est que ces coupes sont très petites, et que, au moment où on substitue, à l'air libre, la benzine à l'alcool, on verrait aussitôt ces petites coupes surnager à la benzine, se déplacer et se mêler; ceci n'arrive pas avec les coupes d'une certaine étendue, ou, s'il y a quelques légers déplacements, on peut toujours avec une aiguille remettre en place la coupe dérangée, ses dimensions mêmes la rendant maniable.

Tels sont les procédés qui m'ont servi à constituer une collection certainement unique de préparations sur l'embryologie du poulet, collection qui a fourni les éléments du présent Atlas. Nous n'avons pas voulu pousser ici l'étude plus loin que les phénomènes de formation communs à l'ensemble des vertébrés supérieurs, de sorte que l'embryologie du poulet est prise ici comme type de celle d'un vertébré quelconque, en ayant pour objet principal la recherche des origines blastodermiques. A part quelques organes (voy. par exemple la planche XXXIX), nous ne nous sommes pas occupé de ce qui advient chez le poulet après le huitième jour, car alors il réalise des transformations qui le caractérisent non plus comme vertébré, mais comme oiseau, puis comme gallinacé ; mais nous espérons pouvoir publier à son tour, et sous la même forme, l'embryologie du lapin, et la poursuivre alors plus loin, c'est-à-dire jusqu'aux évolutions qui caractérisent le vertébré comme mammifère. Le couronnement de l'œuvre serait alors l'embryologie de l'homme poursuivie jusqu'à son parfait développement fœtal. Quoi qu'il en soit, et quel que puisse être le sort du présent ouvrage, je serai certainement compris de ceux qui connaissent l'attrait des recherches délicates d'anatomie microscopique, en disant que je leur souhaite autant de plaisir à feuilleter cet Atlas, que j'en ai eu à en exécuter les dessins.

MATHIAS DUVAL.

Paris, février 1888.

EXPLICATION

DES PLANCHES

SIGNIFICATION DES LETTRES DE RENVOI

EMPLOYÉES POUR TOUTES LES PLANCHES

A. — Région antérieure de l'embryon.
AAO. — Arc aortique.
AB. — Arc branchial.
AC. — Appendice cæcal.
AD. — Anse duodénale.
Al. — Allantoïde.
Am. — Amnios.
AO. — Artère ombilicale.
Ao. — Aorte.
ao. — Aire opaque.
Aom. — Artère omphalo-mésentérique.
ap. — Aire pellucide ou transparente.
AV. — Aire vasculaire.
av. — Aire vitelline (ave, sa zone externe; avi, sa zone interne).
B. — Bulbe rachidien.
b. — Bord de l'intestin (de la gouttière intestinale, ou de l'entrée de l'intestin antérieur ou postérieur).
bb. — Bourrelet blastodermique (bba, sa partie antérieure; — bbp, sa partie postérieure).
bc. — Bord libre de l'ectoderme (bourrelet ectodermique).
BEV. — Bourrelet entodermo-vitellin.
BF. — Bourgeon frontal.
bi. — Bord de l'intestin (repli entodermique de la gouttière intestinale).
bip. — Bord de l'intestin postérieur.
BL. — L'albumine ou blanc de l'œuf.
bm. — Bord libre du mésoderme.
BP. — Bourgeon pulmonaire, poumon.
BR. — Bourse de Fabricius.
C. — Le cœur : C^1, région du bulbe aortique; — C^2, région ventriculaire; — C^3, région auriculaire.
CA. — Croissant antérieur du blastoderme.
Caa. — Chambre à air.
Cac. — Capuchon amniotique caudal.
CAM. — Portion céphalique de la cavité de l'amnios.
Cam. — Cavité générale de l'amnios.
CC. — Canal de Cuvier.
Cc. — Portion cochléenne de l'oreille interne.
CD. — Appendice caudal.
cg. — Cavité sous-germinale.
CH. — Cordons hépatiques.
Ch. — Corde dorsale.
Cl. — Cloaque.
CM. — Canal médullaire, moelle épinière.
CN. — Cordon ombilical.
CO. — Chorion.
COM. — Canal omphalo-mésentérique.
CP. — Cloison péricardique (cp, sa partie droite).
Cr. — Cristallin.
CS. — Cavité de segmentation.
CSW. — Canaux segmentaires (corps de Wolff).
CV. — Cervelet.
CW. — Canal de Wolff.
EC. — Endothélium du cœur.
ECl. — Ectoderme cloacal.
EE. — Épithélium germinatif externe.
EG. — Gésier (estomac musculaire).
ES. — Ventricule succentérié.
F. — Le foie.
FA. — Nerf facial.
FB. — Fosse buccale.
fb. — Fentes branchiales.
fc. — Feuillet fibro-cutané (somatopleure).
FD. — Lobe droit du foie.
FG. — Lobe gauche du foie.
fi. — Feuillet fibro-intestinal (splanchnopleure).
FO. — Fossette olfactive; ouverture des narines.
G. — Granulosa (membrane granuleuse de l'ovisac).
G5. — Ganglion du trijumeau.
G8. — Ganglion de l'acoustique.
GG. — Glande génitale.
Gl. — Glomérule (corps de Wolff).
GM. — Gouttière médullaire.
GN. — Ganglion nerveux (crânien).
GP. — Glande pinéale.
GS. — Ganglion spinal.
HB. — Canal demi-circulaire horizontal.
Hp. — Hypophyse.
HPh. — Poche de Seessel (hypophyse pharyngienne).
IA. — Intestin antérieur.
IC. — Intestin caudal.
IG. — Intestin grêle (IG^1, sa partie précédant le canal omphalo-mésentérique; — IG^2, sa partie allant de ce canal au gros intestin).
in. — Entoderme (in^1, entoderme primitif; — in^2, entoderme vitellin; — inv, entoderme vésiculeux).

IR. — Intestin rectum (gros intestin).
IV. — Ilots vasculaires (ilots de Wolff).
K. — Point fixe de l'intestin (planche XXXIX), entre le duodénum et l'intestin grêle.
LC. — Limite du corps et de l'embryon.
LM. — Lames médullaires.
LP. — Lames prévertébrales.
M. — Canal de Müller.
MA. — Membre antérieur.
MB. — Membrane bucco-pharyngienne.
MC. — Moelle épinière caudale.
MCA. — Mésocarde antérieur.
MCP. — Mésocarde postérieur.
me. — Mésentère.
MM. — Lame musculaire des prévertèbres.
Mn. — Méninges (pie-mère.)
mo. — Muscles de l'œil.
MP. — Membre postérieur.
MS. — Maxillaire supérieur.
ms. — Mésoderme.
mv. — Membrane vitelline.
N. — Noyau de l'ovule (Pl. I, II et III); puis nerfs rachidiens (P. XXXV) et crâniens.
n. — Noyaux des segments de l'ovule segmenté.
NC. — Nerfs crâniens.
NE. — Bourgeon nasal externe.
NI. — Bourgeon nasal interne.
NM. — Nerf moteur oculaire commun.
Nm. — Nerfs mixtes (du groupe du pneumo-gastrique).
NMI. — Nerf maxillaire inférieur.
NMS. — Nerf maxillaire supérieur.
NS. — Cordon sympathique.
NW. — Nerf ophtalmique de Willis.
OAm. — Ombilic amniotique.
OD. — Oreillette droite.
OE. — Oreille externe.
OG. — Oreillette gauche.
OL. — Œil.
OO. — Ombilic ombilical.
P. — Région postérieure de l'embryon.
PA. — Pancréas.
PAl. — Pédicule de l'allantoïde (ouraque).
PC. — Portion péricardique de la cavité pleuro-péritonéale.
PG. — Papille génitale.
Ph. — Pharynx.
PI. — Pigment choroïdien.
PL. — Organe placentoïde.
PM. — Plaque médullaire.
pm. — Pie-mère.
PP. — Fente pleuro-péritonéale.
pp. — Ligne primitive.
PPE. — Portion extra-embryonnaire de la fente pleuro-péritonéale (cœlome externe).
PPI. — Portion intra-embryonnaire (cœlome interne).
PR. — Péricarde.
Pv. — Prévertèbre.
R. — Rein définitif.
RC. — Renflement caudal.
RE. — Repli ectodermique en avant du pharynx.
RS. — Racines des nerfs spinaux.
RT. — Rétine.
RV. — Rempart vitellin (dans les premières planches); puis aqueduc du vestibule (*recessus vestibuli*, dans les dernières planches).
SA. — Sacs aériens.
SAA. — Sac aérien abdominal.
SB. — Substance blanche du système nerveux central.
SC. — Région sous-caudale.
SP. — Rate.
SR. — Sinus rhomboïdal.
ST. — Sinus terminal (aire vasculaire).
SV. — Sinus veineux (du cœur).
Th. — Glande thyroïde.
V. — Vésicules cérébrales (V_1, première, V_2, seconde, et V_3, troisième vésicule cérébrale primitive).
v. — Vésicules du germe en segmentation (Vacuoles).
VA. — Vésicules auditives.
Va. — Vaisseaux (aire vasculaire).
VB. — Voies biliaires; — vb, vésicule biliaire.
VCA. — Veine cardinale antérieure.
VCP. — Veine cardinale postérieure.
VCI. — Veine cave inférieure.
VD. — Ventricule droit du cœur.
VG. — Ventricule gauche.
VH. — Vésicules des hémisphères cérébraux.
VJ. — Vésicule du jaune.
VM. — Villosités mésodermiques (en rapport avec la formation du foie, du péricarde et du diaphragme).
VO. — Vésicule optique secondaire.
Vo. — Vésicule optique primitive.
VOB. — Veine ombilicale (*vob*, celle du côté droit).
VOM. — Veine omphalo-mésentérique.
VP. — Veines pulmonaires.
Vva. — Veines vitellines antérieures.
Vvl et Vvp. — Vienes vitellines latérales et postérieures.
W. — Corps de Wolff.
WM. — Cordon correspondant à l'ensemble des canaux de Wolff et de Müller.

PLANCHE I (FIGURES 1 A 15)

Cette planche représente, de grandeur naturelle, la série des transformations de l'œuf de la poule, depuis la formation de l'œuf dans l'ovaire, jusqu'au poulet entièrement développé.

Fig. 1. — L'ensemble de l'appareil génital de la poule. En reproduisant ce dessin d'après nature nous nous sommes cependant inspiré et aidé des figures de la planche I de Coste (*Histoire générale et particulière du développement des corps organisés*, tome Ier, 1852); de même pour la figure 2.

1, l'ovaire, région qui renferme des ovules (jaunes d'œuf) encore peu développés en volume; — 2, ovule déjà plus gros, contenu dans une capsule très vasculaire; — 3,3, ovules plus gros, et près de leur état de maturité. Leur capsule (vésicule de de Graaf) très vasculaire est dépourvue de vaisseaux dans une région (4,4) qui forme une large ligne blanche (dite *stigmate* ou *ligne stigmatique*) représentant le lieu où la capsule s'ouvrira pour laisser échapper l'ovule ou jaune de l'œuf de la poule; — 5, capsule ou vésicule ovarienne qui, après s'être ouverte et avoir laissé échapper l'ovule, se rétracte et va se flétrir; — 6, extrémité supérieure du pavillon frangé de l'oviducte; — 7, ouverture de ce pavillon; — 8, ovule ou jaune d'œuf qui vient de s'engager dans l'oviducte; — 9,9, partie supérieure de l'oviducte dans laquelle le jaune se revêt d'albumine (blanc d'œuf); — 10, albumine qui revêt le jaune (11), mise à nu par l'ouverture de cette portion de l'oviducte; cette albumine forme les chalazes de chaque extrémité de l'œuf; — 12, cicatricule de cet œuf; — 13, partie de l'oviducte qui fournira à l'œuf les couches les plus superficielles d'albumine et la membrane coquillière; — 14, partie tout inférieure de l'oviducte, dite *utérus*, et dans laquelle l'œuf se revêtira de sa coquille; — 15, rectum; — 16, parois abdominales dont le lambeau est récliné en bas et en dehors; — 17, ouverture extérieure du cloaque.

Nota. — Dans cette figure nous avons représenté deux œufs dans l'oviducte, un à l'extrémité supérieure, l'autre dans la partie moyenne de ce conduit; c'est pour éviter de multiplier les figures que nous avons surchargé l'oviducte d'une manière qui ne se rencontre pas en réalité : en général un œuf séjourne environ trente heures dans l'oviducte; il met six heures environ pour aller du pavillon à l'utérus, et séjourne alors environ vingt-quatre heures dans l'utérus; si, comme c'est l'ordinaire, la poule pond de quarante-quatre en quarante-quatre heures, il est impossible de trouver deux œufs à la fois dans l'oviducte; si elle pond à des intervalles plus rapprochés, on pourra trouver deux œufs, l'un dans la partie supérieure de l'oviducte, l'autre dans l'utérus; mais il est évident qu'on ne trouvera jamais deux œufs dans la première moitié de l'oviducte, cas qui n'a été représenté ici que dans une pensée schématique.

Fig. 2. — Extrémité inférieure de l'oviducte ou utérus.

1, section de l'oviducte à une faible distance au-dessus de l'utérus; — 2, utérus ouvert, pour montrer les plis saillants et serrés de la muqueuse qui sécrète la coquille calcaire; — 3, œuf revêtu de sa coquille et prêt à être pondu; — 4, partie tout inférieure de l'oviducte (dite parfois *portion vaginale*); — 5, rectum; — 6, ouverture de l'oviducte dans le cloaque; — 7, ouverture du rectum dans le cloaque; — 8, cloaque.

Fig. 3. — Œuf pondu, non encore incubé, ouvert.

1, gros bout de l'œuf; — 2, petit bout de l'œuf (coquille); — 3, membrane coquillière (un lambeau de cette membrane, mis à nu par l'ablation d'un fragment de coquille, sur le bord de la large ouverture pratiquée dans la coquille); — 4, chalaze du petit bout.

On voit, dans la cavité de l'œuf, la sphère du jaune, avec ses deux chalazes, et, au centre de l'hémisphère supérieur de cette sphère, la tache blanche circulaire dite cicatricule ou germe.

Fig. 4. — Sphère du jaune environ à la 16e heure de l'incubation; la cicatricule s'est étendue et différenciée en diverses parties.

ap, aire transparente avec la ligne primitive dans sa région postérieure (inférieure sur la figure); on voit que cette ligne primitive est dirigée perpendiculairement au grand axe de l'œuf (à la ligne allant du gros bout au petit bout); dans les figures suivantes on voit de même que l'axe de l'embryon est placé perpendiculairement à l'axe de l'œuf.

ao, aire opaque; elle est blanche, comme sur toute

préparation vue à la lumière réfléchie; ce n'est que lorsque le blastoderme, détaché de la surface du vitellus, est examiné à la lumière transmise (par transparence) que les dénominations d'aire transparente et d'aire opaque sont entièrement légitimées (voir les figures 64 à 68 de la planche IV); — *av*, aire vitelline.

Fig. 5. — Œuf au cours du second jour (environ à la 26e heure) de l'incubation (voir pl. V, fig. 80). On a représenté, comme dans la plupart des figures suivantes, le contour de la coquille, afin de montrer comment l'embryon est orienté (perpendiculairement) par rapport au grand axe de l'œuf (axe allant du gros bout au petit bout).

ap, aire transparente (extrémité antérieure) avec l'embryon (tête de l'embryon); — *AV*, aire opaque, sur laquelle apparaissent déjà des îlots sanguins (aire vasculaire); — *avi*, zone interne de l'aire vitelline; — *ave*, zone externe de l'aire vitelline; — 1, chambre à air (formée par un dédoublement de la membrane coquillière au gros bout de l'œuf; voir pl. XL).

Fig. 6. — Œuf au cours du 3e jour (environ à la 50e heure de l'incubation; voir les fig. de la pl. VII).

A, tête de l'embryon, dans l'aire transparente; — *AV*, aire opaque, devenue *aire vasculaire*, vu le développement des vaisseaux qui rayonnent de l'embryon dans cette aire et se terminent à sa périphérie par un vaisseau circulaire, le *sinus terminal*; — *avi*, zone interne de l'aire vitelline; — *ave*, zone externe de l'aire vitelline, dont on ne voit pas la limite externe, puisque le blastoderme, dans son extension sur la sphère du jaune, a déjà dépassé l'équateur de l'œuf (voir la figure suivante).

Fig. 7. — Le même œuf que fig. 6, vu de côté (par la région postérieure de l'embryon, c'est-à-dire la région qui est en bas dans la figure 6).

ap, partie postérieure de l'aire transparente, avec la partie postérieure du corps de l'embryon; — *AV*, aire vasculaire limitée par le sinus terminal; — *avi* et *ave*, zones interne et externe de l'aire vitelline; — *OO*, partie inférieure du vitellus non recouverte par le blastoderme, et qui est d'un jaune pur, puisque sur elle n'est point jeté le voile blanc que forme le blastoderme.

Fig. 8. — Œuf au cours du 4e jour (environ à la 84e heure de l'incubation; voir les figures de la planche VIII).

ap, limite de l'aire transparente, avec l'embryon dont la tête est recouverte par l'amnios; — *St*, limite de l'aire vasculaire (sinus terminal).

Fig. 9. — Même œuf que la fig. 8, vu de côté (par la région postérieure).

A, l'embryon, dont la tête (avec son capuchon amniotique) est vue en raccourci; — *St*, limite de l'aire vasculaire (sinus terminal); elle n'est pas loin de l'équateur de l'œuf; — *avi* et *ave*, zone interne et zone externe de l'aire vitelline; — *OO*, partie de la sphère vitelline non recouverte par le blastoderme; c'est l'ombilic de la vésicule ombilicale ou ombilic ombilical (*OO*).

Fig. 10. — Œuf au cours du 5e jour (environ à la 110e heure de l'incubation; voir les planches VIII et IX).

ap, limite de l'aire transparente; — *St*, limite de l'aire vasculaire (sinus terminal qui commence à s'effacer); — *av*, aire vitelline (partie non vasculaire de la vésicule ombilicale); — *Am*, la vésicule de l'amnios renfermant le corps de l'embryon; — *Al*, la vésicule allantoïde.

Fig. 11. — Œuf au cours du 6e jour de l'incubation (voir les planches IX et X).

Am, amnios, qui cache les limites de l'aire transparente; — *St*, limite de l'aire vasculaire (sinus terminal en voie d'effacement); — *Vo*, l'œil de l'embryon (vésicule oculaire); — *Al*, la vésicule allantoïde avec ses vaisseaux.

Fig. 12. — Embryon et ses annexes au 7e jour de l'incubation; il a été extrait de la coquille et immergé dans l'eau, afin de séparer les parties et les rendre distinctes en les laissant flotter.

Am, amnios renfermant l'embryon; — *St*, limite de l'aire vasculaire (le sinus terminal est tout à fait effacé); — *av*, aire vitelline (partie non vasculaire de la vésicule ombilicale); — *OO*, ombilic ombilical.

Fig. 13. — Embryon au 9e jour de l'incubation; on n'a conservé des annexes que le cordon ombilical avec une partie de la vésicule ombilicale.

Fig. 14. — Embryon au 12e jour de l'incubation (voir les planches X et XXXIX).

Fig. 15. — Embryon au 19e jour de l'incubation : une anse intestinale est encore engagée dans la cavité du cordon ombilical.

PLANCHE II (FIGURES 16 A 29)

Cette planche représente l'étude, sur des coupes et avec des grossissements divers, de l'œuf dans l'ovaire, de la constitution de l'œuf, et des premières phases de sa segmentation.

Fig. 16. — Coupe d'un fragment de l'ovaire de la poule, à un grossissement de 4 diamètres, montrant des ovules (1, 2, 3, 4, 5) de diverses dimensions, mais tous peu volumineux encore, inclus dans leurs capsules fibreuses plus ou moins pédiculées, selon la grosseur de l'ovule.

17, fragment qui est représenté, à un plus fort grossissement, dans la figure 17.

Fig. 17. — Le fragment 17 de la figure 16 à un grossissement de 45 diamètres. A ce grossissement on aperçoit, dans les ovules qui ont atteint certaines dimensions, le noyau (*N*), placé à leur centre, et, à leur périphérie, la couche épithéliale de l'ovisac, dite membrane granuleuse (*G*).

18, fragment qui est vu à un plus fort grossissement dans la figure 18; — 19, ovule dont les parties périphériques sont représentées dans la figure 19.

Fig. 18. — Le fragment 18 de la figure 17 à un grossissement de 120 diamètres. Dans les ovules que la coupe intéresse selon leur partie centrale (1, 2, 3, 4, 5) on voit le noyau ou vésicule germinative (*N*); la membrane granuleuse est sous la forme d'un épithélium à cellules peu épaisses pour les plus petits ovules (5, 6); ces cellules prennent une forme cubique pour les ovules plus volumineux (1, 3), mais ne sont encore disposées qu'en une seule couche; en 7, ovule que la coupe a entamé tangentiellement, de manière qu'une partie de l'épithélium de la granuleuse est vue en surface.

Fig. 19. — Fragment de la coupe de l'ovule 19 de la figure 17, à un grossissement de 250 diamètres.

1, vitellus sous forme d'un réseau protoplasmatique à larges mailles; — 2, partie toute périphérique de ce protoplasma, ici disposé en réseau de plus en plus fin, puis en masse homogène, en allant du centre à la périphérie; — 3, la capsule fibreuse de l'ovisac, avec les coupes de vaisseaux; — *G*, membrane granuleuse, formée de plusieurs couches de cellules épithéliales cylindro-coniques.

Fig. 20. — Partie périphérique d'un ovule plus avancé dans son développement que celui de la figure 19, c'est-à-dire analogue à celui qui est représenté en 1 dans la figure 16; à un grossissement de 250 fois.

Lettres et chiffres comme pour la figure 19; en 1 on voit apparaître les sphères de vitellus jaune dans les mailles du réseau de protoplasma.

Fig. 21. — Coupe verticale d'un ovule mûr (jaune d'œuf) prêt à quitter l'ovaire; il a été durci par coction (grandeur naturelle).

1, portion de vitellus blanc qui forme la cicatricule; — 2, partie centrale du jaune (dite *noyau de Pander*) se coagulant difficilement par la chaleur, et formée d'éléments de formes intermédiaires à celles des éléments du vitellus blanc et du vitellus jaune; — 3, vitellus jaune disposé en une série de couches concentriques.

Fig. 22. — La cicatricule de l'œuf de la figure 21; coupe verticale, à un grossissement de 18 à 20 diamètres.

1, albumine en couches stratifiées, telle qu'on la trouve sur les œufs recueillis dans l'oviducte; — 2, membrane vitelline; — 3, couches périphériques du vitellus; — 4, le vitellus jaune formé de grosses sphères (voir fig. 23); — 5, le vitellus dit de *formation* qui constitue la cicatricule non segmentée ou germe, et dans lequel est la vésicule germinative (*N*) destinée à disparaître en partie au moment de la maturité de l'œuf; — 6, vitellus blanc. — On trouve toutes les formes de transition entre le vitellus de formation, le vitellus blanc et le vitellus jaune.

Fig. 23. — Les éléments du vitellus blanc et du vitellus jaune à un grossissement de 300 diamètres.

1, vitellus blanc à éléments de petites dimensions, tel qu'on le trouve dans le voisinage du vitellus de formation (un peu en dehors de 5, fig. 22); — 2, vitellus blanc à éléments plus volumineux, tel qu'on le trouve en 6, fig. 22; — 3, vitellus jaune, tel qu'on le trouve en 4, fig. 22.

Fig. 24. — Jaune et cicatricule d'un œuf fécondé, au moment où il arrive dans la partie inférieure (utérus) de l'oviducte. La cicatricule présente deux sillons de segmentation (grandeur naturelle).

Fig. 25. — Jaune et cicatricule d'un œuf qui, dans la portion utérine de l'oviducte, a déjà commencé à se revêtir de la coque calcaire; d'autre part les sillons de segmentation se sont multipliés et délimitent déjà des segments dans la partie postérieure de la cicatricule.

Cet œuf a été représenté avec le contour de la coquille, afin de montrer que si l'on examine l'œuf ouvert, en plaçant l'œuf de manière que son gros bout soit à gauche et le petit bout à droite de l'observateur, c'est à la partie de la cicatricule tournée vers l'observateur, qu'apparaissent les premiers segments délimités; cette partie, où la segmentation marche plus vite, correspond à la future région postérieure de l'embryon (voir l'introduction, p. 12). Dans toutes les figures suivantes où la cicatricule est vue en surface, elle est orientée comme dans la figure 25, c'est-à-dire la future région antérieure vers le haut, la future région postérieure vers le bas de la planche.

Fig. 26. — Cicatricule d'un œuf pris dans la portion utérine de l'oviducte, en train de se revêtir de la coque calcaire; cette cicatricule est examinée à la loupe (lumière réfléchie), à un grossissement de 8 fois.

27, ligne selon laquelle a été pratiquée la coupe représentée dans la figure 27.

Fig. 27. — Coupe de la cicatricule de la figure 26, à un grossissement de 56 diamètres; la coupe a été faite dans le sens antéro-postérieur (coupe longitudinale), c'est-à-dire dans la direction de la ligne 27 de la figure 26 (voir les observations indiquées à cet égard à propos de la figure 25).

A, future région antérieure; — *P*, future région postérieure de l'embryon; — 1,1,1, sillons qui entament à diverses profondeurs le vitellus dit de formation, et délimitent ainsi des segments dont la face profonde est encore en continuité avec le reste du vitellus; — *n*, noyaux de ces segments; — *v*, vésicules ou espaces creux, pleins d'un liquide transparent, qui apparaissent irrégulièrement dans le vitellus en voie de segmentation; ces vésicules sont parfois assez abondantes pour donner un aspect spumeux à certaines parties du vitellus.

Par comparaison avec la figure 22, on reconnaît sur cette coupe les régions formées de vitellus de formation, de vitellus blanc et de vitellus jaune à grosses sphères, et on voit qu'il y a transition insensible d'une de ces régions à la suivante.

Fig. 28. — Cicatricule d'un œuf, vers le milieu de son séjour dans la portion utérine de l'oviducte; examen à la loupe (lumière réfléchie), à un grossissement de 10 fois.

29, ligne selon laquelle est faite la coupe représentée dans la figure 29.

Fig. 29. — Coupe antéro-postérieure de la cicatricule de la figure 28 (selon la ligne 29 de la figure 28). Pour l'explication de l'expression *antéro-postérieure*, voir les remarques faites pour les figures 25 et 27.

A, future extrémité antérieure, et *P*, future extrémité postérieure de l'embryon.

On voit que la segmentation s'est poursuivie dans la profondeur; à la périphérie il n'y a que des sillons pénétrant perpendiculairement dans le germe (en 1); mais, vers le centre, ces sillons (2,2,2) rencontrent un long sillon ou une série de sillons se faisant suite et qui, disposés parallèlement à la surface du germe, circonscrivent la face inférieure, c'est-à-dire délimitent complètement les segments indiqués dans la figure 27. Ce sillon horizontal détermine la formation d'une cavité ou fente qui est la cavité de segmentation (*CS*); on voit que cette cavité est un peu excentrique, c'est-à-dire empiète plus sur la partie postérieure que sur la partie antérieure du germe (elle s'étend plus vers *P* que vers *A*). — Au-dessus de cette cavité de segmentation sont des segments circonscrits de tous côtés, et qu'on peut dès ce moment désigner sous le nom de *cellules ectodermiques* (*ex*, *feuillet externe*, ou superficiel du futur blastoderme); au-dessous de cette cavité le germe commence à être entamé par des sillons verticaux qui indiquent la formation des cellules du futur entoderme (in^1, entoderme primitif).

n, noyaux des segments; *v*, vésicules (voir l'explication de la figure 27). Grossissement 48 fois.

PLANCHE III (FIGURES 30 A 62)

Cette planche représente des vues en surface (lumière réfléchie) et des vues en coupe de la cicatricule depuis la fin de la segmentation jusqu'à la constitution définitive du blastoderme (apparition de la ligne primitive). La plupart des coupes sont longitudinales (antéro-postérieures ; voir les remarques à propos des figures 25 et 27), la future région antérieure étant désignée par la lettre *A*, la future région postérieure par la lettre *P*.

Cette planche donne une vue d'ensemble des faits relatifs à la formation des feuillets blastodermiques et de la ligne primitive ; pour les questions théoriques complexes qui se rapportent à ces formations, nous ne pouvons que renvoyer le lecteur au mémoire spécial publié sur ce sujet (*De la formation du blastoderme dans l'œuf d'oiseau*, avec 9 planches et 66 figures schématiques. — *Annales des sciences naturelles;* Zoologie, 1884, tome XVIII, n°s 1, 2 et 3).

Fig. 30. — Coupe antéro-postérieure (*A*, région antérieure; *P*, région postérieure) ou longitudinale de la cicatricule d'un œuf pris pendant la seconde moitié de son séjour dans la portion utérine de l'oviducte. Grossissement de 20 fois.

CS, cavité de segmentation; au-dessus d'elle est l'ectoderme (*cx*); au-dessous les cellules de l'entoderme primitif (*in'*), lesquelles sont en voie de formation par le fait de lignes de segmentation entamant des couches de plus en plus profondes du vitellus; la division des noyaux précède la segmentation du vitellus; on voit (en *n,n*) des noyaux libres dans le vitellus, au voisinage des segments les plus profonds, plus ou moins complètement délimités. — *v*, vacuoles (voir ci-dessus fig. 27).

Fig. 31. — Coupe antéro-postérieure de la cicatricule peu d'heures avant la ponte. Grossissement de 22 fois.

Les parties sont disposées comme dans la figure précédente, si ce n'est que la segmentation, après avoir progressé dans la profondeur, semble s'arrêter, ou du moins se délimiter, les sillons horizontaux, qui ont séparé du vitellus les segments les plus profonds, confluant en une fente, qui est l'origine de la cavité sous-germinale (*cg*); l'entoderme primitif (*in'*) se trouve ainsi complètement délimité; on trouve cependant encore, dans le vitellus qui forme le plancher de la cavité sous-germinale, surtout vers les bords (en *n*), des noyaux libres qui président à une segmentation secondaire de certaines parties de ce vitellus.

Fig. 32. — Aspect extérieur (à la lumière réfléchie) de la cicatricule de l'œuf au moment de la ponte; examen à la loupe à un grossissement de 4 fois environ.

33, ligne selon laquelle a été pratiquée la coupe représentée dans la figure 33.

Fig. 33. — Coupe antéro-postérieure ou longitudinale du blastoderme de la figure 32. Grossissement de 38 diamètres.

La cavité de segmentation est effacée ; la cavité sous-germinale (*cg*) est par contre plus accentuée ; l'ectoderme (*cx*) forme une couche bien distincte ; quant à l'entoderme primitif (*in'*), les cellules de sa partie centrale sont dissociées (écartées les unes des autres) surtout dans les couches profondes, tandis que celles de ses parties périphériques se condensent en une masse dite *bourrelet blastodermique* (*bb*), la partie postérieure de ce bourrelet (en *P*) étant plus épaisse que sa partie antérieure (en *A*).

Fig. 34. — Aspect extérieur de la cicatricule de l'œuf fraîchement pondu et non encore incubé. Grossissement de 4 fois environ.

bba, région antérieure, et *bbp*, région postérieure du bourrelet blastodermique, qui apparaît ici comme un cercle blanc marginal, moins épais en avant qu'en arrière, où il présente une légère encoche; — 35, ligne selon laquelle a été faite la coupe représentée dans la figure 35.

Fig. 35. — Coupe longitudinale du blastoderme de la figure 34. Grossissement de 28 à 29 diamètres.

Le blastoderme s'est étendu, et l'entoderme primitif (*in'*) commence à former une couche mince et continue au-dessous de l'ectoderme, dans la partie centrale; dans les parties périphériques il forme le bourrelet blastodermique (*bb*), plus épais en arrière (*bbp*).

Fig. 36. — Aspect extérieur de la cicatricule environ à la 5e heure de l'incubation. Grossissement de 4 fois environ.

bba, région antérieure du bourrelet blastodermique; — *ap*, apparition de l'aire transparente; — *pp*, ligne primitive résultant de la transformation de l'encoche qui existait déjà dans la partie postérieure du bourrelet blastodermique sur la figure 34 (*bbp*); — 37, ligne selon laquelle a été faite la coupe représentée dans la figure 37; — 43, 44, lignes selon lesquelles ont été faites les coupes représentées dans les figures 43 et 44.

Fig. 37. — Coupe antéro-postérieure du blastoderme de la figure 36 (selon la ligne 37). Grossissement de 28 fois.

cga, dilatation de la partie antérieure de la cavité sous-germinale, qui devient ici plus profonde et détermine ainsi l'apparition de l'aire transparente (*ap*, fig. 36); — 38, 39, 40, 41, 42, points qui ont été repris dans les figures 38, 39, 40, 41, 42, pour étudier la constitution du blastoderme dans ses diverses régions.

Fig. 38. — L'extrémité postérieure du bourrelet blastodermique de la figure 37. Grossissement de 110 fois environ (les figures suivantes, 39 à 42, sont à ce même grossissement).

Ex, ectoderme ; *in*[1], entoderme, formant le bourrelet blastodermique.

Fig. 39. — La région 39 de la figure 38; extrémité antérieure du bourrelet blastodermique postérieur.

Fig. 40. — La région 40 de la figure 38; ici l'entoderme primitif (*in*[1]) est formé d'une seule couche de cellules aplaties; la minceur du blastoderme en cette région et sa disposition au-dessus de la dilatation correspondante de la cavité sous-germinale (*cga*, fig. 37) déterminent l'apparition de l'aire transparente (*ap*, fig. 36).

Fig. 41. — La région 41 de la figure 37; les cellules entodermiques (*in*[1]) du bourrelet blastodermique constituent un amas qui va se mettre en connexion (comparez avec les figures 48 et 54) avec les nouveaux éléments cellulaires formés sur les bords du plancher de la cavité sous-germinale (autour des noyaux *n*) pour donner bientôt naissance au bourrelet entodermo-vitellin (fig. 54).

Fig. 42. — Région 42 de la figure 37. Elle représente le bord libre de l'ectoderme, *ex*, qui s'est, dans cette région antérieure, détaché de l'entoderme primitif et commence à s'étendre isolément sur le jaune pour l'envelopper : ainsi disparaît, d'abord en avant, puis sur les côtés, et enfin en arrière (figures 48 et 49), le bourrelet blastodermique, au niveau duquel l'ectoderme se continuait avec l'entoderme primitif (fig. 38).

Fig. 43. — Coupe *transversale* (selon la ligne 43 de la figure 36) sur la partie postérieure d'un blastoderme semblable à celui de la figure 36.

pp, bourrelet blastodermique des parties latérales marginales du disque blastodermique; — 1, masse entodermique primitive de ce bourrelet; — 2, région où la masse entodermique se dispose en un feuillet régulier (entoderme primitif); — 3 et 4, parties latérale et médiane de la plaque axiale, où l'ectoderme est déprimé selon une gouttière antéro-postérieure qui représente la ligne primitive (*pp*); cette ligne primitive a ici l'aspect d'une suture (en 4) entre les deux moitiés latérales de cette région du blastoderme : dans quelques cas la suture est remplacée par un véritable orifice linéaire (voy. fig. 44).

Fig. 44. — Coupe oblique (selon la ligne 44 de la figure 36) d'un blastoderme analogue à celui de la figure 36 ; ici la ligne primitive (*pp*) est représentée par une fente qui sépare les deux parties latérales de cette région du blastoderme, c'est-à-dire que sur ce blastoderme l'encoche de la figure 34 s'est prolongée, à mesure que le blastoderme augmentait de diamètre, en une fente qui représente la ligne primitive sous la forme d'un blastopore allongé.

Fig. 45. — Coupe transversale de la région postérieure d'un blastoderme environ à la 7e heure de l'incubation et dont l'aspect extérieur était intermédiaire à ceux des figures 36 et 47 ; la coupe est faite selon la ligne 43 de la figure 36. En comparant cette figure 45 à la figure 43, on voit que les modifications subies par le blastoderme consistent essentiellement en ce que le bourrelet blastodermique disparaît aussi dans cette région postérieure, comme il avait disparu en avant (fig. 37 et 42), l'ectoderme se séparant de l'entoderme primitif (en 1); en même temps l'entoderme primitif se dispose en une couche de cellules aplaties, sauf au niveau de la ligne primitive (*pp*) où, sous la forme d'une masse homologue d'un double bourrelet blastodermique, il constitue la plaque axiale.

Fig. 46. — Vue en surface d'un blastoderme environ à la 10e heure de l'incubation (grandeur naturelle). On a représenté le contour de la coquille pour montrer que la ligne primitive est placée perpendiculairement au grand axe de l'œuf, dans la région postérieure de la cicatricule (voir les remarques à propos des figures 25 et 26).

ao, aire opaque; la cicatricule étant vue à la lumière réfléchie (et non par transparence), cette aire opaque forme un large cercle blanc; en dehors d'elle commence à se dessiner l'aire vitelline; — *ap*, aire transparente en arrière de laquelle est la plaque axiale avec la ligne primitive (voir fig. 47).

Fig. 47. — La cicatricule de la figure précédente à un grossissement d'environ 4 diamètres, vue en surface, à la lumière réfléchie.

ao, aire opaque; il n'est pas possible de bien distinguer les limites de l'aire opaque et de l'aire vitelline qui lui fait suite en dehors (en allant du centre à la périphérie; voir l'explication de la figure 49); — *ap*, aire transparente; — *pp*, ligne primitive et plaque axiale; — *bc*, bord externe (limite périphérique) du blastoderme formé par le bord libre de l'ectoderme (voir fig. 49 et 57); — 48, ligne selon laquelle est faite la coupe représentée dans la figure 48; — 56 et 61, lignes selon lesquelles ont été faites les coupes des figures 56 et 61.

Fig. 48. — Coupe antéro-postérieure (longitudinale, en *A* région antérieure, en *P* région postérieure) du blastoderme de la figure 47. Grossissement d'environ 18 fois.

cga, partie antérieure, profondément excavée, de la cavité sous-germinale, correspondant à l'*aire transparente* des vues en surface du blastoderme. Les diverses parties (49, 50, 51, 52, 53, 54, 55) de cette coupe sont reproduites, à un plus fort grossissement, dans les figures 49 à 55.

Fig. 49. — L'extrémité postérieure de ce blastoderme (en 49, fig. 48), formée, comme du reste tout le bord périphérique du blastoderme, à ce moment du développement, par l'ectoderme seul, la couche ectodermique s'étant détachée de l'entoderme primitif et s'étendant isolément sur la sphère du jaune. Les régions où le jaune est recouvert seulement de l'ectoderme constituent l'aire vitelline, laquelle est l'aire la plus excentrique (en dehors de l'aire opaque, voir fig. 46 et son explication). Le bord libre de l'ectoderme est légèrement épaissi, soit que ses cellules se trouvent disposées en deux couches (*bc*, fig. 55), soit qu'il n'y ait qu'une couche de cellules un peu plus épaisses que celles qui sont en dedans du bord libre (*bc*, fig. 49). Grossissement de 120 fois, comme pour les figures suivantes.

Fig. 50. — La région 50 de la figure 48, c'est-à-dire la limite externe de l'entoderme primitif non encore divisé en mésoderme et entoderme définitif.

Fig. 51. — La région 51 de la figure 48 : elle montre l'entoderme primitif divisé ici en mésoderme (*ms*) et entoderme définitif (*in*); en *n*, vitellus du bord du plancher de la cavité sous-germinale; il renferme des noyaux et commence à être le siège d'une segmentation secondaire, grâce à laquelle les bords de l'entoderme définitif viendront se souder avec le vitellus parsemé de noyaux, pour former le bourrelet entodermo-vitellin, déjà développé en avant (fig. 54) et sur les côtés (fig. 56 et 59).

Fig. 52. — La région 52 de la figure 48; ici encore la masse entodermique primitive s'est divisée en mésoderme (*ms*) et en entoderme définitif. L'ectoderme (*ex*) est très épais.

Fig. 53. — La région 53 de la figure 48, c'est-à-dire l'ectoderme et l'entoderme primitif de la région de l'aire transparente. L'entoderme primitif (*in'*) est ici formé d'une seule couche de cellules qui, par leur division, commencent à donner naissance à des cellules sus-jacentes, représentant la première apparition du mésoderme de l'aire transparente, en avant de la ligne primitive (ces faits sont plus visibles dans la coupe transversale, fig. 56 et 60).

Fig. 54. — La région 54 de la figure 48, c'est-à-dire la région antérieure du *bourrelet entodermo-vitellin* (*BEV*) qui apparaît d'abord dans la partie antérieure du blastoderme, et se produit par la soudure des bords de l'entoderme avec les cellules formées par segmentation secondaire dans le vitellus des bords de la cavité sous-germinale.

Fig. 55. — La région 55 de la figure 48, c'est-à-dire le bord libre (*bc*) de l'ectoderme ou bourrelet ectodermique (voir l'explication de la figure 49).

Fig. 56. — Coupe transversale de la région de l'aire transparente de la figure 47, selon la ligne 56. Grossissement de 27 fois environ.

cga, partie antérieure, profondément excavée, de la cavité sous-germinale (comparer avec la fig. 48); — *RV*, bord taillé à pic de cette cavité (rempart vitellin de quelques auteurs); — 57 à 60, régions reprises à un plus fort grossissement dans les figures 57 à 60.

Fig. 57. — La région 57 de la figure 56, c'est-à-dire le bord libre du blastoderme, formé uniquement par l'ectoderme recouvrant le vitellus, qui n'est pas parsemé de noyaux dans cette zone (zone externe de l'aire vitelline).

Fig. 58. — La région 58 de la figure 56; elle forme une région de transition entre les figures 57 et 59, c'est-à-dire présente le passage de la zone externe à la zone interne de l'aire vitellne (voir l'explication de la figure 59).

Fig. 59. — La région 59 de la figure 56, région où l'ectoderme recouvre une zone de vitellus parsemé de noyaux (*in*², zone interne de l'aire vitelline); ce vitellus à noyaux, vu la continuité qu'il présente avec l'entoderme, mérite dès maintenant le nom d'*entoderme vitellin;* cette continuité est représentée par le *bourrelet entodermo-vitellin* (*BEV*), dont le mode de formation a été indiqué à propos des figures 51 et 54.

Fig. 60. — La région 60 de la figure 56; ici le feuillet externe (*ex*) est très épais; cet épaississement prélude à la formation de la gouttière et des lames médullaires (voir la planche XI, fig. 167 à 174).

ms, mésoderme se développant par des cellules produites par l'entoderme *in*.

Fig. 61. — Coupe transversale de la région postérieure du blastoderme de la figure 47 (selon la ligne 61 de la figure 47). Grossissement d'environ 21 diamètres.

ex, ectoderme; — *ms*, mésoderme; — *cg*, cavité sous-germinale peu profonde dans les parties postérieures du blastoderme (comparer avec la fig. 56).

Fig. 62. — La partie médiane, ou de la ligne primitive de la figure 61 (*pp*). Lettres comme dans les figures précédentes. Grossissement de 60 à 70 fois. — Pour la suite du blastoderme, voir la planche XI.

PLANCHE IV (FIGURES 63 A 79)

Cette planche donne des vues en surface (à la lumière transmise) du blastoderme, et des premiers linéaments de l'embryon, pendant la seconde moitié du premier jour de l'incubation (de la 15ᵉ à la 25ᵉ heure); pour la première moitié du premier jour, voir la planche III. — Trois figures (63, 69 et 75) donnent la vue de la sphère du jaune, avec le blastoderme, de grandeur naturelle, à la lumière réfléchie.

Fig. 63. — Aspect naturel de l'œuf à la 15ᵉ heure de l'incubation, pour montrer l'orientation des parties par rapport au grand diamètre, au gros et au petit bout de l'œuf.

ap, aire transparente; — *ao*, aire opaque; — *av*, aire vitelline.

Fig. 64. — L'aire transparente de ce même œuf (15ᵉ heure) examinée à la lumière transmise (par transparence) à un grossissement de 14 diamètres.

ap, aire transparente, qui ne mérite en effet ce nom que sur les préparations vues à la lumière transmise; — *ao*, aire opaque, correspondant aux parties périphériques du blastoderme, à la face inférieure desquelles est restée adhérente une couche de vitellus. — *CA*, croissant antérieur, formé par une disposition particulière du bourrelet entodermo-vitellin antérieur (voir les fig. 162 et 163 de la planche XI); — *pp*, ligne primitive; — *ms*, région de l'aire transparente où le mésoderme est assez épais pour obscurcir le champ qu'il occupe.

Fig. 65. — Aire transparente à la 16ᵉ heure de l'incubation; les parties sont disposées à peu près comme dans la figure précédente, sauf que la ligne primitive a nettement l'aspect d'une gouttière (gouttière primitive); encore cette différence, entre les figures 64 et 65, est-elle moins le résultat de l'âge qu'une différence individuelle, car à ce moment les lignes primitives présentent des aspects très divers selon les sujets.

La constitution de ce blastoderme de 16 heures est expliquée par les figures 161 à 177 de la planche XI.

Fig. 66. — Aire transparente d'un autre blastoderme également à la 16ᵉ heure. Grossissement 13 diamètres.

Ici la ligne primitive est remarquable par la présence, dans sa partie axiale, d'un trait foncé, irrégulier, interrompu par places (*x*); ce filament est formé d'une série de petites masses granuleuses qui reposent sur le fond de la gouttière de la ligne primitive; c'est le *filament épiaxial;* la présence des globules qui le forment indique qu'à un moment de sa formation la ligne primitive a été, au moins sur une partie de son étendue, sous la forme de fente ouverte, et qu'elle a donné passage à des globules venus de la profondeur, que ces globules soient des sphères de vitellus ou des sphères de segmentation (voir planche III, fig. 31, en *g*, et fig. 44, en *pp*); aussi dans ces cas trouve-t-on d'ordinaire le fond de la gouttière primitive remarquablement mince, avec une partie mésodermique presque nulle, c'est-à-dire des dispositions qui indiquent la soudure de deux lèvres primitivement séparées (comparer les figures 44, pl. III et 179, pl. XI). Pour les questions théoriques qui se rapportent à la signification de cette disposition, voir notre mémoire spécial (*Études sur la ligne primitive de l'embryon du poulet.* Annales des sciences naturelles, tome VII, n°s 5 et 6).

Fig. 67. — Aire transparente à la 19e heure de l'incubation. Grossissement 13 diamètres.

Ch, première apparition de la corde dorsale, seulement par un épaississement de la partie médiane du mésoderme en avant de la ligne primitive (fig. 181, planche XI); — *LM*, première indication des *lames médullaires*.

L'étude de la constitution des blastodermes des figures 65, 66, 67, est faite dans les figures 162 à 181 de la planche XI.

Fig. 68. — Aire transparente à la 20e heure de l'incubation. Grossissement 14 diamètres.

LM, lames médullaires circonscrivant une gouttière antéro-postérieure (gouttière médullaire), très peu profonde à ce premier début (voir fig. 185, pl. XII), qui coiffe pour ainsi dire l'extrémité antérieure de la ligne primitive; l'axe de cette gouttière est occupé par la corde dorsale (*Ch*) qui fait suite à la ligne primitive et est formée par un épaississement du mésoderme (voir fig. 158, pl. XII).

AV, aire vasculaire, c'est-à-dire zone dans laquelle apparaissent les premiers îlots sanguins (voir *IV*, fig. 193, pl. XII).

L'étude de la constitution de ce blastoderme de vingt heures est faite dans les figures 183 à 188, pl. XII.

Fig. 69. — La surface blastodermique du jaune, à la 21e heure de l'incubation, vue à la lumière réfléchie, grandeur naturelle.

ap, aire transparente, avec les linéaments de l'embryon; — *AV*, aire vasculaire; — *avi*, zone interne de l'aire vitelline; — *ave*, zone externe de cette aire.

Ce qui, dans les figures précédentes, était désigné sous le nom d'aire opaque, et n'avait pas de réelle signification morphologique (voir l'explication de la fig. 64), correspond maintenant en partie à l'aire vasculaire et en partie à la zone interne de l'aire vitelline. A mesure que l'aire vasculaire s'étend et se délimite (voir fig. 72), c'est à elle, comme formation nettement définie, que s'applique désormais le nom d'aire opaque qui devient alors synonyme d'aire vasculaire.

Fig. 70. — Le blastoderme (partie centrale) de la figure 69, c'est-à-dire à la 21e heure, vu par transparence à un grossissement de 14 diamètres.

CA, *LM*, *Ch*, *Av*, *pp*, comme pour les figures 64 et 68. — *PV*, indication de la première prévertèbre différenciée dans le mésoderme, au-dessous des lames médullaires (voir fig. 191, 192 et 193, pl. XII); — *A*, extrémité antérieure du corps de l'embryon, délimitée par l'inflexion blastodermique qui dessine le pharynx ou intestin antérieur (voir fig. 190, pl. XII). — *St*, limites de l'aire vasculaire dessinées par des îlots sanguins en voie de se fusionner en un *sinus terminal*.

La constitution de ce blastoderme de 21 heures est étudiée dans les figures 190 à 193 de la planche XII.

Fig. 71. — Blastoderme de 22 heures d'incubation, par transparence, à un grossissement de 12 diamètres.

Le blastoderme s'est infléchi au-dessous de l'extrémité antérieure de l'embryon, déterminant la formation d'un capuchon céphalique dont la cavité représente le pharynx ou intestin antérieur : ces dispositions originelles seront plus faciles à comprendre après l'étude des figures 72, 73, 74, où leur signification morphologique est mieux marquée.

St, sinus terminal; — 1, région où les lames médullaires se rapprochent et se préparent à se souder.

La constitution de ce blastoderme de 22 heures est étudiée dans les figures 195 à 202 de la planche XII.

Fig. 72. — Blastoderme et embryon à la 23e heure de l'incubation, à un grossissement de 15 diamètres.

Lettres comme précédemment. — 1, région où les lames médullaires se rapprochent et se préparent à se souder, pour transformer la gouttière médullaire en canal.

Les détails de la tête de cet embryon sont reproduits à un plus fort grossissement dans les figures 73 et 74. — La constitution de ce blastoderme et de l'embryon est étudiée dans les figures 203 à 210 de la planche XIII.

Fig. 73. — Détails de l'extrémité antérieure d'un embryon du même âge que celui de la figure 72; l'embryon est examiné par la face dorsale, de sorte qu'on voit nettement les lames médullaires et leurs bords, tandis que le capuchon pharyngien ou intestin antérieur n'est vu qu'à travers les parties sus-jacentes. Grossissement 40 fois.

A, limite antérieure de la tête, formée par l'ectoderme (Voy. en *A*, fig. 303, pl. XIII); — 1, bord supérieur de la lame médullaire droite arrivée presque au contact de sa congénère du côté opposé; — 2, limite externe de cette même lame médullaire; — 3, région où la lame médullaire est très peu soulevée, et ne se rapproche pas encore de sa congénère du côté opposé; — 4, région où la lame médullaire est à plat (non soulevée) délimitant une large et peu profonde gouttière médullaire (voir les fig. 208 et 209 de la pl. XIII); — 5, limites latérales de la région céphalique de l'embryon.

Fig. 74. — Mêmes parties que dans la figure 73, mais vues par la face inférieure (face ventrale ou entodermique), de sorte qu'on voit nettement le capuchon pharyngien ou intestin antérieur et ses bords, tandis que la partie correspondante de la gouttière médullaire n'est vue qu'à travers et au-dessous de la paroi antérieure du pharynx. Grossissement 40 diamètres.

En comparant avec la coupe représentée dans la figure 203, pl. XIII, on comprendra que la paroi inférieure du capuchon pharyngien est formée de deux feuillets, c'est-à-dire par l'ectoderme (de *A* en *x*, à droite de la fig. 74), et par l'entoderme (de *in* en *b*, fig. 74); entre ces deux feuillets il n'y a pas de couche mésodermique; le bord de l'orifice de la cavité pharyngienne ne contient donc pas de mésoderme et il y a en ce point un espace vide, en *x* (à gauche de la figure 74), dans toute la longueur qui est entre le repli entodermique désigné par la lettre *b* et le repli ectodermique désigné par la lettre *x* (à droite). Cet espace grandit ultérieurement par l'écartement de ces deux replis, et alors il est envahi de chaque côté par la double lame mésodermique qui vient peu à peu l'occuper en marchant de la périphérie au centre (voir la figure 79).

Fig. 75. — La surface blastodermique du jaune à la 24ᵉ heure de l'incubation : lettres et explications comme pour la figure 69.

Fig. 76. — Embryon et aire transparente à la 24ᵉ heure de l'incubation, à un grossissement de 13 diamètres.

L'embryon présente 4 ou 5 prévertèbres nettement différenciées dans le mésoderne. — Sa tête est entourée d'une auréole transparente (1, région didermique du blastoderme, c'est-à-dire région non encore envahie par le mésoderme; voir l'explication de la figure 195, planche XII, et voir fig. 204 de la planche XIII); — en 2, limite antéro-latérale de la lame mésodermique; — en 3, limite postérieure de la vésicule cérébrale primitive antérieure.

Fig. 77. — Blastoderme et embryon à la 25ᵉ heure de l'incubation. Grossissement 13 diamètres.

V_1, vésicule cérébrale antérieure. — Cet embryon a 6 prévertèbres nettement délimitées. Les détails de sa région céphalique sont repris dans les figures 78 et 79. — *pp*, ligne primitive.

Fig. 78. — La région céphalique de l'embryon de la 25ᵉ heure, vue par la région supérieure ou dorsale, à un grossissement de 35 diamètres.

A, extrémité antérieure de l'embryon; sur cette pointe tout antérieure de la vésicule cérébrale antérieure (V_1), les lames nerveuses (lames médullaires) sont un peu moins rapprochées par leurs bords que sur le reste de la partie dorsale de cette vésicule et du canal nerveux; — en 2, le point où les lames médullaires sont de moins en moins rapprochées; — *ex*, limite ou contour extérieur de la région céphalique (ectoderme); — *in*, limite ou contour externe de la cavité pharyngienne (voir la figure suivante).

Fig. 79. — La région céphalique de l'embryon de la 25ᵉ heure vue par la région inférieure ou ventrale, à un grossissement de 35 diamètres.

A, extrémité antérieure de la tête; — *in*, *in*, extrémité antérieure et limite latérale de la cavité pharyngienne ou intestin antérieur, formée par l'entoderme (*in*); — *ex*, pli ectodermique par lequel l'ectoderme de la face inférieure de la tête se continue avec l'ectoderme extra-embryonnaire (ici sous-embryonnaire); — *b*, bord de l'entrée du pharynx; — entre *ex* et *b* l'espace libre est devenu plus considérable que précédemment (voir *x*, à gauche de la fig. 74) et dans cet espace le mésoderme vient, sous forme de deux replis latéraux (*ms*), envahir la *fovea cardiaca* (*x*).

Ces détails de la constitution de l'embryon seront plus facilement compris par l'examen des coupes représentées dans la planche XIII, et spécialement par les coupes qui donnent l'étude de la constitution de la portion céphalique de l'embryon à la 25ᵉ heure, c'est-à-dire par les figures 212 à 215 de la planche XIII.

PLANCHE V (FIGURES 80 A 94)

Cette planche représente le blastoderme et l'embryon (vus par transparence) pendant la première moitié du second jour de l'incubation (de la 26e à la 33e heure).

Fig. 80. — Vue d'ensemble, sans grossissement, du blastoderme, dans sa position normale, avant l'action de tout réactif, sur la sphère du jaune de l'œuf à la 26e heure de l'incubation; l'indication des contours de la coquille a été donnée pour préciser l'orientation normale de l'embryon par rapport au grand axe de l'œuf. Lettres comme pour les figures 69 et 75 de la planche IV.

Fig. 81. — L'embryon et l'aire vasculaire à la 26e heure de l'incubation, vu par la face supérieure ou dorsale, à un grossissement de 14 fois (comparer avec la figure 77 de la planche IV.

A, région didermique du blastoderme, correspondant à l'auréole qui entoure l'extrémité de la tête de l'embryon (voir fig. 212, pl. XIII, et fig. 235, pl. XV); — *ap*, *ap*, aire transparente; — *AV*, aire vasculaire; — *St*, sinus terminaux.

Fig. 82. — La région céphalique de l'embryon de 26 heures, vue par la face supérieure ou dorsale à un grossissement de 35 fois (comparer avec la figure 78 de la planche IV).

A, extrémité antérieure de la tête; — V_1, première vésicule cérébrale; — V_2, seconde vésicule cérébrale; — *ex*, contour extérieur (externe) de la tête (ectoderme); — *in*, limite externe de la cavité du pharynx (entoderme).

Fig. 83. — La région céphalique de l'embryon de 26 heures, vue par la face inférieure à un grossissement de 35 fois (comparer avec la figure 79, planche IV).

Lettres comme ci-dessus; de plus : *b*, bord de l'orifice de la cavité pharyngienne; — *ins* (mis par erreur pour *ms*) mésoderme pénétrant dans la fovea cardiaca (*x*); ce mésoderme est dédoublé et renferme un prolongement de la cavité pleuro-péritonéale, prolongement désigné par les lettres *PC* (cavité du péricarde) dans les figures 230 et 231 de la planche XIV (voir la planche XIV, pour la constitution intime de cet embryon).

Fig. 84. — La région des prévertèbres de l'embryon de 26 heures, vue par la face supérieure ou dorsale, à un grossissement de 43 fois.

Les lames médullaires (*LM*) sont vues nettement, avec leurs bords et les inflexions qu'elles présentent et qui correspondent à la segmentation prévertébrale (voir fig. 217, pl. XIV); — les prévertèbres (*PV*) sont au second plan, moins nettement visibles, et recouvertes en partie par le canal médullaire. — On remarquera les dilatations et constrictions successives de ce canal.

Fig. 85. — Mêmes parties vues par la face inférieure ou ventrale; ici c'est la corde dorsale (*Ch*) et les prévertèbres (*PV*) qui sont mises au point, occupent le premier plan et voilent en partie la région externe du canal médullaire.

Fig. 86. — Blastoderme et embryon à la 27e heure de l'incubation, à un grossissement de 14 diamètres.

V_1, vésicule cérébrale antérieure, avec un diamètre transversal très large (première indication des vésicules optiques); — *pp*, ligne primitive.

La région céphalique de cet embryon est reprise à un plus fort grossissement dans la figure 87.

Fig. 87. — Région céphalique (et cardiaque) d'un embryon de 27 heures, vue par la face inférieure ou ventrale, à un grossissement de 37 diamètres.

C, le cœur; — *VOM*, veine omphalo-mésentérique; — *ms*, mésoderme pénétrant dans la fovea cardiaca; — les autres lettres comme pour les figures 82 et 83.

La constitution de ce blastoderme et de cet embryon de 27 heures est étudiée dans les figures de la planche XV.

Fig. 88. — Même région, sur un embryon du même âge, mais dont le cœur est un peu plus volumineux, plus développé. Même grossissement et mêmes lettres.

Fig. 89. — Embryon à la 29e heure de l'incubation, vu par la face supérieure ou dorsale, à un grossissement de 30 diamètres.

Cet embryon présente de 10 à 11 prévertèbres nettement délimitées. — *Am*, première apparition de l'amnios (capuchon céphalique de l'amnios; voir fig. 235, pl. XV, et fig. 269 et 270, pl. XVII), qui forme un repli prêt à venir recouvrir la tête (voir fig. 93); — *Vo*, épanouissement latéral de la vésicule cérébrale antérieure (future vésicule oculaire primitive); — V_2, seconde vésicule cérébrale; — V_3, troisième vésicule cérébrale; — *VOM*, veine omphalo-mésentérique; — *PV*, prévertèbres; — *SR*, sinus rhomboïdal, c'est-à-dire partie postérieure du canal médullaire largement ouvert et encadrant la partie antérieure de la ligne primitive (*pp*).

Fig. 90. — La région céphalique de ce même embryon vue par la face inférieure ou ventrale.

1, bord antérieur de la première vésicule cérébrale qui se courbe vers le bas (vers la face ventrale; voir les coupes longitudinales représentées dans les pl. XV et suivante); — *C*, cœur; — *VOM*, veine omphalo-mésentérique.

A part le cœur, qui est plus développé, et la première vésicule cérébrale qui s'infléchit vers le bas, toutes les parties sont ici disposées comme dans les figures 87 et 88, et comportent les mêmes lettres de renvoi.

La constitution de ce blastoderme et de cet embryon de 29 heures est étudiée par les coupes représentées dans les figures de la planche XVI.

Fig. 91. — Région céphalique d'un embryon de 31 heures, vue par la face inférieure ou ventrale. Grossissement de 30 fois.

Le cœur est plus développé (*C*) et commence à s'incurver vers le côté droit (à gauche sur la figure, puisqu'ici l'embryon est vu par sa face ventrale). — Les vésicules oculaires (*Vo*) commencent à se séparer, par un très léger étranglement, de la première vésicule cérébrale (V_1).

Fig. 92. — Région céphalique d'un embryon de 32 heures, vue par la face supérieure ou dorsale, à un grossissement de 30 fois.

V_1, première vésicule cérébrale; — *Vo*, vésicule oculaire qui en dérive; — V_2, seconde vésicule cérébrale; — *GN*, ganglion nerveux; — *VA*, fossette auditive; — *C*, cœur, qui s'est assez fortement infléchi à droite et déborde ainsi le corps de l'embryon.

Fig. 93. — Embryon de 33 heures, vu par la face dorsale, à un grossissement de 30 fois.

Am, capuchon céphalique de l'amnios, se recourbant en arrière sur l'extrémité correspondante de la tête, dont il voile une faible partie; — V_2, seconde vésicule cérébrale; — V_3, troisième vésicule cérébrale; — *GN*, ganglion nerveux; — *VA*, fossette auditive; — *C*, cœur qui déborde à droite; — *VOM*, veine omphalo-mésentérique; — *PV*, quatorzième prévertèbre; — *LP*, lame prévertébrale; — *LM*, lame médullaire; — *SR*, sinus rhomboïdal, déjà moins large que dans la figure 89; — *pp*, ligne primitive.

La constitution de cet embryon de 33 heures et de son blastoderme est étudiée dans la planche XVII.

Fig. 94. — La région céphalique de cet embryon de 33 heures, vue par la face inférieure ou ventrale.

C, portion moyenne du cœur, débordant le côté droit de l'embryon (à gauche sur la figure, puisque l'embryon est retourné pour l'examen par la face ventrale); — *Ao*, portion aortique du cœur.

PLANCHE VI (FIGURES 95 A 104)

Cette planche représente l'embryon pendant la seconde moitié du second jour de l'incubation (de la 33e à la 43e heure).

Fig. 95. — Vue d'ensemble, sans grossissement et avant l'action d'aucun réactif, du blastoderme et de l'embryon, sur la sphère du jaune, entre la 33e et la 38e heure de l'incubation. L'indication des contours de la coquille a été donnée pour montrer l'orientation normale de l'embryon par rapport au grand axe de l'œuf.

ap, aire transparente, sur laquelle le corps de l'embryon se détache en blanc; — *AV*, aire vasculaire, opaque; — *St*, son sinus terminal; — *avi* et *ave*, zone interne et zone externe de l'aire vitelline (comparer avec les figures 5 et 6 de la planche I).

Fig. 96. — Même pièce, vue par la région postérieure, pour montrer que la limite de la zone externe de l'aire vitelline n'atteint pas encore l'équateur de la sphère du jaune.

Fig. 97. — L'embryon et son aire vasculaire à la 38e heure par transparence, à un grossissement de 11 fois.

1, région antérieure où les deux extrémités de l'aire vasculaire vont se rejoindre (comparer avec la fig. 86, pl. V); — *Am*, amnios, formant un capuchon céphalique sur la première vésicule cérébrale et sur les vésicules optiques; — *ap*, aire transparente envahie par le réseau vasculaire; — *AV*, aire vasculaire opaque; — *St*, son sinus terminal.

Fig. 98. — Ce même embryon d'environ

38 heures, vu par sa face supérieure ou dorsale, à un grossissement de 26 fois.

La tête a été débarrassée du capuchon amniotique; — V_1, première vésicule cérébrale; — V_o, vésicule oculaire; — V_2, seconde vésicule cérébrale; — V_3, troisième vésicule cérébrale; — *VA*, fossette ou vésicule auditive; — *GN*, *GN*, ganglions nerveux cérébraux, l'un en avant de la fossette auditive, l'autre en arrière de cette fossette; — *C*, cœur (anse ventriculaire); — *VOM*, veine omphalo-mésentérique; — *Ao*, aorte se ramifiant dans l'aire vasculaire; — *PV*, 17ᵉ prévertèbre; — *LP*, lame prévertébrale; — *LM*, lames médullaires du sinus rhomboïdal en voie d'occlusion (comparer avec la fig. 93 de la planche V); — *pp*, restes de la ligne primitive; — *ap*, aire transparente, partie postérieure; — *ao*, aire opaque (aire vasculaire opaque).

Fig. 99. — La portion céphalique de ce même embryon, vue par la face inférieure ou ventrale.

1, saillie antéro-inférieure, ou prolongement frontal de la première vésicule cérébrale (cette même partie, moins accentuée, a déjà été désignée par le chiffre 1 dans la figure 90 de la planche V). *Ao*, portion aortique du cœur; — *C*, *C*, cœur, portion ventriculaire et portion veineuse; — *b*, bord de l'orifice du pharynx.

Fig. 100. — Embryon de 41 heures, vu par la face supérieure ou dorsale à un grossissement de 25 fois.

Am, capuchon céphalique de l'amnios recouvrant toute la première vésicule cérébrale et les vésicules optiques. — Les autres lettres comme ci-dessus.

Fig. 101. — La moitié antérieure de ce même embryon de 41 heures, vue par la face inférieure ou ventrale, à un grossissement de 25 fois.

La constitution de cet embryon de 41 heures (fig. 100 et 101) et de son blastoderme est étudiée dans les coupes représentées dans la planche XVIII.

Fig. 102. — Embryon de 43 heures, vu par la face dorsale, à un grossissement de 24 fois.

Am, amnios, qui forme un capuchon céphalique très étendu, et de plus des replis latéraux s'étendant jusque vers le niveau de la 7ᵉ prévertèbre; les chiffres 1, 2, 3, indiquent la ligne courbe décrite par le bord libre de cet ensemble de l'amnios; — *RC*, épaississement qui formera l'extrémité postérieure du corps de l'embryon et la région caudale. — Les autres lettres comme précédemment.

Fig. 103. — La portion céphalique de ce même embryon de 43 heures, dépouillée de son capuchon amniotique, et vue toujours par la face supérieure ou dorsale. Vu la torsion de la tête, dans le mouvement par lequel l'embryon commence à se coucher sur le côté gauche, cette face supérieure est en partie la face latérale droite; aussi, des deux vésicules oculaires (*Vo*, *Vo*), l'une est-elle vue à nu (la droite), l'autre par transparence (à travers la vésicule cérébrale). Lettres comme précédemment.

La constitution de cet embryon est étudiée dans les coupes représentées dans la planche XIX (fig. 304 à 312).

Fig. 104. — Vue, à un grossissement de 250 fois, d'une partie du réseau vasculaire de l'aire transparente à la 43ᵉ heure de l'incubation.

1, maille du réseau, avec les cellules ectodermiques; — 2, paroi du vaisseau, cellules endothéliales vues de côté; — 3, cavité du vaisseau; cellules endothéliales vues de champ, et légèrement voilées par les cellules ectodermiques et autres; les noyaux des cellules endothéliales vasculaires sont allongés; les autres noyaux (ectodermiques et mésodermiques) sont arrondis; — 4, globules sanguins.

PLANCHE VII (FIGURES 105 A 112)

Cette planche représente l'embryon à la fin du second et au commencement du troisième jour (de la 46ᵉ à la 52ᵉ heure) de l'incubation.

Fig. 105. — Vue d'ensemble, sans grossissement et avant l'action de tout réactif, du blastoderme et de l'embryon sur la sphère du jaune, vue un peu obliquement par la région postérieure, à la 46ᵉ heure de l'incubation. L'indication des contours de la coquille a été donnée pour montrer l'orientation normale de l'embryon par rapport au grand axe de l'œuf. Comparer avec les figures 6 et 7 de la planche I.

A, tête de l'embryon; — *ap*, aire transparente; — *AV*, aire opaque vasculaire; — *St*, sinus terminal; — *avi*, *ave*, zone interne et zone externe de l'aire transparente.

Fig. 106. — L'embryon et l'aire vasculaire, à la 46e heure, vus par la face supérieure, par transparence, à un grossissement de 5 fois.

St, sinus terminal; — *Vva*, veine vitelline antérieure; à cette époque il en existe deux, l'une droite, l'autre gauche; — *ap*, aire transparente; — *Am*, bord libre de l'amnios, qui recouvre actuellement toute la tête et le cœur, et s'élève en deux replis sur les parties latérales supérieures du corps (presque jusqu'au niveau des artères omphalo-mésentériques); — *Aom*, artère omphalo-mésentérique; — *ao*, aire opaque; — *RC*, renflement caudal.

Fig. 107. — L'embryon de 46 heures, vu par la face supérieure : cette face supérieure est la face dorsale pour la moitié postérieure du corps, et la face latérale droite pour la moitié antérieure, puisqu'à ce moment l'embryon se couche sur le côté gauche par un mouvement de torsion qui commence par la tête. Grossissement 20 fois.

V_1, V_2, V_3, première, seconde et troisième vésicule cérébrale; — *Vo*, œil; — fb^1, fb^2, fb^3, première, seconde et troisième fente branchiale; — *VA*, fossette auditive; — *C*, cœur; — *Vva*, veine vitelline antérieure; — *VOM*, tronc veineux omphalo-mésentérique; — *Aom*, artère omphalo-mésentérique; — *LC*, limite du tronc commençant à se dessiner; — *RC*, renflement caudal; — *pp*, reste de la ligne primitive; — *ap*, aire transparente; — *ao*, aire opaque.

Fig. 108. — La partie antérieure de ce même embryon vue par la face inférieure, c'est-à-dire par la face qui repose sur le jaune.

L'embryon étant retourné, on a sous les yeux l'orifice de la cavité pharyngienne (ou intestin antérieur); le bord médian (*b*) de cet orifice se continue en bas et en dehors, de chaque côté, par un repli (*bi*) qui commence à dessiner les limites latérales de l'intestin proprement dit; tout ce qui est au-dessus du bord *bi*, *b*, *bi*, est vu par transparence à travers les feuillets de l'aire transparente; tout ce qui est au-dessous est vu directement, sans interposition d'aucune membrane (comparer avec la fig. 110).

La constitution de cet embryon de 46 heures est étudiée dans les figures 313 et 314 de la planche XIX, et dans la série des figures de la planche XX.

Fig. 109. — Embryon de 48 heures, dépouillé de son capuchon amniotique, et vu par la face supérieure, à un grossissement de 19 fois.

Toute la moitié supérieure du corps a achevé le mouvement de torsion par lequel l'embryon se couche sur son côté gauche; aussi, des deux veines vitellines antérieures une seule est-elle visible, la droite (*Vva*), la gauche étant cachée par l'embryon (on la voit dans la fig. 110); le cœur, précédemment en forme d'anse en U couché (fig. 107), commence à se tordre, de sorte que la portion moyenne de l'anse descend (C^2, portion ventriculaire du cœur), et que la portion inférieure de l'anse (C^3) remonte vers la portion aortique (C^1). — *LC*, *LC*, limites latérales du tronc déjà mieux dessinées que dans la figure 107; — *Vvp*, veine vitelline postérieure commençant à se différencier dans le réseau de l'aire transparente; — *RC*, renflement caudal.

Fig. 110. — Moitié antérieure de ce même embryon de 48 heures, vue par la face inférieure, c'est-à-dire par la face qui est appliquée sur le jaune; l'embryon a donc été retourné et ses parties sont vues dans les mêmes conditions que dans la figure 108; seulement on a sectionné en haut les feuillets de l'aire transparente, de sorte que, si le cœur est vu à travers ces feuillets, la tête, ainsi que les parties correspondant à la première fente branchiale, sont vues directement, sans membranes interposées.

Lettres comme dans les figures 108 et 109.

La constitution de cet embryon de 48 heures est étudiée dans la série des figures de la planche XXI.

Fig. 111. — Embryon de 52 heures, vu par la face supérieure (face latérale droite pour la moitié antérieure du corps) à un grossissement de 19 fois.

FO, fossette olfactive; — *Vva*, veine vitelline antérieure droite (la gauche est cachée sous l'embryon); — *C*, cœur, tout à fait tordu (comparer fig. 109), et sa région ventriculaire déjà fortement descendue. — *Vvp*, *Vvp*, veines vitellines postérieures; la gauche est plus volumineuse que la droite et souvent existe seule. — *RC*, bourgeon caudal.

Fig. 112. — La partie inférieure de ce même embryon de 52 heures, vue par la face inférieure ou ventrale; la gouttière intestinale a des bords nettement accusés (*bi*); la queue (*RC*) est vue à travers les feuillets de l'aire transparente, comme est vue la tête (et le cœur) dans les figures 108 et 110.

La constitution de cet embryon de 52 heures est représentée dans les figures de la planche XXII.

PLANCHE VIII (FIGURES 113 A 123)

Cette planche représente l'embryon du poulet pendant la seconde moitié du troisième et toute la durée du quatrième jour de l'incubation, c'est-à-dire de la 68e à la 96e heure.

Fig. 113. — Vue d'ensemble sans grossissement, et avant l'action de tout réactif, du blastoderme et de l'embryon sur la sphère du jaune à la 68e heure de l'incubation.

A, extrémité antérieure de l'embryon; — *ap*, aire transparente (par erreur marquée *xp*); — *AV*, aire opaque vasculaire; — *St*, sinus terminal; — *avi*, aire vitelline interne; — on ne voit pas l'aire vitelline externe qui est au niveau et au-dessous de l'équateur de l'œuf (voir les figures 118 et 119 et comparer avec les figures 6, 7, 8 et 9 de la planche I).

Fig. 114. — Vue, par transparence, de l'aire vasculaire et de l'embryon de la 68e heure, à un grossissement de 4 fois et demi; les parties sont vues par la face supérieure.

St, *St*, sinus terminal; — *Vva*, veine vitelline antérieure; — *Aom*, ramifications de l'artère omphalo-mésentérique accompagnées de celles de la veine vitelline latérale (ou veine omphalo-mésentérique); — *x*, la partie dorsale de l'embryon non encore recouverte par l'amnios; celui-ci, ayant enveloppé toute la moitié antérieure du corps, forme un capuchon postérieur et des replis latéraux, toutes portions dont les bords libres marchent à la rencontre les uns des autres; l'orifice *x* deviendra donc de plus en plus petit; — *Am*, le capuchon postérieur ou caudal de l'amnios; — *Vvp*, veine vitelline postérieure gauche (la droite est nulle ou à peine marquée).

Fig. 115. — L'embryon de 68 heures, vu par sa face supérieure (dorsale et latérale droite) à un grossissement de 19 fois. Il a été dépouillé de son amnios. On voit que l'embryon est beaucoup plus courbé en avant et beaucoup plus couché sur le côté, que dans les stades précédents (voir les figures de la planche VII).

Vva, veine vitelline antérieure droite; elle est peu développée, parce qu'à cette époque elle s'atrophie et c'est la veine vitelline antérieure gauche qui ramène le sang de l'extrémité antérieure de l'aire vasculaire et du sinus terminal (cette disposition est bien représentée dans la figure 114). — *FO*, fossette olfactive; — *VH*, vésicule de l'hémisphère cérébral droit; — V_1, première vésicule cérébrale primitive, qui prendra désormais le nom de vésicule des couches optiques ou de cerveau intermédiaire (les vésicules des hémisphères formant le cerveau antérieur; voir les figures 117 et 121); — V_2, seconde vésicule cérébrale primitive, qui prendra désormais le nom de cerveau moyen; — V_3, troisième vésicule cérébrale primitive qui se divisera ultérieurement en cerveau postérieur et arrière-cerveau; — *VA*, vésicule auditive ou de l'oreille interne; — fb_3, la troisième fente branchiale; — *VOM*, veine omphalo-mésentérique gauche; — *Vvp*, veine vitelline postérieure gauche; — *LC*, limite des lames ventrales de l'embryon; — *CD*, la queue.

Fig. 116. — Le même embryon vu par la face ventrale, c'est-à-dire retourné, pour être examiné par la face qui est appliquée sur le jaune. Aussi ne voit-on directement, du corps de l'embryon, que les bords de la gouttière intestinale, tout le reste étant vu à travers les doubles membranes qui partent du bord de la gouttière intestinale (feuillet interne et feuillet fibro-intestinal) et du bord des lames ventrales (feuillet externe et feuillet fibro-cutané), voir par exemple la figure 411 de la planche XXV; cependant, à la partie supérieure, on a coupé transversalement ces membranes, selon la ligne *aa*, de sorte qu'une partie de la tête est vue à nu (notamment l'œil et les quatre fentes branchiales gauches).

C, cœur (ventricule); — *GI*, gouttière intestinale; — *Aom*, artère omphalo-mésentérique; — *Vvp*, veine vitelline postérieure gauche (elle est à droite sur la figure, puisque l'embryon est retourné; comparer avec la figure 115); — *PP*, la cavité pleuro-péritonéale vue à travers le feuillet interne et sa lame fibro-intestinale (voir fig. 417, pl. XXVI); — *bip*, bord de l'intestin postérieur; — *Al*, allantoïde commençant à se dessiner au-dessous du bord de l'intestin postérieur, dans la portion correspondante de la cavité pleuro-péritonéale (voir les fig. 369, 379, pl. XXIII); — *CD*, la queue vue à travers les feuillets du blastoderme (comme pour la figure 112 de la planche VII).

Fig. 117. — La tête de l'embryon de 68 heures, vue par sa face supérieure (selon la flèche 117 de la figure 115), toujours à un grossissement de 19 diamètres.

VH, vésicules des hémisphères, ou cerveau antérieur (voir l'explication de la figure 115); — V_1, vésicule des couches optiques ou cerveau intermédiaire ; — V_2, cerveau moyen ; — V_3, troisième vésicule cérébrale primitive non encore divisée en cerveau postérieur et arrière-cerveau ; — *VO*, vésicule oculaire secondaire, formant une cupule, dans l'orifice de laquelle est le cristallin. — Pour la constitution intime de ces parties, voir les coupes représentées dans la planche XXIV.

Fig. 118 et **119**. — Vue d'ensemble, sans grossissement et avant l'action de tout réactif, du blastoderme et de l'embryon sur la sphère du jaune, pendant la seconde moitié du quatrième jour de l'incubation (de la 82e à la 90e heure de l'incubation) ; ces sphères du jaune sont vues par la région postérieure, afin de montrer comment la zone externe de l'aire vitelline s'étend sur l'hémisphère inférieur, et circonscrit peu à peu l'ombilic ombilical (*OO*) ; voir aussi planche I, fig. 9.

A, la tête de l'embryon vue légèrement en raccourci ; — *avi*, *ave*, les zones interne et externe de l'aire vitelline ; sur la figure 119 la zone externe est descendue relativement très bas vers le pôle inférieur (comparer avec la figure 105 de la planche VII).

Fig. 120. — Embryon vers le milieu du quatrième jour (82e heure) de l'incubation, vu par sa face supérieure (dorsale et latérale droite) à un grossissement de 15 fois. Il a été dépouillé de son enveloppe amniotique.

La constitution intime de cet embryon est étudiée dans les figures 427 et 428 de la planche XXVI et dans les planches suivantes.

Lettres comme pour la figure 115 ; de plus : — *GN*, *GN*, ganglions nerveux des nerfs crâniens ; — *GP*, origine de la glande pinéale dans la paroi supérieure de la vésicule des couches optiques ; — *MP*, *MP*, bourgeons des membres postérieurs sous forme de très courtes palettes ; — *Al*, allantoïde ; — *CD*, queue ; — *Vvl*, veine vitelline latérale.

Fig. 121. — La tête de cet embryon de 82 heures vue par le vertex, c'est-à-dire par la paroi supérieure de la vésicule des couches optiques, selon la flèche 121 de la figure 120. Grossissement de 15 fois.

Lettres comme pour la figure 117.

Fig. 122. — Embryon à la fin du quatrième jour (96e heure) de l'incubation, vu par la face supérieure ou latérale droite, à un grossissement de 15 fois.

Pour la constitution intime de cet embryon, voir les figures des planches XXIX et suivantes.

Lettres comme dans les figures précédentes ; de plus : *VCA*, veine cardinale antérieure ; — *CC*, canal de Cuvier ; — *VCP*, veine cardinale postérieure ; — *MA*, bourgeon des membres antérieurs.

Fig. 123. — La moitié postérieure de ce même embryon vue par la face ventrale (comparer avec la figure 116).

La gouttière intestinale est en voie de se transformer en canal ; aussi n'a-t-elle plus qu'un orifice ovalaire (en *CI*), limité en bas par le bord (*bip*) de l'intestin postérieur ; — *Al*, allantoïde ; — dans la partie supérieure, l'arrivée de la veine vitelline antérieure (*Vva*) dans le tronc omphalo-mésentérique forme une masse vasculaire qui cache toutes les parties sous-jacentes (comparer avec la figure 116 de cette même planche et avec la figure 129 de la planche IX).

PLANCHE IX (FIGURES 124 A 142)

Cette planche représente l'embryon au cours du 5e et du 6e jour de l'incubation (de la 96e à la 140e heure).

Dans les planches précédentes, l'embryon était représenté vu par transparence ; mais, dès la fin du quatrième jour, le corps de l'embryon devient trop épais pour qu'il soit possible, par la suite, de bien l'examiner par transparence, d'autant qu'alors le modelé extérieur du corps dessine très nettement les parties embryonnaires. C'est pourquoi, dans les planches IX et X, les embryons sont représentés en modelé, c'est-à-dire vus non plus par transparence (lumière transmise), mais bien à la lumière réfléchie.

Fig. 124. — Embryon au commencement du cinquième jour (96e heure). Cet embryon est à peu près identique à celui de la figure 122 de la planche VIII ; seulement il est représenté à la lumière réfléchie afin de donner une transition entre les figures de la planche précédente, où les embryons sont vus par transparence, et les figures des planches IX et X. Grossissement de 10 fois.

Pour la constitution de cet embryon, voir

les coupes représentées dans les planches XXX et suivantes.

V_3, région de la troisième vésicule cérébrale primitive, c'est-à-dire du cervelet et du bulbe; — *VA*, oreille; — *MA*, palette du membre antérieur; — *MP*, membre postérieur; — *Am*, amnios sectionné à une certaine distance de la limite du tronc (*LC*), c'est-à-dire du rétrécissement qui forme actuellement un large ombilic abdominal; — *Al*, allantoïde.

Les parties de la tête et du cou (arcs branchiaux) de cet embryon sont représentées dans les figures 125 à 128.

Fig. 125. — La tête de l'embryon du commencement du cinquième jour (96e heure), séparée du reste du corps, par une section au niveau du second arc branchial (*AB*) et examinée par sa face inférieure ou buccale (celle qui, dans la figure 124, est en contact avec la saillie du cœur). Grossissement de 10 fois.

FO, fossette olfactive; — *FB*, fosse buccale; — *MS*, saillie qui va former le bourgeon maxillaire supérieur; — *AB*, second arc branchial (pour la vue complète des arcs branchiaux à cet âge, voir les figures 127 et 128); — *xx*, surface de section du cou au-dessous du second arc branchial.

Fig. 126. — Tête de l'embryon de 96 heures, détachée par section au niveau du cœur et examinée par le vertex, c'est-à-dire par la face qui regarde en bas dans la figure 124 (comparer avec les figures 117 et 121 de la planche VIII).

xx, surface de section, sur laquelle la partie ventriculaire (*C*) du cœur apparaît à nu; — *VH*, saillies des vésicules des hémisphères cérébraux; — V_1, vésicule des couches optiques ou cerveau intermédiaire, présentant vers sa partie moyenne la saillie de la glande pinéale; — V_2, cerveau moyen ou vésicule des tubercules bijumeaux.

Fig. 127. — Tête de l'embryon de 96 heures, détachée par section au-dessous des arcs branchiaux les plus inférieurs, examinée de trois quarts par le côté gauche.

FO, fossette olfactive; — *MS*, saillie qui va former le bourgeon maxillaire supérieur; — AB_1, AB_2, premier et second arc branchial; les autres arcs branchiaux sont vus très en raccourci au-dessous du second (voir fig. 128 et fig. 124); — *xx*, surface de section sur laquelle on voit également le cœur sectionné.

Fig. 128. — Cette même tête, vue directement par sa face latérale gauche (comparer avec la figure 124, où elle est vue par la face latérale droite).

VH, V_1, V_2, V_3, comme dans les figures précédentes; — *FO*, fossette olfactive; — AB_1, premier arc branchial au-dessus duquel est le bourgeon maxillaire supérieur; — AB_2, AB_3, AB_4, AB_5, les second, troisième, quatrième et cinquième arcs branchiaux; — *xx*, la surface de cette section vue en raccourci.

Fig. 129. — Embryon de 4 jours et 5 heures (c'est-à-dire à la 5e heure du 5e jour, ou à la 101e heure de l'incubation), vu par le côté qui est appliqué sur le jaune, c'est-à-dire par la face latérale gauche. Grossissement de 8 fois et demie.

Les membranes ont été divisées de façon qu'il en est resté un large lambeau quadrilatère adhérent à l'orifice intestinal (*GI*); — *ab*, bords de la section; — en haut une partie de la tête est vue à nu; le reste de l'embryon est vu à travers les membranes, lesquelles sont parcourues par les gros vaisseaux qui convergent vers l'orifice intestinal (*GI*) ou ombilic intestinal; — *Vva*, veine vitelline antérieure; — *VOM*, veine omphalo-mésentérique; — *Aom*, artère omphalo-mésentérique; — *Vvp*, veine vitelline postérieure (comparer avec les figures 116 et 123 de la planche VIII).

Fig. 130. — Embryon de 4 jours et demi, c'est-à-dire au milieu du cinquième jour (4 jours et 12 heures, ou 108e heure) de l'incubation, dépouillé de son amnios (comparer avec la figure 134), à un grossissement de 11 fois.

Lettres comme dans les figures précédentes. La tête de cet embryon et ses arcs branchiaux sont étudiés dans les figures 131 à 133.

Fig. 131. — Tête de l'embryon du milieu du cinquième jour, vue par sa face latérale droite, un peu de trois quarts. Grossissement 11 fois.

GP, saillie de la glande pinéale; — *C*, saillie du cœur au-dessus de la surface de section *xx*; — *MS*, bourgeon maxillaire supérieur; — les autres lettres comme dans la figure 128.

Fig. 132. — Tête du même embryon, vue par la face inférieure ou buccale (celle qui, dans la figure 130, est en contact avec la saillie du cœur). La section a été faite un peu plus haut que dans la figure précédente, en respectant le cœur, qui pend alors vers le bas, et laisse librement voir les premiers arcs branchiaux.

FO, fossette olfactive; — *BF*, commencement de la saillie du bourgeon frontal, saillie qui, se continuant plus tard avec les bords des fossettes olfactives, viendra former une large lame au-dessus de ces fossettes et de la fosse buccale (voir la fig. 141 et les figures de la planche suivante); — *MS*, bourgeon maxillaire supérieur; — AB_1, AB_2, premier et second arc branchial; les autres arcs branchiaux (région *AB*) ont été entamés par la section du cou, et leurs restes sont vus trop en raccourci (comparez fig. 133) pour être aperçus distinctement; — C^1, portion aortique; — C^2, portion ventriculaire du cœur.

Fig. 133. — Tête d'un embryon du même âge, vue directement par la face latérale gauche.

AB_2, second arc branchial, au-dessous duquel on voit les trois autres arcs, ainsi que la saillie du cœur.

Fig. 134. — Vue d'ensemble, grandeur nature, de l'embryon et de ses annexes à la fin du cinquième jour (120 heures) de l'incubation; comparer avec la figure 10 de la planche I.

Am, amnios distendu par le liquide amniotique et renfermant l'embryon; — *Al*, vésicule allantoïde se portant sur le côté gauche, c'est-à-dire à la face supérieure de l'embryon, au-dessus de l'amnios; — *St*, limites de l'aire vasculaire ou sinus terminal dont les contours commencent à être moins accusés.

Fig. 135. — L'embryon à la fin du cinquième jour; l'allantoïde a été rejetée vers la droite (comparer avec la fig. 134). Grossissement de 11 fois.

Pour la constitution intime de cet embryon, voir les figures de la planche XXXIII.

Fig. 136. — Ce même embryon de 5 jours, vu par la région dorsale : la moitié postérieure du corps est vue très en raccourci.

MA, *MP*, membres antérieurs et postérieurs; — *Al*, allantoïde. — A la partie supérieure on voit de chaque côté du cou la saillie du cœur (*C*) qui déborde le profil de la nuque, et la région faciale avec l'œil (*OL*).

Fig. 137. — Tête d'un embryon de 5 jours, vue directement par la région faciale, pour montrer que les limites (*BF*) du bourgeon frontal commencent à mieux se dessiner, c'est-à-dire que nous avons ici un stade intermédiaire entre celui de la figure 132 et celui de la figure 141.

Lettres comme dans la figure 132.

Fig. 138. — Embryon au milieu du sixième jour de l'incubation, c'est-à-dire âgé de cinq jours et demi. Grossissement de 10 fois.

Lettres comme ci-dessus; les détails de la tête de cet embryon sont repris dans les figures 139 à 141.

Fig. 139. — Tête de l'embryon de 5 jours et demi, détachée par section au-dessous du cœur (en *xx*) et vue de trois quarts par le côté droit. Lettres comme ci-dessus.

Fig. 140. — Tête d'un autre embryon du même âge, détachée par une section qui a mis le cœur à nu, et examinée de trois quarts, obliquement de bas en haut, par le côté gauche.

Fig. 141. — Autre tête du même âge, vue à peu près directement par la face antérieure.

Fig. 142. — Embryon vers la 20e heure du sixième jour (âgé de 5 jours et 20 heures, soit 140 heures) dépouillé de son amnios; à un grossissement de 9 fois.

Il diffère des embryons précédents en ce que la région du cou commence à se dessiner comme rétrécissement; en ce que les bourgeons des membres commencent à dessiner des segments distincts; enfin en ce que la limite de tronc (*LC*, comparer avec les figures précédentes) forme maintenant un véritable ombilic abdominal, au niveau duquel l'amnios se continue avec les parois abdominales en formant un court cordon ombilical; la section de ce cordon laisse apercevoir dans son intérieur deux pédicules creux, celui de la vésicule ombilicale, ou canal omphalo-mésentérique (*COM*) et celui de l'allantoïde (*Al*).

PLANCHE X (FIGURES 143 A 160)

Cette planche donne une vue d'ensemble du développement du corps et principalement de la tête de l'embryon du poulet, du 6e au 13e jour.

Fig. 143. — Le contenu de l'œuf, tel qu'il se présente après ablation de la moitié de la coquille.

On aperçoit d'abord l'allantoïde (*Al*), qui s'est portée sur le côté droit de l'embryon, et recouvre la moitié postérieure de son corps (comparer avec la figure 647 de la planche XL). Dans l'amnios (*Am*) on entrevoit la tête de l'embryon. Le tout repose sur la vésicule du jaune (*Vj*). Le sinus terminal (*St*) est très peu marqué (voir aussi les figures 10 et 11 de la planche I). *Avi*, aire vitelline interne; — *Cca*, chambre à air (voir les figures de la planche XL).

Fig. 144. — Embryon âgé de 6 jours ; il diffère à peine de l'embryon représenté dans la figure 142 de la planche précédente, mais il est à un grossissement de 6 fois et demie et non de 9 fois.

VH, hémisphères cérébraux ; — V_1, vésicule des couches optiques ; — V_2, vésicule des tubercules bijumeaux (seconde vésicule cérébrale primitive) ; — *CV*, cervelet ; — *B*, bulbe ; — *MA*, membre antérieur ; — *MP*, membre postérieur ; — *CD*, queue ; — *Al*, pédicule de l'allantoïde ; — *COM*, canal omphalo-mésentérique.

La constitution intérieure de cet embryon est donnée par les coupes représentées dans les planches XXXVII et XXXVIII, et l'anatomie descriptive de ses viscères dans les figures 621 et 623 de la planche XXXIX.

Fig. 145. — Le même embryon, vu par la face antérieure ; grossissement de 6 fois et demie.

Am, l'amnios se continuant avec les parois du corps et formant l'enveloppe du cordon ombilical, dans l'intérieur duquel on voit le pédicule de l'allantoïde (*Al*) ; — *GP*, glande pinéale (voir les figures 559 et 560 de de la planche XXXVI) ; — *C*, saillie du cœur ; — les autres lettres comme dans la figure précédente. Pour les détails de la tête, voir les figures 559 et suivantes de la planche XXXVI.

Fig. 146. — Même embryon, vu de dos.

CN, cordon ombilical ; — *PV*, les masses prévertébrales ; — *CV*, cervelet ; — *B*, bulbe ; — *MS*, maxillaire supérieur ; — AB_1, premier arc branchial, c'est-à-dire arc de la mâchoire inférieure.

Fig. 147, 148, 149. — La tête, c'est-à-dire la région faciale et les arcs branchiaux vus de face (148), de trois quarts (147) et de profil (149) à un grossissement de 8 fois.

En comparant avec la figure 141 de la planche IX, on voit que le bourgeon frontal (*BF*) est plus nettement dessiné, et qu'il descend latéralement au devant de chaque fossette olfactive (*FO*) en un bourgeon nasal interne (*NI*) et un bourgeon nasal externe (*NE*) ; — *MS*, maxillaire supérieur ; — AB_1, premier arc branchial, c'est-à-dire arc maxillaire inférieur ; — fb_1, première fente branchiale ; sur la série des figures suivantes on voit que cette fente se transforme en conduit auditif externe (ou oreille externe *OE*) ; — AB_2, second arc branchial ; — *xx*, surface de section du cou, pour la séparation de la tête ; les autres lettres comme ci-dessus.

Fig. 150. — Embryon de 7 jours. Grossissement de 5 fois.

Am, amnios (gaine du cordon) ; — *Al*, pédicule de l'allantoïde. — Pour les viscères de ce poulet, voir les figures 622, 623, 624 à 631 de la planche XXXIX.

Fig. 151 et **152.** — La tête de ce même embryon de 5 jours, à un grossissement de 6 fois, vu directement par en avant (fig. 151) et de trois quarts (fig. 152).

Lettres comme dans les figures précédentes.

Fig. 153. — Embryon de 8 jours, grossissement de 4 fois. Pour les viscères, voir planche XXXIX, fig. 631.

OE, oreille externe ; — *CN*, cordon ombilical ; — *CD*, queue.

Fig. 153 *bis*. — Même embryon vu par la face ventrale.

VJ, vésicule ombilicale ; — *Al*, pédicule de l'allantoïde ; — les autres lettres comme ci-dessus.

Fig. 154, 155 et **156.** — La tête de ce même embryon de 8 jours, vue directement de face (155), de trois quarts (154) et de profil (156), à un grossissement de 5 fois à 5 fois et demie.

On voit que les parties latérales du bourgeon frontal se sont soudées avec le maxillaire supérieur corespondant, que la bouche est bien circonscrite, et que le bec commence à se dessiner ; — *d*, la formation épidermique cornée dite le *diamant* qui surmonte la moitié supérieure du bec ; — les autres lettres comme ci-dessus.

Fig. 157. — Poulet de 9 jours. Grossissement 3 fois 1/4.

PG, papille génitale ; — *CN*, cordon.

Fig. 158. — Tête de poulet de 9 jours. Grossissement de 3 fois et demie, lettres comme pour la figure 155.

Fig. 159. — Poulet de 11 jours. Grossissement de 2 fois. Pour les viscères, voir planche XXXIX, fig. 632.

Fig. 160. — Poulet de 13 jours. Grossissement de 1 fois et demie. — Pour les viscères, voir planche XXXIX, fig. 633 à 635.

PLANCHE XI (FIGURES 161 A 181)

Cette planche représente la constitution du blastoderme de la 15e à la 19e heure de l'incubation. Elle fait suite, à cet égard, aux dernières figures de la planche III.

Dans cette planche, comme dans les suivantes, la couleur rouge a été adoptée pour représenter les éléments du feuillet moyen ou mésoderme (*ms*).

Fig. 161. — Rappel de l'aspect en surface de l'aire transparente à la 16e heure (voir fig. 65, planche IV). — 162 à 177, lignes selon lesquelles ont été pratiquées les coupes représentées dans les figures 162 à 177.

Fig. 162. — Coupe longitudinale antéro-postérieure (*A* et *P*, extrémités antérieure et postérieure) d'un blastoderme semblable à celui de la figure 161. Grossissement 45 diamètres. Comparer avec la figure 48 de la planche III.

CA, croissant antérieur, résultant d'une disposition particulière (grande étendue et inflexion) du bourrelet entodermo-vitellin antérieur; — 164 à 166, régions représentées à un plus fort grossissement dans les figures 164 à 166.

Fig. 163. — La région du croissant antérieur (*CA*) en coupe longitudinale, à un grossissement de 140 diamètres. Comparer avec la figure 54 de la planche III.

in^2, ectoderme vitellin, c'est-à-dire vitellus parsemé de noyaux, et recouvert par l'ectoderme.

Fig. 164. — Région de la tête (extrémité antérieure) de la ligne primitive, en coupe longitudinale, à un grossissement de 140 diamètres.

Fig. 165. — Région de l'extrémité postérieure de l'aire transparente, en coupe longitudinale, à un grossissement de 140 diamètres.

BEV, bourrelet entodermo-vitellin postérieur; — in^2, entoderme vitellin, recouvert ici par le mésoderme (comparer fig. 163).

Fig. 166. — Extrémité postérieure de la plaque mésodermique. Comparer avec les figures 49 et 50 de la planche III.

Fig. 167. — Coupe transversale d'un blastoderme semblable à celui de la figure 161, selon la ligne 167, c'est-à-dire au niveau du croissant antérieur. Grossissement 140 fois.

CA, coupe des parties latérales du croissant antérieur; — 168 à 171 (chiffres en rouge), régions qui sont représentées à un fort grossissement dans les figures 168 à 171.

Fig. 168. — La partie moyenne de la figure 167 à un grossissement de 450 diamètres. L'ectoderme (*ex*) est très épais et formé de plusieurs couches de cellules; cet épaississement de l'ectoderme forme la *plaque médullaire*. Au-dessous, et séparé par un intervalle relativement grand, est le mésoderme (*ms*) et l'entoderme (*in*). Comparer avec la figure 60 de la planche III.

Fig. 169 à 171. — Elles montrent comment l'ectoderme, seul représenté ici, s'amincit et se réduit à une seule couche de cellules cubiques ou même aplaties, en allant de la région centrale (fig. 168) aux parties périphériques désignées successivement par les chiffres rouges 169, 170 et 171 sur la figure 167. Grossissement 350 diamètres.

Fig. 172. — Coupe transversale selon la ligne 172 de la figure 161. Grossissement 140.

PM, plaque médullaire (épaississement de l'ectoderme) précédant la formation des lames médullaires.

Fig. 173. — Coupe transversale selon la ligne 173 de la figure 161. Grossissement 140.

PM, *PM*, plaque médullaire; — *ms*, mésoderme, très épaissi à sa partie médiane, où se différenciera ultérieurement la corde dorsale (voir fig. 181).

Fig. 174. — Coupe transversale selon la ligne 174 de la figure 161, c'est-à-dire exactement en avant de la *tête de la ligne primitive* (extrémité antérieure de la ligne primitive). Grossissement 140.

Fig. 175. — Coupe transversale selon la ligne 175 de la figure 161, c'est-à-dire au niveau de la tête de la ligne primitive, caractérisée par la soudure de l'ectoderme avec la plaque médiane du mésoderme (en 1).

Fig. 176. — Coupe transversale selon la ligne 176 de la figure 161. Ligne primitive avec sa gouttière.

Fig. 177. — Coupe transversale selon la ligne 177 de la figure 161, c'est-à-dire sur la partie postérieure de la ligne primitive. Ici le mésoderme dépasse largement l'aire transparente et s'étend au-dessus de l'entoderme vitellin (in^2). Grossissement 140.

Fig. 178. — Rappel de l'aspect en surface de l'aire transparente à la 16e heure (voir la figure 66 de la planche IV).

179, ligne selon laquelle a été pratiquée la coupe fig. 179.

Fig. 179. — Coupe transversale selon la ligne 179 de la figure 178, c'est-à-dire vers la partie moyenne de la ligne primitive. Grossissement 140 diamètres.

Fig. 180. — Rappel de l'aspect en surface de l'aire transparente à la 16ᵉ heure (voir fig. 67, pl. IV). Grossissement 140.

Fig. 181. — Coupe transversale selon la ligne 181 de la figure 180. Grossissement 140 diamètres.

Ch, épaississement médian du mésoderme, lequel, en s'isolant ultérieurement des parties latérales de ce feuillet, formera la *corde dorsale;* — *LM*, première indication des lames médullaires, c'est-à-dire de la division de la plaque médullaire primitive (fig. 173, 174) en deux lames latérales qui, par leur soulèvement graduel, dessineront la gouttière médullaire (voir les planches suivantes).

PLANCHE XII (FIGURES 182 A 201)

Cette planche représente la constitution du blastoderme de la 20ᵉ à la 22ᵉ heure de l'incubation; à gauche sont les coupes longitudinales, à droite les coupes transversales.

Fig. 182. — Rappel de la vue en surface d'un blastoderme à la 20ᵉ heure de l'incubation (voir pl. IV, fig. 68).

183 à 188, lignes selon lesquelles ont été faites les coupes représentées dans les figures 183 à 188.

Fig. 183.— Coupe longitudinale (antéro-postérieure) et médiane, selon la ligne 183 de la figure 182. Grossissement 55 fois; cette coupe passe par la gouttière primitive, c'est-à-dire entame longitudinalement la partie déprimée de la ligne primitive (*pp*).

CA, croissant antérieur; — *Ph*, première indication de la courbure qui circonscrira l'intestin antérieur ou pharynx; dès ce moment l'extrémité antérieure (*A*) du corps de l'embryon est marquée et définie (voir fig. 190); — *Ch*, corde dorsale; — *pp*, le fond de la ligne primitive; — *P*, région postérieure du blastoderme.

Fig. 184. — Coupe transversale, selon la ligne 184 (fig. 182), c'est-à-dire au niveau de l'extrémité antérieure de l'embryon. Grossissement 160 diamètres.

PM, plaque médullaire, formée par la fusion des deux lames médullaires déjà distinctes dans les coupes suivantes (comparer avec les figures 167 et 172 de la planche précédente).

Fig. 185. — Coupe transversale selon la ligne 185 (fig. 182), c'est-à-dire au niveau de l'extrémité antérieure de la *gouttière médullaire* (*GM*), formant une dépression très peu profonde entre les deux lames médullaires (*LM*, voir l'explication de la figure 181, pl. XI).

Ch, corde dorsale, représentée par un épaississement axial du mésoderme, mais non encore individualisée, c'est-à-dire non séparée des parties mésodermiques latérales.

Fig. 186. — Coupe transversale selon la ligne 186 (fig. 182), c'est-à-dire exactement sur la limite antérieure de la ligne primitive.

Fig. 187 et 188. — Coupes transversales à deux niveaux différents de la ligne primitive (*pp*), selon les lignes 187 et 188 de la figure 182. Grossissement 160 diamètres, comme pour les figures précédentes.

Fig. 189. — Rappel de la vue en surface d'un blastoderme à la 21ᵉ heure de l'incubation (fig. 70, pl. IV).

190 à 193, lignes selon lesquelles ont été faites les coupes représentées dans les figures 190 à 193.

Fig. 190. — Coupe longitudinale (antéro-postérieure) et médiane selon la ligne 190 de la figure 189. Grossissement 60 fois.

On n'a représenté que la partie de la coupe relative au corps de l'embryon, depuis son extrémité antérieure (*A*, avec le repli pharyngien, *Ph*), jusque un peu en arrière de la tête (*x*) de la ligne primitive.

Fig. 191. — Coupe longitudinale latérale selon la ligne 191 de la figure 189, c'est-à-dire passant non par la corde dorsale, mais par la lame médullaire droite et la prévertèbre qui a apparu au-dessous de cette lame (en *PV*). Grossissement 60 fois.

Fig. 192. — La région *PV* de la figure 191, c'est-à-dire la région de la prévertèbre, à un grossissement de 200 fois.

On remarquera que la segmentation prévertébrale, qui porte sur le mésoderme et y produit l'apparition des prévertèbres, se manifeste également sur l'ectoderme par des inflexions (*x*,*x*) correspondant à chaque intervalle entre deux prévertèbres en voie de formation.

Fig. 193. — Coupe transversale selon la ligne 193 de la figure 189, c'est-à-dire un peu en avant de la première prévertèbre en voie d'apparition, sur un blastoderme de 21 heures. Grossissement de 160 diamètres.

GM, gouttière médullaire déjà bien creuse, et limitée par les deux lames médullaires (*LM*) bien délimitées du reste de l'ectoderme (*ex*); la corde dorsale (*Ch*) est de son côté en voie de s'isoler complètement du reste du mésoderme, dans lequel on voit apparaître, de chaque côté de la corde dorsale, une partie épaissie correspondant à la formation d'une prévertèbre (*PV*, comparer fig. 199). — A l'extrémité gauche de la figure, des îlots sanguins (*IV*) apparaissent à la surface de l'entoderme vitellin, sous le mésoderme correspondant; enfin la partie périphérique du mésoderme commence à se cliver en deux lames, entre lesquelles apparaît la première trace de la *fente pleuro-péritonéale* (*PP*; comparer avec la fig. 199).

Fig. 194. — Rappel de la vue en surface d'un blastoderme à la 22e heure de l'incubation (voir fig. 71, pl. IV).

195 à 201, lignes selon lesquelles ont été faites les coupes représentées dans les figures 195 à 201.

Fig. 195. — Coupe transversale selon la ligne 195 de la figure 194, c'est-à-dire sur l'extrémité de la région céphalique de l'embryon. Grossissement 135 fois.

GM, gouttière médullaire (des futures vésicules cérébrales); — *Ph*, cavité du pharynx ou intestin antérieur (comparer avec la fig. 190).

On remarquera qu'il n'y a de mésoderme que sur la paroi dorsale du pharynx; ailleurs le blastoderme est seulement didermique (et non tridermique), c'est-à-dire composé seulement de l'ectoderme (*ex*) et de l'entoderme (*in*), sans mésoderme interposé : telle est en effet la constitution du blastoderme en avant du repli céphalique, comme on le voit sur les coupes fig. 183, 190, 191, ce qui se traduit, sur les vues en surface (fig. 71 à 77 de la pl. IV) et à la lumière transmise, par une demi-auréole claire entourant la tête de l'embryon (voir pl. IV, fig. 76, en 2, l'extrémité antéro-latérale du mésoderme).

Fig. 196. — Coupe transversale selon la ligne 196 de la figure 194, c'est-à-dire un peu en arrière de l'ouverture du pharynx ou intestin antérieur, qui n'est plus représenté que par ses parties latérales (*Ph*).

b,b, bords de l'orifice de l'intestin antérieur.

Sur le côté gauche de la figure on voit le mésoderme s'insinuant entre l'ectoderme (*ex*) et l'entoderme (*in*); cette portion de mésoderme est la coupe de ce qui, dans la figure 76 (pl. IV), est indiqué par le chiffre 2, et désigné comme extrémité antéro-latérale du mésoderme. Cette partie du mésoderme est très nettement clivée en deux lames, l'une en contact avec l'ectoderme, et dite *lame fibro-cutanée* (*fc*) ou somatopleure, l'autre en contact avec l'entoderme, et dite *lame fibro-intestinale* (*fi*) ou splanchnopleure : entre ces deux lames est la fente pleuro-péritonéale (*PP*), premier indice de la cavité de la future séreuse générale (cavité péritonéale et cavité pleurale).

Fig. 197. — Coupe transversale selon la ligne 197 de la figure 194, c'est-à-dire dans la partie de la gouttière médullaire devenue très profonde par l'élévation et le rapprochement des lames médullaires, processus qui prélude à l'occlusion de cette gouttière et à sa transformation en canal (voir pl. IV, fig. 71, en 1).

Fig. 198. — Coupe transversale selon la ligne 198 de la figure 194; la gouttière médullaire est largement ouverte : *fc*, *fi*, *PP*, comme dans la figure précédente.

Fig. 199. — Coupe transversale selon la ligne 199 de la figure 194, c'est-à-dire dans la région postérieure de la gouttière médullaire (*GM*) ici peu profonde, et limitée par deux larges lames médullaires (*LM*); dans cette région la coupe montre une prévertèbre bien différenciée (*PV*) du reste du mésoderme. — Plus en dehors le mésoderme est nettement clivé en un feuillet fibro-cutané (*fc*) et un feuillet fibro-intestinal (*fi*), entre lesquels est la fente pleuro-péritonéale (*PP*). Ces lettres ont été oubliées à la gravure; mais les traits indicateurs portent, le premier (le plus à gauche) sur le feuillet fibro-cutané, le second sur le feuillet fibro-intestinal, et le troisième (le plus à droite) sur la fente pleuro-péritonéale.

Fig. 200. — Coupe selon la ligne 200 de la figure 194, c'est-à-dire immédiatement en avant de la tête de la ligne primitive.

Fig. 201. — Coupe selon la ligne 201 de la figure 194, c'est-à-dire à travers la ligne primitive (*pp*); on voit que les lames médullaires (*LM*) existent encore au niveau de cette partie antérieure de la ligne primitive.

La partie gauche de la figure montre les limites du mésoderme et de l'aire vasculaire, cette aire étant caractérisée par les *îlots sanguins* (*VI*, *VI*). Grossissement 135 fois, comme pour les figures précédentes.

PLANCHE XIII (FIGURES 202 A 215)

Cette planche représente la constitution du blastoderme et de l'embryon à la fin du premier jour de l'incubation (de la 23e à la 25e heure).

Fig. 202. — Rappel de la vue en surface d'un blastoderme à la 23e heure (voir fig. 72, pl. IV).

203 à 210, lignes selon lesquelles ont été faites les coupes représentées dans les figures 203 à 210.

Fig. 203. — Coupe longitudinale (antéropostérieure), médiane mais un peu oblique (elle entame en bas non la corde dorsale, mais les prévertèbres droites, *PV*), faite selon la ligne 203 de la figure 202. Grossissement 90 diamètres.

A, extrémité antérieure de la tête (capuchon pharyngien) de l'embryon; — *Ph*, cavité pharyngienne ou intestin antérieur; — *b*, bord de l'orifice d'entrée de cette cavité (voir *b*, fig. 74, pl. IV).

On remarquera que la paroi ventrale ou inférieure de cette cavité pharyngienne n'est formée que par l'entoderme et l'ectoderme, sans mésoderme interposé (comparer avec la figure 195 de la planche précédente), et qu'au niveau de l'orifice d'entrée de la cavité pharyngienne il y un espace vide entre le repli formé par l'entoderme (en *b*) et le repli formé par l'ectoderme : c'est cet espace (*x*, voir également la lettre *x* à gauche de la fig. 74, pl. IV) qui, grandissant plus tard, puis étant envahi par le mésoderme (voir l'explication de la fig. 74 et 79, pl. IV), sera le lieu de la formation du cœur ; nous pouvons donc le désigner sous le nom de *fovea cardiaca* (voir les figures 205 et 206, en *x*); — *GM*, gouttière médullaire presque transformée en canal, et dont les parois ont été coupées à peu près selon la ligne 203 de la figure 205; — *LM*, lame médullaire entamée par la coupe à peu près selon la ligne 203 de la figure 208; — les niveaux indiqués par les chiffres rouges 204 à 206 sont destinés à servir de points de repère pour les figures 204 à 206.

Fig. 204. — Coupe transversale selon la ligne 204 de la figure 202, c'est-à-dire sur l'extrémité tout antérieure de la tête de l'embryon. Grossissement 125 fois. Comparer avec la région 204 de la figure 203.

Fig. 205. — Coupe transversale selon la ligne 205 de la figure 207, c'est-à-dire dans la région où les lames médullaires sont près de se rejoindre et de transformer la gouttière médullaire en canal (voir la fig. 72, pl. IV, et son explication). Dans cette figure, comme dans la précédente, on remarquera que la paroi antérieure (inférieure ou ventrale) du pharynx (en *x*) n'est composée que de l'ectoderme et de l'entoderme sans mésoderme interposé (voir la région 205 de la figure 203).

La ligne 203 est destinée à donner un point de repère pour l'intelligence de la région *GM* de la figure 203 (voir l'explication de cette figure).

Fig. 206. — Coupe transversale, selon la ligne 206 de la figure 202, c'est-à-dire passant exactement par la partie médiane du bord de l'orifice d'entrée du pharynx, par la *fovea cardiaca* (*x*, voir les fig. 74, pl. IV, et 203, pl. XIII et leurs explications); on voit que cette *fovea cardiaca* est placée entre deux lames entodermiques (*in*, *in*), dont l'une appartient au pharynx (*Ph*, dans la figure précédente), tandis que l'autre appartient à la vésicule ombilicale, c'est-à-dire peut être dite extra-embryonnaire. — En *ms* est la double lame mésodermique qui plus tard viendra s'étendre dans la *fovea cardiaca*. — Pour l'intelligence complète de la coupe, comparer avec la région 206 de la figure 203).

Fig. 207. — Coupe transversale selon la ligne 207 de la figure 202, c'est-à-dire n'entamant l'orifice d'entrée du pharynx (*b* et *Ph*) que sur ses parties latérales. On remarquera la fente pleuro-péritonéale très développée en *PP*, et, des deux lames mésodermiques qui la limitent, la lame fibro-intestinale (*fi*) beaucoup plus épaisse en ce point que la lame fibro-cutanée (*fc*).

Fig. 208. — Coupe transversale selon la ligne 208 de la figure 202. La ligne 203 est destinée à donner un point de repère pour l'intelligence de la région *LM* de la figure 203.

Fig. 209. — Coupe selon la ligne 209 de la figure 202, c'est-à-dire au niveau des protovertèbres bien différenciées (*PV*), et de la gouttière médullaire (*GM*) encore large et peu profonde, les lames médullaires (*LM*, *LM*) étant, à ce niveau, encore couchées presque à plat (peu soulevées le long de leur bord externe).

Fig. 210. — Coupe selon la ligne 210 de la

figure 202, c'est-à-dire à travers la ligne primitive (*PP*). Grossissement 125 fois, comme pour les figures précédentes.

Fig. 211. — Rappel de la vue en surface du blastoderme à la 25ᵉ heure de l'incubation (voir fig. 77, pl. IV).

212 à 215, lignes selon lesquelles ont été faites les coupes représentées par les figures 212 à 215.

Fig. 212. — Coupe transversale selon la ligne 212 de la figure 211, c'est-à-dire sur l'extrémité tout antérieure de la tête de l'embryon à la 25ᵉ heure de l'incubation. Grossissement 120 fois.

Le canal médullaire (vésicule cérébrale antérieure) présente ici une fente en haut (en 1; comparer avec la fig. 78, pl. IV) et en bas (en 2; comparer avec la fig. 79, pl. IV). Cette région extrême de la tête ne présente pas encore de mésoderme. Dans la partie périphérique du blastoderme (à droite de la figure) la double lame mésodermique est interposée à l'ectoderme et aux diverses formations entodermiques (*in*, *BEV*, *in*²).

Fig. 213. — Coupe transversale selon la ligne 213 de la figure 211, c'est-à-dire à travers la partie antérieure de la cavité pharyngienne (*Ph*); il y a ici du mésoderme et la corde dorsale; de plus la double lame mésodermique latérale se rapproche de l'embryon, pour pénétrer dans la *fovea cardiaca* (figure suivante).

Fig. 214. — Coupe transversale selon la ligne 214 de la figure 211, c'est-à-dire passant par la *fovea cardiaca* (comparer avec la fig. 79, pl. IV).

x, fovea cardiaca vers laquelle convergent les deux parties latérales du mésoderme (composé d'un double feuillet, avec fente pleuro-péritonéale). — Comparer avec la figure 206 de cette même planche.

GS, première origine des ganglions spinaux, c'est-à-dire, vu le niveau de la coupe, d'un ganglion du nerf crânien.

Fig. 215. — Coupe selon la ligne 215 de la figure 211, c'est-à-dire passant par les parties latérales de l'ouverture (*b b*) de la cavité pharyngienne (*Ph*). Grossissement 120 fois, comme pour les figures précédentes.

Voir à la planche suivante la suite de l'étude de ce blastoderme.

PLANCHE XIV (FIGURES 216 A 233)

Cette planche représente la constitution du blastoderme et de l'embryon au début du second jour de l'incubation, c'est-à-dire à la 25ᵉ heure (suite de la planche précédente) et à la 26ᵉ heure.

Fig. 216. — Rappel de la vue en surface du blastoderme à la 25ᵉ heure de l'incubation (voir fig. 77, pl. IV).

217 à 224, lignes selon lesquelles ont été faites les coupes représentées par les figures 217 à 224.

Fig. 217. — Coupe longitudinale selon la ligne 217 de la figure 216, région des prévertèbres (*PV*). On voit que la segmentation prévertébrale se manifeste aussi bien sur le mésoderme que sur l'ectoderme (voir la fig. 203, pl. XIII, et la fig. 192, pl. XII et son explication). Grossissement 130 fois.

Fig. 218. — Coupe transversale selon la ligne 218 de la figure 216, c'est-à-dire en arrière de l'orifice de la cavité pharyngienne. Grossissement 130 fois.

Cette coupe fait presque immédiatement suite à celle représentée par la figure 215 de la planche XIII; les bords (*b*, *b*) de l'orifice de la cavité pharyngienne ne sont plus indiqués que par une légère inflexion de l'entoderme.

Fig. 219. — Coupe transversale selon la ligne 219 de la figure 216, c'est-à-dire au niveau des prévertèbres les plus antérieures.

Fig. 220. — Coupe transversale selon la ligne 220 de la figure 216, c'est-à-dire au niveau des prévertèbres postérieures.

Fig. 221. — Coupe transversale selon la ligne 221 de la figure 216, c'est-à-dire au niveau de la partie postérieure de la prévertèbre la plus postérieure. Les lames médullaires, sont ici peu élevées et circonscrivent une gouttière (*GM*) et non un canal médullaire (comparer avec la figure 199 de la planche XII).

Fig. 222. — Coupe transversale selon la ligne 222 de la figure 216, c'est-à-dire en avant de la tête de la ligne primitive.

Les lames médullaires (*LM*, *LM*) sont ici disposées à plat.

Fig. 223. — Coupe transversale selon la ligne 223 de la figure 216, c'est-à-dire au niveau de l'extrémité antérieure de la ligne primitive (*pp*); il y a encore, sur les côtés de cette ligne, une indication des lames médullaires (*LM*, *LM*).

Fig. 224. — Coupe transversale selon la ligne 224 de la figure 216, c'est-à-dire au niveau de la partie moyenne ou postérieure de la ligne primitive (*pp*). — Il n'y a plus trace de lames médullaires. — En *IV* un gros îlot vasculaire correspondant à la formation du sinus terminal (voir la fig. 70, pl. IV et son explication). Grossissement 130 fois, comme pour les figures précédentes.

Fig. 225. — Rappel des contours des parties qui constituent la portion céphalique de l'embryon à la 26e heure de l'incubation (voir la fig. 83, pl. V).

226 à 233, lignes selon lesquelles ont été pratiquées les coupes représentées par les figures 226 à 233.

Fig. 226. — Coupe longitudinale (antéro-postérieure), passant un peu en dehors de la ligne médiane (selon la ligne 226 de la figure 225), sur la portion céphalique d'un embryon à la 26e heure de l'incubation. Grossissement 86 diamètres.

V_1, vésicule cérébrale antérieure; — *CM*, le reste du canal médullaire. Le fait important, dans cette coupe, comparativement à la coupe de la fig. 203, pl. XIII, c'est que la *fovea cardiaca* (*x*, fig. 203, pl. XIII) est ici occupée par une double lame mésodermique (portion péricardique de la fente pleuro-péritonéale, *PC*) et, en arrière de ce mésoderme, par les premiers rudiments du cœur (endothélium du cœur, *EC*); ces parties sont disposées entre le bord libre de l'orifice d'entrée du pharynx (*b*) et le repli (*RE*) selon lequel l'ectoderme de la face ventrale de la tête de l'embryon se continue avec l'ectoderme extra-embryonnaire (région didermique du blastoderme). Les lignes rouges 227 à 233 sont destinées à permettre la comparaison des diverses régions de cette coupe longitudinale avec les coupes transversales correspondantes (fig. 227 à 233).

Fig. 227. — Coupe transversale de l'extrémité tout antérieure de la tête de l'embryon de 26 heures; selon la ligne 227 de la figure 225. Grossissement 130 diamètres.

La vésicule cérébrale présente ici une fente dans sa paroi supérieure (1) et dans sa paroi inférieure (2), comme pour la figure 212 de la planche XIII, et, pour les mêmes raisons, même absence de mésoderme : comme repère, voir la ligne 227 de la figure 226.

Fig. 228. — Coupe transversale au niveau de l'extrémité antérieure de la cavité du pharynx (voir la ligne 228 sur les fig. 225 et 226).

GS, origine d'un ganglion nerveux.

Fig. 229. — Coupe transversale au niveau de la partie moyenne de la cavité du pharynx (voir la ligne 229 sur les fig. 225 et 226).

L'ectoderme de la face inférieure de la tête se prolonge (voir la fig. 83, pl. V) en une sorte de poche triangulaire à sommet dirigé en arrière; en *RE* est la coupe de cette poche, qu'on retrouve dans la figure 230.

Fig. 230. — Coupe transversale au niveau de la partie postérieure de la poche ectodermique (*RE*) sus-indiquée; c'est-à-dire exactement en avant de la *fovea cardiaca* (voir la ligne 230 sur les fig. 225 et 226).

EC, les premiers rudiments des cellules qui commencent à se disposer de manière à constituer le tube endothélial du cœur; ces cellules sont situées entre la paroi entodermique inférieure du pharynx (dont elles semblent provenir), et la lame supérieure du mésoderme correspondant (mésoderme péricardique, avec *PC*, portion péricardique de la cavité pleuro-péritonéale).

Fig. 231. — Coupe transversale au niveau de la partie moyenne de la *fovea cardiaca* (voir la ligne 231 sur les fig. 225 et 226). Comparer avec la figure 214 de la planche XIII, où la *fovea cardiaca* est désignée en *x*.

EC, *PC*, comme dans la figure précédente.

Fig. 232. — Coupe transversale au niveau de la partie postérieure ou inférieure de la *fovea cardiaca* (voir la ligne 232, sur les figures 225 et 226).

Ici (en *EC*) il y a déjà un tube endothélial vasculaire qui peut être considéré aussi bien comme la partie postérieure du cœur, que comme la partie antérieure des veines omphalo-mésentériques.

Fig. 233. — Coupe transversale en arrière de la partie médiane de l'orifice du pharynx (*bb*). Voir la ligne 233 sur les figures 225 et 226. Grossissement 130 fois, comme pour les figures précédentes.

VOM, veines omphalo-mésentériques, comparer avec la fig. 215 de la pl. XIII, où on ne trouve pas encore trace de ces veines.

PLANCHE XV (FIGURES 234 A 250)

Cette planche représente la constitution du blastoderme et de l'embryon à la 27e heure de l'incubation.

Fig. 234. — Rappel du contour des parties qui composent la portion céphalique de l'embryon à la 27e heure, vues par la face ventrale ou inférieure (voir la fig. 87 de la pl. V).

235 à 243, lignes selon lesquelles ont été faites les coupes représentées dans les figures 235 à 243.

Fig. 235. — Coupe longitudinale (antéro-postérieure) en dehors du plan médian de la tête de l'embryon de 27 heures (voir la ligne 235 de la fig. 234). Grossissement 75 fois.

Am, début de l'amnios (capuchon céphalique; voir la fig. 89, pl. V, pour l'aspect sur les vues en surface); ce repli amniotique céphalique est formé uniquement par un pli de l'ectoderme qui se soulève et s'éloigne de l'entoderme, sans mésoderme interposé, puisque cette région du blastoderme est seulement didermique (voir l'explication de la fig. 81, pl. V); — *VOM*, veine omphalo-mésentérique. — Les autres lettres comme pour la fig. 226 de la pl. XIV.

Fig. 236. — Coupe semblable mais passant à peu près par le plan médian de la région céphalique ; aussi trouve-t-on ici la corde dorsale (*Ch*) coupée selon sa longueur. Lettres comme pour la figure précédente.

On n'a représenté que le plancher du canal médullaire et de la vésicule cérébrale antérieure (V^1).

Fig. 237. — Coupe transversale de la tête d'un embryon de 27 heures passant par la région antérieure de la cavité du pharynx, selon la ligne 237 de la figure 234. Grossissement 128 fois.

EC, cellules qui vont former l'endothélium de la partie la plus antérieure du cœur, ou même de l'origine du premier arc aortique; — *PP*, cavité pleuro-péritonéale de la paroi inférieure du pharynx.

Comparer cette figure avec les fig. 228 et 229 de la pl. XIV.

Fig. 238. — Coupe transversale par la région moyenne de la cavité du pharynx, selon la ligne 238 de la figure 234.

RE, coupe de la poche ectodermique décrite à propos des fig. 229 et 230 de la pl. XIV. — Les autres lettres comme précédemment.

Fig. 239. — Coupe transversale au niveau de la partie la plus étroite de la poche ectodermique (*RE*), selon la ligne 239 de la figure 234. L'extrémité tout antérieure du cœur se montre ici déjà sous la forme d'un tube endothélial bien circonscrit (*C*).

Fig. 240. — Coupe transversale au niveau de la partie antérieure du cœur (du rudiment cardiaque tel qu'il apparait sur les vues ou surfaces d'embryons tels que ceux des fig. 87 et 88 de la pl. V), selon la ligne 240 de la figure 234.

C, tube endothélial, formant un réseau vasculaire multiple (caverneux) et représentant le cœur (endothélium cardiaque); — *MCA*, *mésocarde antérieur*, c'est-à-dire cloison formée en avant du cœur par la rencontre de la double lame mésodermique qui a pénétré dans la *fovea cardiaca* (comparer avec la fig. 231, pl. XIV); — *PC*, portion cardiaque de la fente pleuro-péritonéale.

Fig. 241. — Coupe transversale selon la partie la plus large du cœur (voir la ligne 241 de la fig. 234); lettres comme ci-dessus.

Fig. 242. — Coupe transversale exactement au-dessous (en arrière) de la partie médiane de l'entrée du pharynx (*bb*).

VOM, veine omphalo-mésentérique ou portion veineuse du cœur (comparer avec la fig. 233 de la pl. XIV).

Fig. 243. — Coupe en arrière de la précédente, c'est-à-dire par les parties latérales de l'entrée du pharynx (*bb*), selon la ligne 243 de la figure 234. Grossissement de 128 fois, comme pour les figures précédentes.

Fig. 244. — Rappel des contours de l'aire transparente et de l'embryon entier à la 27e heure de l'incubation (voir la fig. 86 de la pl. V; embryon à 8 prévertèbres).

245 à 250, lignes selon lesquelles ont été faites les coupes représentées dans les figures 245 à 250.

Fig. 245. — Coupe transversale de l'embryon de 27 heures en avant de la prévertèbre la plus antérieure, selon la ligne 245 de la figure 244. Grossissement 128 fois.

CM, canal médullaire ; — *GS*, ganglion spinal ; — *Ch*, corde dorsale ; — *VOM*, veine omphalo-mésentérique.

Fig. 246. — Coupe transversale au niveau des premières prévertèbres (*PV*), selon la ligne 246 de la figure 244.

Va, vaisseaux.

Fig. 247. — Coupe transversale au niveau des prévertèbres moyennes, selon la ligne 247 de la figure 244.

Fig. 248. — Coupe transversale en arrière des dernières prévertèbres, c'est-à-dire à travers la lame mésodermique (lame prévertébrale, *LP*) qui se segmentera ultérieurement en prévertèbres, selon la ligne 248 de la figure 244.

Ici le canal médullaire s'élargit et présente encore la forme d'une simple gouttière médullaire (*GM*), dont les bords s'élèvent sans converger encore vers la ligne médiane dorsale.

Fig. 249. — Coupe transversale en avant de la ligne primitive, là où la gouttière médullaire est ouverte en un large sinus rhomboïdal (voir *SR*, fig. 89, planche V), selon la ligne 249 de la figure 244.

LM, *LM*, lames médullaires disposées presque à plat.

Fig. 250. — Coupe transversale à travers la ligne primitive (*pp*), selon la ligne 250 de la figure 244. Grossissement 128 fois comme pour les figures précédentes.

be, bord libre de l'ectoderme (limite externe de la zone externe de l'aire vitelline ; voir fig. 80, pl. V) ; — *in²*, entoderme vitellin (zone interne de l'aire vitelline) ; — *bm*, bord externe du mésoderme ; — *IV*, îlots vasculaires en voie de formation.

PLANCHE XVI (FIGURES 251 A 267)

Cette planche représente la constitution du blastoderme et de l'embryon à la 29ᵉ heure de l'incubation.

Fig. 251. — Rappel des contours des parties de la région céphalique de l'embryon de 29 heures, vu par la face inférieure ou ventrale (voir la fig. 90, pl. V).

252 à 260, lignes selon lesquelles ont été faites les coupes représentées dans les figures 252 à 260.

Fig. 252. — Coupe transversale sur la partie tout antérieure de la première vésicule cérébrale de l'embryon de 29 heures ; comparer avec les figures 227 (pl. XIV) et 212 (pl. XIII) et voir l'explication de ces figures. Grossissement 110 fois.

Fig. 253. — Coupe transversale de la partie moyenne de la première vésicule cérébrale, selon la ligne 253 de la figure 251.

Vo, parties latérales de la première vésicule cérébrale, avec indication de leur évolution prochaine en vésicules oculaires (voir la fig. 89, pl. V et son explication).

Fig. 254. — Coupe transversale sur la partie la plus postérieure de la première vésicule cérébrale, selon la ligne 254 de la figure 251, c'est-à-dire au niveau de l'extrémité antérieure du pharynx (*Ph*).

Ao, section du premier arc aortique.

Fig. 255. — Coupe transversale au niveau de la seconde vésicule cérébrale (V_2) selon la ligne 255 de la figure 251.

Ao, *Ao*, sections du premier arc aortique à son passage en avant et en arrière du pharynx (*Ph*).

Fig. 256. — Coupe transversale au niveau de la poche ectodermique (*RE*, voir les planches précédentes) selon la ligne 256 de la figure 251.

C, l'extrémité la plus antérieure ou portion aortique du cœur ; — *PC*, portion péricardique de la cavité pleuro-péritonéale (*PP*).

Fig. 257. — Coupe transversale au niveau de la 3ᵉ vésicule cérébrale (V_3) selon la ligne 257 de la figure 251.

C, cœur sous forme d'un large tube endothélial ; — *MCA*, mésocarde antérieur (voir la fig. 240, pl. XV et son explication).

Fig. 258. — Coupe transversale au niveau de la partie la plus large du cœur, selon la ligne 258 de la figure 251.

Fig. 259. — Coupe transversale exactement

au niveau de la partie médiane du rebord de l'orifice du pharynx (*bb*), selon la ligne 259 de la figure 251.

CM, canal médullaire ou partie postérieure de la troisième vésicule cérébrale; — *VOM*, veine omphalo-mésentérique ou portion veineuse du cœur. — Les autres lettres comme précédemment (comparer avec la figure 233 de la planche XIV).

Fig. 260. — Coupe transversale au niveau des parties latérales du rebord de l'orifice du pharynx, selon la ligne 260 de la figure 251.

Va, vaisseau de l'aire transparente; — *BEV*, bourrelet entodermo-vitellin; — *in*², entoderme vitellin. — Grossissement 110 fois comme pour les figures précédentes.

Fig. 261. — Rappel des contours de l'embryon de 29 heures vu par la face supérieure ou dorsale (voir la fig. 89, pl. V).

262 à 267, lignes selon lesquelles ont été faites les coupes représentées dans les figures 262 à 267.

Fig. 262. — Coupe transversale de l'embryon de 29 heures au niveau des premières prévertèbres, selon la ligne 262 de la figure 261. Grossissement 110 fois.

PV, prévertèbre; — *Ch*, corde dorsale; — *Ao*, aorte.

Fig. 263. — Coupe transversale au niveau environ de la quatrième prévertèbre, selon la ligne 263 de la figure 261.

CW, première apparition du canal de Wolff, sous la forme d'un diverticule de la cavité pleuro-péritonéale; — *IV* (voir cette lettre sur la figure 267), îlot vasculaire de l'aire opaque; on y distingue maintenant une paroi (endothélium vasculaire) et un contenu (globules sanguins); — *Va*, vaisseau de l'aire transparente (voir fig. 265).

Fig. 264. — Coupe transversale vers la région moyenne des prévertèbres, selon la ligne 264 de la figure 261.

CW, indication de la première apparition du canal de Wolff, sous une forme encore plus primitive que dans la figure précédente.

Fig. 265. — Coupe transversale en arrière de la dernière prévertèbre, c'est-à-dire à travers la lame prévertébrale (*LP*, voir la fig. 248, pl. XV, et son explication), selon la ligne 265 de la figure 261.

Ici la gouttière médullaire (*GM*) est encore à l'état de gouttière; c'est l'extrémité antérieure du sinus rhomboïdal (voir la fig. 89, pl. V, et son explication).

Fig. 266. — Coupe transversale au niveau de l'extrémité antérieure de la ligne primitive (*pp*), selon la ligne 266 de la figure 261.

LM, *LM*, lames médullaires à peine indiquées à ce niveau.

Fig. 267. — Coupe transversale de presque toute l'étendue du blastoderme au niveau de la partie moyenne de la ligne primitive (*pp*) selon la ligne 267 de la figure 261. Grossissement 110 fois, comme pour les figures précédentes.

BEV, bourrelet entodermo-vitellin. — *IV*, îlot vasculaire de l'aire opaque (mêmes remarques que pour la fig. 263); — *bm*, bord du mésoderme; — *in*², entoderme vitellin; — *ex*, ectoderme dont le bord libre s'étendrait encore à une certaine distance en dehors de la planche (fig. 250 de la planche précédente).

PLANCHE XVII (FIGURES 268 A 283)

Cette planche représente la constitution du blastoderme et de l'embryon après 33 heures d'incubation.

Fig. 268. — Rappel des contours de l'embryon âgé de 33 heures, vu par la face supérieure ou dorsale (voir fig. 93, pl. V).

270 à 277, lignes selon lesquelles ont été faites les coupes représentées dans les figures 270 à 277 (se reporter, pour ces lignes, spécialement à la figure suivante).

278 à 283, lignes des coupes représentées dans les figures 278 à 283.

Fig. 269. — Rappel des contours de la tête de l'embryon de 33 heures vu par la face inférieure ou ventrale (fig. 94, pl. V). On a répété ici les lignes 272 à 277 parce que les coupes 272 à 277 sont surtout intéressantes pour l'étude du cœur, qui n'est visible dans ses détails que sur la figure 269. Aussi, comme cette figure 269 présente le cœur à gauche (vu le retournement de l'embryon), a-t-on, dans les figures 274 et 275, retourné la coupe pour la dessiner, afin de placer le cœur à gauche et de rendre plus facile la comparaison des figures en question avec les lignes 274 et 275 de la figure 269 (voir les explications données à la page 6 de l'*Introduction*).

Fig. 270. — Coupe longitudinale de la portion céphalique de l'embryon de 33 heures, passant à peu près exactement par le plan médian, selon la ligne 270 des figures 268 et 269. Grossissement 58 fois.

Am, capuchon céphalique de l'amnios (voir la fig. 235, pl. XV, et son explication); — V_1, première vésicule cérébrale; — *CM*, canal médullaire; — *Ph*, *Ph*, pharynx ou intestin antérieur; — *Ao*, portion aortique du cœur; — *VOM*, portion veineuse du cœur ou veine omphalo-mésentérique; — *PC*, portion péricardique de la cavité pleuro-péritonéale; — *RE*, le repli de l'ectoderme en avant du pharynx.

Fig. 271. — Coupe longitudinale de la partie céphalique passant en dehors du plan médian, sur le côté droit de l'embryon, selon la ligne 271 des figures 268 et 269.

Même grossissement et mêmes lettres que dans la figure précédente. — De plus : *VA*, fossette auditive, en avant et en arrière de laquelle est un ganglion nerveux (*GN*, *GN*); — en avant du pharynx est le cœur (*C*) en connexion avec l'origine des arcs aortiques (*Ao*); — en arrière du pharynx on retrouve l'aorte (*Ao*), mais cette fois l'aorte descendante, qui sur cette coupe occupe la place occupée par la corde dorsale dans la coupe précédente (voir les fig. 274, 275, 276).

Fig. 272. — Coupe transversale au niveau des vésicules optiques (*Vo*), selon la ligne 272 des figures 268 et 269. Grossissement de 110 fois.

Fig. 273. — Coupe transversale en arrière des vésicules optiques, selon la ligne 273 des figures 268 et 269, c'est-à-dire au niveau de l'extrémité antérieure de la cavité pharyngienne (*Ph*).

Ao, aorte descendante; sur la partie gauche de la figure on voit la coupe de l'arc aortique correspondant, c'est-à-dire le vaisseau qui unit l'aorte ascendante (en avant du pharynx) à l'aorte descendante (en arrière du pharynx) en contournant la paroi latérale du pharynx.

Fig. 274. — Coupe transversale au niveau de la partie la plus étroite de la poche ectodermique (*RE*, fig. 270), c'est-à-dire au niveau de la portion aortique du cœur, selon la ligne 274 des figures 268 et 269.

V_3, troisième vésicule cérébrale; — *C*, cœur (portion aortique); — *MCA*, mésocarde antérieur; — *PC*, portion péricardique de la cavité pleuro-péritonéale; — *RE*, poche ectodermique prépharyngienne.

Fig. 275. — Coupe transversale au niveau de la partie moyenne de l'anse cardiaque (futur ventricule) selon la ligne 275 de la figure 269.

C, portion ventriculaire du cœur; les autres lettres comme ci-dessus. — *VCA*, veine cardinale antérieure.

Fig. 276. — Coupe transversale au niveau de la partie postérieure (portion veineuse) du cœur, selon la ligne 276 de la figure 269.

C,*C*, le cœur, très large à ce niveau; — *MCP*, mésocarde postérieur, c'est-à-dire cloison formée en arrière du cœur par la rencontre des deux lames mésodermiques venues de droite et de gauche, comme a été formé, à une époque antérieure (voir la fig. 240 de la pl. XV et son explication), le mésocarde antérieur (*MCA*); — *VA*, dépression ectodermique représentant la première apparition de la fossette auditive (comparer avec la fig. 271).

Fig. 277. — Coupe transversale un peu en arrière de la partie moyenne du rebord de l'orifice du pharynx, selon la ligne 277 de la figure 269.

CM, canal médullaire; — *GS*, ganglion spinal; — *PV*, prévertèbre dont la partie dorsale s'est différenciée en *lame musculaire* (*MM*, sur le côté gauche de la figure); — *VOM*, veine omphalo-mésentérique; — *Ph*, pharynx; — *Va*, vaisseau de l'aire transparente.

Fig. 278. — Coupe transversale environ au niveau de la 6ᵉ prévertèbre, selon la ligne 278 de la figure 268; lettres comme pour les figures précédentes.

Fig. 279. — Coupe transversale un peu plus en arrière, selon la ligne 279 de la figure 268.

CW, origine du canal de Wolff (comparer avec les fig. 263 et 264 de la pl. XVI); à gauche ce canal présente une lumière qui est en communication avec la fente pleuro-péritonéale; à droite il se présente comme la section d'un cordon cellulaire plein qui s'isole du reste du mésoderme.

Fig. 280. — Coupe transversale un peu en arrière de la précédente, selon la ligne 280 la figure 268. — Ici le canal de Wolff est, sur les deux côtés de la figure (*CW*, *CW*), sous la forme d'un cordon cellulaire plein, un peu aplati de haut en bas (de la région dorsale vers la région ventrale) et isolé du reste du mésoderme.

Fig. 281. — Coupe transversale en arrière de la dernière prévertèbre différenciée, c'est-à-dire sur la partie antérieure de la lame mésodermique prévertébrale, selon la ligne 281 de la figure 268.

LP, lame prévertébrale; — *Ch*, corde dorsale.

Fig. 282. — Coupe transversale au niveau de la partie antérieure du sinus rhomboïdal, selon la ligne 282 de la figure 268.

Fig. 283. — Coupe transversae au niveau de la ligne primitive (*pp*), selon la ligne 283 de la figure 268. Grossissement de 110 fois, comme pour les figures précédentes.

PLANCHE XVIII (FIGURES 284 A 302)

Cette planche représente la constitution de l'embryon un peu avant la fin (41e heure) du second jour de l'incubation (voir les fig. 100 et 101 de la pl. VI).

Fig. 284. — Rappel des contours des parties qui composent la portion céphalique de l'embryon à la 41e heure, vu par la face ventrale (fig. 101, pl. VI).

286 à 293, lignes selon lesquelles ont été pratiquées les coupes représentées dans les figures 286 à 293.

Fig. 285. — Rappel des contours de l'embryon à la 41e heure, vu de dos (fig. 100, pl. VI).

294 à 302, lignes selon lesquelles ont été pratiquées les coupes représentées dans les figures 294 à 302.

Fig. 286. — Coupe transversale au niveau des vésicules optiques selon la ligne 286 de la figure 284. Grossissement 80 diamètres.

Am, partie latérale du capuchon amniotique; cette partie latérale renferme un repli du mésoderme; la partie moyenne de ce capuchon est seule dépourvue de mésoderme, ce qu'on voit sur les coupes longitudinales (voir les fig. 270 et 271, pl. XVII, et les fig. 304 et 305 de la pl. XIX). — *VCA*, *VCA*, veines cardinales antérieures; — V_1, première vésicule cérébrale; — *Vo*, *Vo*, vésicules optiques qui, vu l'inclinaison et la torsion de la tête, ont été inégalement atteintes par la coupe (celle du côté droit de la figure est pour ainsi dire seulement effleurée par la coupe).

Fig. 287. — Coupe transversale passant par la seconde vésicule cérébrale (V_2), selon la ligne 287 de la figure 284.

Ao, arc aortique, sur la partie latérale de la cavité pharyngienne; — *FB*, dépression ectodermique au niveau de la paroi antérieure de l'extrémité supérieure du pharynx; c'est la *fosse buccale*.

Fig. 288. — Coupe faite un peu en arrière, au-dessous de la précédente, selon la ligne 288 de la figure 284 au niveau de la partie antérieure de la troisième vésicule cérébrale (V_3).

Ph, pharynx; — *FB*, fosse buccale; — *Am*, amnios.

Fig. 289. — Coupe transversale au niveau de la poche ectodermique (*RE*) prépharyngienne (voir les planches précédentes) selon la ligne 289 de la figure 284.

Ao, tronc aortique partant du cœur, ou portion aortique du cœur; c'est ce tronc qui, dans la figure précédente, s'est divisé en deux aortes prépharyngiennes, placées de chaque côté de la fosse buccale.

Fig. 290. — Coupe transversale au niveau de la portion aortique du cœur, selon la ligne 290 de la figure 284.

VCA, veine cardinale antérieure; — *C*, portion aortique du cœur; — *PC*, portion péricardique de la cavité pleuro-péritonéale; — *MCA*, mésocarde antérieur (voir les pl. XVI et XVII, fig. 274 et 276).

Fig. 291. — Coupe transversale au niveau de la partie la plus saillante de l'anse cardiaque, selon la ligne 291 de la figure 284.

C, cœur, portion ventriculaire. — *MCA*, mésocarde antérieur; — *MCP*, mésocarde postérieur (voir les fig. 275 et 276 de la pl. XVII et la page 6 de l'*Introduction*); — *VA*, fossette auditive.

Fig. 292. — Coupe au niveau de la partie inférieure (postérieure) de l'anse cardiaque, selon la ligne 292 de la figure 284.

VCA, veine cardinale antérieure; — *C*, *C*, cœur, portion veineuse; — *inv*, entoderme vésiculeux.

Fig. 293. — Coupe transversale passant exactement par la portion médiane du rebord (*b*) de l'entrée du pharynx (*Ph*), selon la ligne 293 de la figure 284. Grossissement

80 diamètres, comme pour les figures précédentes.

MM, lame musculaire de la prévertèbre; — *VOM*, veine omphalo-mésentérique; — *Va*, vaisseau avec des globules sanguins; — *inv*, entoderme vésiculeux.

Fig. 294. — Coupe transversale environ au niveau de la sixième prévertèbre, selon la ligne 294 de la figure 285. Grossissement de 90 diamètres.

GS, ganglion spinal; — *Ao, Ao*, les deux aortes abdominales, ici très rapprochées l'une de l'autre; — *MM*, lame musculaire de la prévertèbre; — *VCP*, veine cardinale postérieure.

Fig. 295. — Coupe transversale environ au niveau de la septième prévertèbre, selon la ligne 295 de la figure 285.

GI, gouttière intestinale; — *CW*, partie supérieure ou antérieure du canal de Wolff (comparer avec la fig. 279 de la pl. XVII).

Fig. 296. — Coupe transversale environ au niveau de la 11e prévertèbre, selon la ligne 296 de la figure 285.

CW, CW, cordon de Wolff (canal sous forme d'un cordon plein, voir la fig. 280 et son explication); — *Ao, Ao*, aorte et ses ramifications se portant vers la périphérie (dans l'aire vasculaire); — *Va*, gros vaisseau du réseau périphérique à moitié plein de globules sanguins.

Fig. 297. — Coupe transversale au niveau du point où l'aorte s'irradie dans le réseau vasculaire de l'aire transparente, selon la ligne 297 de la figure 285. Comparer avec la fig. 327, pl. XX, où ce réseau aortique se délimite en artères omphalo-mésentériques.

Lettres comme ci-dessus.

Fig. 298. — Coupe transversale au niveau des dernières prévertèbres, selon la ligne 298 de la figure 285.

PV, prévertèbre incomplètement différenciée; — *Ch*, corde dorsale, ici très large, comme toujours vers sa partie postérieure.

Fig. 299. — Coupe transversale au niveau de la lame vertébrale, selon la ligne 299 de la figure 285.

Le canal médullaire n'est pas encore ici fermé et se présente comme une profonde et étroite gouttière (*GM*).

LP, lame prévertébrale.

Fig. 300. — Coupe transversale au niveau de l'extrémité antérieure de la ligne primitive, selon la ligne 300 de la figure 285.

RC, épaississement mésodermique qui correspond à la formation de l'extrémité postérieure du corps (renflement caudal).

Fig. 301. — Coupe transversale au niveau de la ligne primitive (partie moyenne), selon la ligne 301 de la figure 385.

pp, la ligne primitive.

Fig. 302. — Coupe transversale sur la partie postérieure de la ligne primitive, selon la ligne 302 de la figure 285. Grossissement de 90 diamètres, comme pour la figure précédente.

On a représenté le blastoderme jusqu'à la limite externe du mésoderme (*bm*), mais non jusqu'à celle de l'ectoderme qui à ce moment s'étend presque jusque vers l'équateur de la sphère vitelline (voir la limite de la zone externe de l'aire vitelline sur la figure 96 de la planche VI et comparer avec les figures 250, planche XV et 267, planche XVI).

inv, entoderme vésiculeux; — *Va*, gros vaisseau formant le sinus terminal; — *PP*, fente pleuro-péritonéale qui s'étend très près de la ligne médiane qu'elle atteindra ultérieurement en cette région (voir pl. XXI, fig. 352).

PLANCHE XIX (FIGURES 303 A 314)

Cette planche représente la constitution de l'embryon à la fin du second jour (43 heures, fig. 303 à 312; et 46 heures, fig. 313 et 314).

Fig. 303. — Rappel du contour des parties visibles par transparence sur l'embryon de 43 heures, vu par la face supérieure ou dorsale, et le côté droit de la tête (voir la fig. 102, pl. VI et son explication).

304 à 312, lignes selon lesquelles ont été faites les coupes représentées dans les figures 304 à 312.

Fig. 304. — Coupe longitudinale de la moitié antérieure de l'embryon de 43 heures, selon la ligne 304 de la figure 303. Grossissement de 66 fois.

Vu la torsion de l'embryon, cette coupe atteint obliquement diverses parties et n'est compréhensible, comme la suivante, que par une exacte comparaison avec le trajet des lignes de renvoi de la figure 303.

Am, capuchon amniotique entamé ici vers sa région médiane et par suite formé seulement d'un repli ectodermique, sans mésoderme interposé (voir les planches précédentes); — *Vo*, vésicule optique gauche, effleurée par la coupe au niveau de sa partie libre; — V_1 et V_2, première et seconde vésicules cérébrales sectionnées latéralement (vers leurs parties les plus étroites); — V_3, troisième vésicule cérébrale; — *VA*, fossette auditive, au-dessus (en avant) et au-dessous (en arrière) de laquelle est un ganglion nerveux (*GN*); — *MM*, lame musculaire d'une prévertèbre; — *Ph*, pharynx dont la partie inférieure a seule été atteinte par la coupe; au-dessus on voit la masse mésodermique latérale du pharynx avec un arc aortique coupé dans son trajet sur la paroi latérale du pharynx (*AAo*); — *RE*, poche ectodermique prépharyngienne; — *Ao*, aorte (portion aortique du cœur); — *PC*, cavité péricardique; — *C*, cœur, portion veineuse; le cœur, dans cette coupe, comme dans celle de la figure 305, n'a été atteint que dans ses deux parties extrêmes, l'anse cardiaque se trouvant en dehors du plan de section (voir fig. 303 et 312), et la portion de cavité péricardique désignée ici par *PC* correspond à la fente qui est entre les deux feuillets du mésocarde postérieur (comparer avec la fig. 291 de la pl. XVIII, en *MCA*, et avec la fig. 312 de la présente planche).

Fig. 305. — Coupe longitudinale selon la ligne 305 de la figure 303. Grossissement de 66 fois.

V_1, première vésicule cérébrale coupée selon sa partie la plus large (comparer avec la figure précédente, où la partie large de cette vésicule est remplacée par la masse mésodermique qui l'entoure); — *Vo*, vésicule oculaire, dont l'hémisphère externe commence à s'invaginer dans l'hémisphère interne; — *CR*, fossette ectodermique représentant les premiers rudiments du cristallin; — *Am*, repli céphalique de l'amnios, dans lequel s'insinue un double feuillet mésodermique (*PP*), ainsi qu'on le comprendra par l'examen de la figure 306; — *fb*, *fb*, les deux premières fentes pharyngiennes ou branchiales en voie de formation, délimitant ainsi un arc branchial ou pharyngien (*AB*) dans lequel est la section de l'arc aortique (*AAo*) correspondant; — *Ao*, aorte ascendante, partant du cœur pour donner naissance aux arcs aortiques; — pour le cœur, (*C*,*C*) et la cavité péricardique (*PC*), mêmes remarques que pour la figure précédente; — *VOM*, veine omphalo-mésentérique à son arrivée au cœur. — Dans la partie inférieure de la figure : *PP*, cavité pleuro-péritonéale entre la lame fibro-cutanée (*fc*) et la lame fibro-intestinale (*fi*).

Fig. 305 *bis*. — Coupe longitudinale médiane de l'extrémité postérieure du corps de l'embryon de 43 heures.

CM, canal médullaire; — de *RC* en *RC* (renflement caudal) ce canal n'a plus de cavité et forme une épaisse masse ectodermique en connexion intime avec le mésoderme sous-jacent; c'est aux dépens de ces parties que se développera la queue et la portion de moelle épinière qu'elle contiendra primitivement; — *SC*, dépression sous-caudale, région où le mésoderme est très mince et disparaît même parfois à un moment donné (voir les fig. 335 et 352 de la pl. XXI); cette région est le lieu de formation du cloaque; — au-dessus de cette région, l'entoderme formera bientôt l'intestin postérieur; au-dessous il formera l'allantoïde (voir la fig. 335 de la pl. XXI).

Fig. 306. — Coupe transversale, au niveau de la vésicule oculaire gauche (les deux vésicules oculaires, vu la torsion de la tête, ne sont pas au même niveau) selon la ligne 306 de la figure 303. Grossissement de 73 fois.

Am, amnios. On voit ici la soudure des deux moitiés latérales du capuchon céphalique, soudure qui est formée par un double épaississement ectodermique; le mésoderme arrive sur les côtés, entre les deux lames ectodermiques de l'amnios, c'est-à-dire entre le chorion et l'amnios proprement dit, mais n'atteint pas la ligne médiane (voir fig. 304).

V_1, première vésicule cérébrale (partie antérieure); — V_2, seconde vésicule (partie postérieure); — *Vo*, vésicule optique avec commencement d'invagination; — *CR*, épaississement et dépression ectodermique représentant le début de la formation du cristallin (comparer fig. 305). — Le mésoderme qui est venu s'interposer entre l'ectoderme de la tête et les vésicules cérébrales (voir les figures 252 à 254 de la planche XVI, comparativement avec la figure 227 de la planche XIV) et y forme les *plaques prévertébrales* de la tête ou *plaques céphaliques*, est encore absent en arrière (en 1) et en avant (en 2); — *VCA*, branches de la veine cardinale antérieure ou veine jugulaire.

Fig. 307. — Coupe transversale au niveau de la vésicule oculaire droite (*Vo*), selon la ligne 307 de la figure 303.

Am, les deux renflements ectodermiques des parties latérales du capuchon de l'amnios, près de se toucher et se souder; — *AA*, extremité toute supérieure du premier arc aortique; — *Hp*, la partie tout antérieure de la première vésicule cérébrale, partie désignée par le chiffre 2 dans la figure précédente, et où, vu l'absence de mésoderme, la paroi de la base de la première vésicule cérébrale est en contact avec l'ectoderme de la partie supérieure de la fosse buccale (*FB*, fig. 309, 310); cette disposition, qui devient plus accentuée sur la figure 308, au niveau du passage de la première à la seconde vésicule cérébrale, est la première indication de la formation de la *poche de l'hypophyse* ou *corps pituitaire* (voir la fig. 314, en *Hp*).

Fig. 308. — Coupe faite presque immédiatement au-dessous (en arrière) de la précédente, selon la ligne 308 de la figure 303.

Lettres comme précédemment.

Fig. 309. — Coupe transversale faite au-dessous de la précédente, c'est-à-dire exactement au-dessus de l'extrémité supérieure du pharynx, selon la ligne 309 de la figure 303.

V_3, troisième vésicule cérébrale (l'examen des figures 303 et 314 fera comprendre comment deux coupes aussi voisines que celles des figures 308 et 307 peuvent passer l'une (fig. 308) par la seconde vésicule cérébrale, et l'autre (fig. 309) par la troisième vésicule ; — *FB*, fosse buccale ; — *CR*, partie périphérique de l'épaississement ectodermique correspondant à la formation du cristallin droit.

Fig. 310. — Coupe transversale passant par l'extrémité supérieure du pharynx, selon la ligne 310 de la figure 303.

FB, fosse buccale, dont la paroi ectodermique est en contact, sans mésoderme interposé, avec la paroi entodermique du pharynx (*Ph*).

Fig. 311. — Coupe transversale au-dessous de la précédente, selon la ligne 311 de la figure 303. Mêmes lettres.

Fig. 312. — Coupe transversale au niveau de la portion aortique du cœur, selon la ligne 312 de la figure 303. Grossissement de 73 fois, comme pour les figures précédentes.

VCA, *VCA*, branches de la veine cardinale antérieure ou veine jugulaire ; — *Ph*, pharynx qui s'élargit transversalement, comme poussant de chaque côté un prolongement vers la surface du corps (*fb*) ; c'est la première indication d'une fente pharyngienne ou branchiale (comparer avec *fb*, *fb*, fig. 304) ; — *C*, cœur, section de la partie la plus supérieure de l'anse cardiaque ; — *MCP*, mésocarde postérieur renfermant la jonction du cœur avec l'origine de l'aorte ; — *PC*, cavité péricardique ; — *MCA*, mésocarde antérieur (comparer avec les fig. 290 et 291 de la pl. XVIII) en voie de disparition, de sorte que bientôt la cavité péricardique droite et la gauche communiqueront l'une avec l'autre en avant du cœur (voir les planches suivantes).

Fig. 313. — Rappel du contour des parties visibles par transparence sur la portion céphalique d'un embryon de 46 heures, vu par la face supérieure ou latérale droite (l'embryon se couchant alors sur le côté gauche). Voir la figure 107 de la planche VII.

Fig. 314. — Coupe longitudinale de la moitié antérieure d'un embryon de 46 heures ; le blastoderme a été débité en tranches à plat, c'est-à-dire selon des plans parallèles à la surface du blastoderme, et, parmi ces coupes, nous avons choisi celle qui passe par la corde dorsale au niveau de la tête, c'est-à-dire par le plan médian de la tête. Sur la figure 313, qui sert de rappel pour les concordances entre la coupe et les formes extérieures, nous n'avons pu indiquer par une ligne la direction de la coupe de la figure 314, puisque cette coupe passe précisément par un plan parallèle à celui de la planche. Grossissement 34 fois.

Hp, poche ectodermique de l'hypophyse (corps pituitaire) ; — *Am*, amnios (portion médiane didermique, c'est-à-dire sans mésoderme interposé (voir fig. 304) ; — *Ph*, pharynx ; en bas la coupe passe en dehors de l'ouverture du pharynx, parce qu'à ce niveau inférieur la torsion de l'embryon est à peine commencée ; plus tard, sur un embryon plus complètement couché sur le côté gauche, la coupe donnera l'ouverture du pharynx (voir fig. 334, pl. XXI) ; — *Ch*, corde dorsale ; elle disparaît en bas du plan de la coupe, et est remplacée par les prévertèbres (*PV*), toujours pour la même raison ; — C^1, C^2, C^3, portions aortique, ventriculaire et veineuse du cœur ; — *PC*, cavité péricardique ; — *VOM*, veine omphalo-mésentérique.

317, ligne de repère, pour l'intelligence de la figure 317 de la planche suivante ; — 320, *idem*, pour la figure 320 de la planche suivante.

PLANCHE XX (FIGURES 315 A 332)

Cette planche représente une série de coupes pratiquées sur un embryon de 46 heures (voy. les figures 106, 107 et 108 de la planche VII).

Fig. 315. — Rappel des contours des parties qui composent le corps de l'embryon à la 46e heure de l'incubation (fig. 107, pl. VII) vu par la face supérieure. Voir la figure 107 de la planche VII. Une coupe de cet embryon selon le plan médian a été donnée dans la figure 314 de la planche XIX.

317 à 332, lignes selon lesquelles ont été pratiquées les coupes représentées dans les figures 317 à 332.

Fig. 316. — Coupe longitudinale médiane de l'extrémité postérieure du corps de l'embryon de 46 heures. Grossissement de 48 fois.

Mêmes lettres que pour la figure 305 *bis* de la planche XIX; ici, au-dessus de la dépression sous-caudale (*SC*), l'entoderme commence déjà à dessiner un enfoncement (*IP*) qui est la première indication de l'intestin postérieur; au-dessous de la dépression sous-caudale, ou presque au même niveau (en *Al*), est également la première indication de l'allantoïde (comparer avec la fig. 335 de la pl. XXI, où ces deux formations sont bien caractérisées).

Fig. 317. — Coupe transversale de la tête de l'embryon de 46 heures, au niveau des vésicules oculaires, c'est-à-dire selon la ligne 317 de la figure 315. Grossissement de 55 fois.

Am, portion didermique (région médiane) du capuchon céphalique de l'amnios (voir les planches précédentes et notamment la figure 308 de la planche XIX et son explication); — V_1, V_3, première et troisième vésicules cérébrales; — *Ph*, extrémité supérieure du pharynx; — *Hp*, poche ectodermique de l'hypophyse coupée transversalement. Voir sa coupe longitudinale dans la figure 314 de la planche XIX, et pour comprendre les rapports des diverses parties de la figure 317, considérer la ligne 317 de la figure 314; — *Vo*, vésicule oculaire invaginée (vésicule oculaire secondaire); — *Cr*, cristallin en voie de formation par épaississement et invagination de l'ectoderme; la vésicule oculaire gauche et le cristallin gauche (à la partie inférieure de la figure) ont été seulement effleurés par la coupe, à leur partie inférieure; — *VCA*, veines cardinales antérieures, ou veines jugulaires; — *inv*, entoderme vésiculeux.

Fig. 318. — Coupe transversale au niveau de la fosse buccale (*FB*) et de la première fente branchiale (fb^1), selon la ligne 318 de la figure 315. Lettres comme ci-dessus.

Fig. 319. — Coupe transversale au niveau de la partie supérieure du cœur (*C*) et des fossettes auditives (*VA*), selon la ligne 319, fig. 315.

GN, ganglion nerveux crânien; — *Vva*, *Vva*, coupe des veines vitellines antérieures droite et gauche; — *PC*, portion péricardique de la cavité pleuro-péritonéale (comparer avec la figure 312 de la planche précédente).

Fig. 320. — Coupe transversale un peu au-dessous du milieu de l'anse cardiaque, selon la ligne 320 de la figure 315 (comparer aussi avec la ligne 320, fig. 314, pl. XIX, notamment pour comprendre la disposition du cœur).

C^2, anse cardiaque, ou portion ventriculaire du cœur; — C^3, partie inférieure du cœur ou portion auriculaire; — *MCA* et *MCP*, mésocardes antérieur et postérieur (voir les planches précédentes); — *CCA*, veine cardinale antérieure droite se rapprochant de la cavité péricardique qu'elle va bientôt traverser (fig. suivante, canal de Cuvier) pour se jeter dans le tronc de la veine omphalo-mésentérique correspondante; — *Vva*, *Vva*, section des veines vitellines antérieures droite et gauche.

Fig. 321. — Coupe transversale un peu au-dessous de l'abouchement des deux veines omphalo-mésentériques dans le cœur, selon la ligne 321 de la figure 315.

CC, canal de Cuvier, par lequel la veine cardinale antérieure droite se jette dans le tronc omphalo-mésentérique droit (*VOM*); — *CCA*, veine cardinale antérieure gauche se rapprochant de la cavité péricardique (comme on le voyait pour la veine cardinale droite dans la figure 320), pour se jeter bientôt dans le tronc omphalo-mésentérique gauche (figure suivante); — *MM*, plaque musculaire de la prévertèbre.

Fig. 322. — Coupe transversale au niveau de l'orifice du pharynx (*b*,*b*) ou intestin antérieur, selon la ligne 322 de la figure 315.

CC canal de Cuvier (gauche) par lequel les veines cardinales gauches se jettent dans le tronc omphalo-mésentérique (*VOM*) gauche (celui qui est en bas et à gauche de la figure); — *VCP*, veine cardinale postérieure droite; elle se jetait, comme la veine cardinale antérieure droite, dans le canal de Cuvier du côté droit (fig. 321); — *Vva*, *Vva*, veines vitellines antérieure droite et gauche arrivant dans le tronc omphalo-mésentérique (*VOM*).

Fig. 323. — Coupe transversale au-dessous de l'orifice du pharynx ou intestin antérieur, selon la ligne 323 de la figure 315.

VCP, veine cardinale postérieure; — *GI*, gouttière intestinale (comparer avec la fig. 108 de la pl. VII); — *CSW*, formation du premier canal segmentaire du corps de Wolff.

Fig. 324. — Coupe transversale selon la ligne 324 de la figure 315.

GI, gouttière intestinale; — *bi*, bord de cette gouttière; — *VCP*, veine cardinale postérieure (droite et gauche); — *GS*, ganglion spinal; — *CW*, canal de Wolff; — *CSW*, canal segmentaire du corps de Wolff.

Fig. 325. — Coupe transversale selon la ligne 325 de la figure 315.

Lettres comme ci-dessus.

Fig. 326. — Coupe selon la ligne 326 de la figure 315, c'est-à-dire au-dessus du niveau où les artères omphalo-mésentériques se détachent de l'aorte.

Lettres comme ci-dessus.

Fig. 327. — Coupe transversale au niveau de l'origine des artères omphalo-mésentériques (*Aom*), selon la ligne 327 de la figure 315. Comparer avec la figure 297 de la planche XVIII.

Fig. 328. — Coupe transversale au-dessous du niveau des artères omphalo-mésentériques selon la ligne 328 de la figure 315.

Fig. 329. — Coupe transversale selon la ligne 329 de la figure 315.

Fig. 330. — Coupe transversale sur la partie supérieure du renflement caudal (voir *RC*, *RC*, fig. 316) selon la ligne 330 de la figure 315 : on voit que la moelle est formée par une masse ectodermique pleine (avec un léger sillon correspondant à la partie terminale du canal médullaire) qui est intimement unie au mésoderme sous-jacent; ce sont là les caractères de la région de la ligne primitive.

Fig. 331. — Coupe transversale au niveau de la partie la plus large et la plus épaisse du renflement caudal, selon la ligne 331 de la figure 315.

Ici la gouttière intestinale (*GI*), qui était effacée dans les figures précédentes, commence à paraître de nouveau, ce qui est en rapport avec la formation de l'intestin postérieur (voir fig. 316 en *IP*, et comparer avec la figure 348 de la planche XXI).

Les autres lettres comme ci-dessus.

Fig. 332. — Coupe transversale au niveau de la région sous-caudale (*SC*, fig. 316), selon la ligne 332 de la figure 315.

pp, restes de la ligne primitive.

PLANCHE XXI (FIGURES 333 A 352)

Cette planche représente la constitution de l'embryon à la fin du second jour (48e heure) de l'incubation. Voir les figures 109 et 110 de la planche VII.

Fig. 333. — Rappel des contours des parties qui composent l'embryon, à la 48e heure, vu par sa face supérieure ou dorsale (face latérale droite pour la région céphalique, voir fig. 109, pl. VII).

336 à 352, lignes selon lesquelles ont été faites les coupes représentées dans les figures 336 à 352.

Fig. 334. — Coupe longitudinale de la moitié antérieure de l'embryon de quarante-huit heures, selon le plan médian, c'est-à-dire à plat sur l'embryon (voir l'explication de la figure 314 de la planche XIX et comparer avec cette figure), ce qui fait que sur la figure 333 on n'a pu indiquer par une ligne la direction de la coupe de la figure 334, puisque cette coupe passe précisément par un plan parallèle à celui de la planche. Grossissement de 33 fois.

341 et 342, ligne de repère pour l'intelligence des figures 341 et 342.

V_1, V_2, V_3, première, seconde et troisième vésicules cérébrales; — *Hp*, poche ectodermique de l'hypophyse (lettre oubliée sur la gravure, mais facile à placer en comparant avec la figure 314 de la planche XIX); — C^1, C^2, portion aortique et portion ventriculaire du cœur; — *VOM*, veine omphalo-mésentérique et partie correspondante de la portion veineuse du cœur; — *PC*, cavité péricardique; — *MM*, plaque musculaire de prévertèbre; — *Ao*, aorte; — *b*, bord de l'intestin antérieur; — *Ph*, pharynx ou intestin antérieur (comparer avec la fig. 314, pl. XIX). On voit, au-dessous de *VOM*, l'entoderme du pharynx former deux dépressions; c'est la première indication des voies biliaires, vues en coupe transversale sur les figures 341 et 342 (en *VB*) et qu'on retrouvera dans la figure 354 de la planche suivante.

Fig. 335. — Coupe médiane longitudinale de l'extrémité postérieure de l'embryon de quarante-huit heures, selon la ligne 335 de la figure 333 ; comparer avec la figure 305 *bis* de la planche XIX, et avec la figure 316 de la planche XX. Grossissement de 51 fois.

349 et 352, lignes de repère pour l'intelligence des coupes représentées dans les figures 349 à 352.

CM, canal médullaire; — *IP*, dépression de l'intestin postérieur; — *RC*, renflement caudal; — *Al*, allantoïde; — *PP*, cavité pleuro-péritonéale embryonnaire ou cœlome; — *inv*, entoderme vésiculeux.

Fig. 336. — Coupe de la tête, au niveau

de l'œil et de la première vésicule cérébrale, selon la ligne 336 de la figure 333. Grossissement de 55 fois, comme pour les figures suivantes.

On n'a pas représenté l'amnios sur cette coupe. — *NO*, nerf optique ou pédicule creux de la vésicule oculaire; — *VO*, vésicule oculaire secondaire; — *CR*, cristallin. Du côté droit de la figure, la coupe passe par la fente qui est à la partie inférieure de la vésicule oculaire; sur le côté gauche de la figure, la coupe passe en avant de la fente, de sorte que la vésicule oculaire est ici complète, c'est-à-dire avec une portion supérieure et une portion inférieure.

Fig. 337. — Coupe transversale au niveau de la première fente branchiale (*fb*[1]) et de la vésicule auditive (*VA*), selon la ligne 337 de la figure 333. — On n'a pas représenté l'amnios.

Ao, tronc de l'aorte ascendante, exactement au-dessus de la portion aortique du cœur.

Fig. 338. — Coupe transversale au niveau de la portion aortique du cœur et de la seconde fente branchiale, selon la ligne 338 de la figure 333.

Am, amnios, portion médiane, didermique, c'est-à-dire sans mésoderme interposé; — *Ph*, pharynx, montrant la formation de la seconde fente branchiale gauche en *fb*[2]; — *C*[1], portion aortique du cœur; — *PC*, cavité péricardique; — *Ao*, aorte; — *VCA*, branche de la veine cardinale antérieure; — *MM*, plaque musculaire; — *Vva*, veine vitelline antérieure; — *PP*, cavité pleuro-péritonéale.

Fig. 339. — Coupe transversale au niveau de l'anse cardiaque déjà tordue (voir l'explication de la figure 109 de la planche VII), et au-dessous de la troisième fente branchiale, selon la ligne 339 de la figure 333.

C[2], le cœur coupé au niveau de la jonction de sa portion aortique avec sa portion ventriculaire; — *C*[3], section de la partie supérieure de la portion auriculaire du cœur; — *MCP*, mésocarde postérieur; il n'y a plus de mésocarde antérieur; comparer avec la figure 320 de la planche XX, et voir notamment l'explication de la figure 312 de la planche XIX. — *VCA*, veine cardinale antérieure au niveau de sa continuation avec le canal de Cuvier.

Fig. 340. — Coupe transversale au niveau de la partie inférieure de la portion auriculaire du cœur, selon la ligne 340 de la figure 333.

Ao, aorte médiane unique résultant de la fusion des deux aortes (voir les figures précédentes); cette aorte reste unique jusqu'à la coupe représentée par la figure 343; — *C*[2], partie inférieure du ventricule effleurée par la coupe; — *C*[3], portion veineuse du cœur; — *CC*, *CC*, canaux de Cuvier; celui de gauche (partie inférieure de la figure) est sur le point de se jeter dans la veine omphalo-mésentérique; — *MCP*, mésocarde postérieur; — *VM*, villosités mésodermiques de la région d'union entre le cœur et la veine omphalo-mésentérique, ces villosités sont en rapport avec la formation du foie et du diaphragme (voir les figures suivantes).

Fig. 341. — Coupe transversale au niveau du tronc de la veine omphalo-mésentérique (*VOM*), selon la ligne 341 de la figure 333.

CC, canal de Cuvier du côté droit se jetant dans le tronc omphalo-mésentérique; le canal correspondant du côté gauche s'est jeté dans ce tronc dans une coupe intermédiaire à la figure 340 et 341; ici c'est la veine vitelline antérieure gauche (*Vva*) qui aborde, dans le bas de la figure, le tronc veineux omphalo-mésentérique et, à la place du canal de Cuvier, on voit de ce côté la veine cardinale postérieure (*VCP*); — *VB*, origine des voies biliaires (voir la ligne 341 sur la figure 334); — *MM*, plaque musculaire; — *VM*, comme pour la figure précédente.

Fig. 342. — Coupe transversale presque immédiatement au-dessous de la précédente, selon la ligne 342 de la figure 333.

Ao, aorte médiane; — *VCP*, *VCP*, veines cardinales postérieures droite et gauche; — *VOM*, *VOM*, les deux veines omphalo-mésentériques; — *VB*, origine des voies biliaires (voir la ligne 342 de la fig. 334); — *Vva*, veine vitelline antérieure droite; — *VM*, villosités mésodermiques au niveau de la veine omphalo-mésentérique.

Fig. 343. — Coupe transversale au niveau de l'orifice d'entrée de l'intestin antérieur, qui se continue ici avec la gouttière intestinale (*GI*), selon la ligne 343 de la figure 333.

Fig. 344. — Coupe transversale selon la ligne 344 de la figure 333.

GS, ganglion spinal; — *MM*, lame musculaire; — *CW*, canal de Wolff; — *CSW*, formation d'un canal segmentaire du corps de Wolff; — *Ao*, aorte de nouveau divisée en deux troncs latéraux (comparer aux figures précédentes, depuis la figure 340); — *GI*, gouttière intestinale; — *VCP*, veine cardinale postérieure.

Fig. 345. — Coupe transversale selon la ligne 345 de la figure 333, c'est-à-dire au-dessus de l'origine des artères omphalo-mésentériques.

Lettres comme ci-dessus.

Fig. 346. — Coupe transversale au niveau

où les artères omphalo-mésentériques (*Aom*) se détachent des aortes (*Ao*); comparer avec la figure 327 de la planche XXI.

Gl, gouttière intestinale; — *VCP*, veine cardinale postérieure.

Fig. 347. — Coupe transversale selon la ligne 347 de la figure 333; — *CW*, extrémité inférieure du canal de Wolff, ne présentant pas encore de lumière centrale.

Fig. 348. — Coupe transversale au niveau de la partie supérieure des lames prévertébrales non encore segmentées en prévertèbres, selon la ligne 348 de la figure 333. L'intestin postérieur commence à s'y délimiter (voir *IP* sur la fig. 335).

LP, lame prévertébrale; — *inv*, entoderme vésiculeux.

Fig. 349. — Coupe transversale au niveau du commencement du renflement caudal, selon la ligne 349 des figures 333 et 334. Comparer avec les figures 330 et 331 de la planche XX.

Fig. 350. — Coupe transversale sur la partie inférieure du renflement caudal, selon la ligne 350 de la figure 333.

RC, renflement caudal; — *AL*, gouttière qui correspond à l'entrée du cul-de-sac de l'allantoïde (voir les figures suivantes et la figure 335).

Fig. 351. — Coupe transversale au niveau de la dépression sous-caudale, selon la ligne 351 de la figure 333.

pp, reste de la ligne primitive; — *Al*, allantoïde; — *PP*, fente pleuro-péritonéale.

Fig. 352. — Coupe transversale un peu en arrière (au-dessous) de la précédente, selon la ligne 352 de la figure 333. Grossissement de 55 fois comme pour les figures précédentes.

Le cul-de-sac allantoïdien (*AL*) est coupé vers sa partie profonde (comparer avec la ligne 352 de la fig. 335), et la fente pleuro-péritonéale se continue librement d'un côté à l'autre, en avant de l'allantoïde, de sorte qu'on peut dire que le cul-de-sac entodermique allantoïdien est enveloppé par le feuillet fibro-cutané et non par le feuillet fibro-intestinal (voir *fi* et *fe*).

PLANCHE XXII (FIGURES 353 A 366)

Cette planche représente la constitution de l'embryon au commencement du 4e jour de l'incubation (52 heures).

Fig. 353. — Rappel des contours du corps de l'embryon et de ses organes à la 52e heure de l'incubation, vu par la face supérieure ou dorsale (latérale droite pour la moitié supérieure). Voir la figure 111 de la planche VII.

355 à 366, lignes selon lesquelles ont été faites les coupes représentées dans les figures 355 à 366.

Fig. 354. — Coupe longitudinale, à plat, de la portion céphalique de cet embryon, selon le plan médian, dans les mêmes conditions que ci-dessus pour les figures 314 (planche XIX) et 334 (planche XX). Grossissement 40 fois.

V_1, V_2, V_3, comme dans des planches précédentes; — *VH*, vésicule des hémisphères cérébraux; — *GP*, glande pinéale; — *Hp*, poche hypophysaire ectodermique; — *Ph*, pharynx; — *MB*, membrane qui sépare la partie supérieure du pharynx d'avec la fosse buccale; cette membrane, actuellement très mince et formée par places uniquement d'une couche entodermique et d'une couche ectodermique adossées (voir fig. 356), est destinée à disparaître bientôt (voir la fig. 392 de la planche XXIV) pour laisser libre communication entre le pharynx et la fosse buccale (*FB*, fig. 356); — *VB*, *VB*, bourgeons entodermiques, de l'intestin antérieur, représentant les premières origines des voies biliaires; comparer avec la figure 334 de la planche XXI au niveau des lignes rouges 341 et 342; — *VM*, villosités mésodermiques en rapport avec la formation prochaine de la cloison péricardique et du diaphragme; la ligne rouge 360 est pour l'intelligence de la figure 360, à propos des voies biliaires.

Fig. 355. — Coupe transversale de la tête de l'embryon de 52 heures, selon la ligne 355 de la figure 353. Grossissement de 40 à 44 fois (de même pour les figures suivantes).

Hp, poche hypophysaire ectodermique; — *Ph*, cavité du pharynx; — fb^1, première fente branchiale, placée entre le premier arc branchial (AB_1) ou arc maxillaire inférieur, et le second arc branchial (dont on voit en *AAO* l'arc aortique); — *GN*, ganglion du nerf acoustique; sans doute les rudiments du facial et de l'acoustique sont ici confondus; — *CR*, vésicule ectodermique du cristallin complètement fermée (comparez avec la figure 336, planche XXI); — *VO*, vésicule oculaire secondaire; — *GP*, origine de la glande pinéale (voir aussi *GP* dans la figure 354). Dans cette figure et dans la suivante, l'amnios n'est pas représenté.

Fig. 356. — Coupe faite presque immédiatement en arrière de la précédente (ligne 356 de la figure 453); aussi passe-t-elle encore par la première fente branchiale (fb^1).

FB, fosse buccale, séparée du pharynx (*Ph*) par la membrane bucco-pharyngienne (*MB*, voir l'explication de la fig. 354). — L'arc maxillaire inférieur (AB_1) est coupé ici au niveau de sa partie libre, et non vers sa racine, adhérente à la base de la tête (fig. 355); — *VA*, vésicules auditives complètement fermées (comparer avec la fig. 337 de la planche XXI); — *AAO*, premier arc aortique.

Fig. 357. — Coupe transversale (ligne 357, fig. 353) comprenant la tête au niveau de la vésicule des hémisphères (*VH*) et le cou au niveau de la seconde fente branchiale (fb^2).

L'amnios (*Am*) a été représenté complètement : on remarquera comment l'ectoderme et le mésoderme de l'amnios se continuent en 1 et 2 avec des parties correspondantes du corps, et comment le repli amniotique 2 va envelopper la tête en suivant, sur une coupe, le trajet désigné en 3, 4, 5, etc., disposition facile à comprendre en examinant ces mêmes points 1, 2 et 3 dans les figures 358 et 359; — *FO*, fossettes olfactives; — C^1, partie aortique du cœur (bulbe aortique; comparer avec C^1 de la figure 354); — *Cam*, cavité amniotique; — *PPE*, cœlome externe, ou portion de la cavité pleuro-péritonéale comprise dans les annexes, c'est-à-dire en haut entre le chorion (*CO*) et l'amnios proprement dit (*Am*) et en bas entre l'amnios et les parois de la vésicule ombilicale (*VJ*); à cet égard on pourra utilement comparer avec les figures schématiques de la planche XL; — *PPI*, cœlome interne, c'est-à-dire portion de la fente pleuro-péritonéale comprise dans le corps même de l'embryon, et formant désormais la cavité pleuro-péritonéale proprement dite (y compris la cavité péricardique, *PC*, de la figure suivante); — fb^2, seconde fente branchiale; — *AAO*, troisième arc aortique. — Les autres lettres comme ci-dessus.

Fig. 358. — Coupe transversale passant par la partie supérieure du cœur, selon la ligne 358 de la figure 353, c'est-à-dire entamant à la fois le bulbe aortique au niveau de la partie la plus étroite (C^1) et la région auriculaire (C^3); cette coupe passe au-dessous de la tête, mais comprend cependant la partie la plus inférieure de l'enveloppe amniotique de la tête (voir le trajet amniotique désigné en 2, 3, 4 et 5 et comparer avec la figure précédente); comparer aussi avec les figures de la planche XXV.

CO, chorion; — *VJ*, paroi de la vésicule ombilicale; — *Vva*, veine vitelline antérieure; — *PC*, portion péricardique de la cavité pleuro-péritonéale; — *CC*, canal de Cuvier (comparer avec la fig. 340, pl. XXI); — *IA*, intestin antérieur; — *Ao*, aorte; — *MM*, prévertèbre, sa lame musculaire; — *CM*, canal médullaire (moelle épinière).

Fig. 359. — Coupe transversale passant par la base de la région ventriculaire du cœur (C^2), et par le lieu de continuité entre la région auriculaire et la veine omphalo-mésentérique (*VOM*); on voit le canal de Cuvier gauche (inférieur sur la figure, puisque l'embryon est couché sur le flanc gauche) se jeter dans le tronc veineux (comparer avec la fig. 341 de la planche XXI).

VB, *VB*, voies biliaires; — *VM*, villosités mésodermiques de la région du foie.

Fig. 360. — Coupe transversale passant par la partie moyenne de la portion ventriculaire du cœur (C^2), selon la ligne 360 de la figure 353. On voit ici les voies biliaires (*VB*, *VB*), situées les unes en avant, les autres en arrière du tronc veineux omphalo-mésentérique, rapports faciles à comprendre, en examinant, sur la figure 354, la ligne 360 (comparer aussi ces mêmes parties, dès leur première apparition, sur les figures 334, 341 et 342 de la planche XXI).

AI (mis pour *IA*), intestin antérieur.

Fig. 361. — Coupe transversale au niveau de l'extrémité libre ou inférieure de la région ventriculaire du cœur (C^2, anse cardiaque), selon la ligne 361 de la figure 353.

VOM, *VOM*, les deux veines omphalo-mésentériques séparées par la gouttière intestinale (*GI*), c'est-à-dire par l'intestin antérieur s'ouvrant à ce niveau dans la vésicule ombilicale (ses bords en *h*,*h*); — on voit encore l'origine des voies biliaires antérieures (*VB*); pour tous ces détails comparer avec les figures 342 et 343 de la planche XXI; — *VCP*, veines cardinales postérieures; — *PPI*, *VM*, etc., comme ci-dessus (voir aussi l'explication de la fig. 363).

Fig. 362. — Coupe transversale selon la ligne 362 de la figure 353.

CW, canal de Wolff; — *GI*, gouttière intestinale — *Vvl*, veines vitellines latérales.

Fig. 363. — Coupe transversale selon la ligne 363 de la figure 353.

Ao, aorte qui devient double, de simple qu'elle était dans les figures précédentes; — *CW*, canal de Wolff; — *CSW*, canal segmentaire du corps de Wolff en voie de formation; — *PPI*, cœlome interne; — *PPE*, cœlome externe (voir l'explication de la fig. 357).

Fig. 364. — Coupe transversale selon la ligne 364 de la figure 353, c'est-à-dire au niveau de l'origine des artères omphalo-mésentériques (*Aom*); de plus cette coupe, voisine de l'orifice de l'amnios, encore ouvert sur la région dorsale de l'embryon, montre le contact et la soudure des deux replis amniotiques; dans les figures suivantes ces replis amniotiques sont largement écartés.

Fig. 365. — Coupe transversale à un niveau un peu inférieur à celui de la précédente. Lettres comme précédemment.

Fig. 366. — Coupe transversale selon la ligne 366 de la figure 353. Lettres comme précédemment. Voir la suite dans les figures 370 à 376 de la planche suivante.

PLANCHE XXIII (FIGURES 367 A 389)

Cette planche représente l'état des organes de la partie postérieure du corps (allantoïde, intestin postérieur, queue) sur des embryons de 50 ou 52 heures (fig. 367 à 376) et de 68 heures (fig. 377 à 389), c'est-à-dire pendant le 3e jour.

Fig. 367. — Rappel des contours de la moitié postérieure du corps de l'embryon de 52 heures, vu par la région supérieure ou dorsale (voir fig. 111, planche VII).

370 à 376, lignes selon lesquelles ont été faites les coupes représentées dans les figures 370 à 376.

Fig. 368. — Mêmes parties vues par la région inférieure ou ventrale (voir fig. 112, planche VII).

369 à 376, lignes selon lesquelles ont été faites les coupes représentées dans les figures 369 à 376.

Fig. 369. — Coupe médiane antéro-postérieure (longitudinale) selon la ligne 369 de la figure 368. Grossissement de 53 fois. Destinée à montrer l'état de l'allantoïde (*AL*), et de la partie caudale de l'embryon, cette figure doit être comparée à la figure 335 de la planche XXI et aux figures 379 et 380 de la présente planche. On voit ainsi que le bourgeon allantoïdien et la portion cloacale de l'intestin postérieur ne sont encore qu'une seule et même chose.

IP, intestin postérieur; — *Am*, capuchon caudal de l'amnios; — *SC*, dépression sous-caudale; — *RC*, renflement caudal; — *PP*, cavité pleuro-péritonéale (c'est ici le cœlome externe, portion que la vésicule allantoïde viendra ultérieurement remplir); — *ma*, mésoderme épaissi correspondant au bourgeon allantoïdien.

Les lignes 372 à 376 sont destinées à mettre en évidence la concordance entre cette coupe longitudinale et les coupes transversales représentées dans les figures 372 à 376.

Fig. 370. — Coupe transversale selon la ligne 370 de la figure 368, c'est-à-dire à un niveau où la goutière intestinale est largement ouverte. Grossissement de 53 fois, ainsi que pour les figures suivantes (jusqu'à la figure 376). Cette figure fait suite à celles de la planche précédente.

Am, plis latéraux de l'amnios; — *PP*, cavité pleuro-péritonéale; — *GI*, gouttière intestinale; — *CW*, canal de Wolff; — *CSW*, canal segmentaire du corps de Wolff; — *CM*, canal médullaire.

Fig. 371. — Coupe transversale selon la ligne 371 de la figure 368, c'est-à-dire à un niveau où la gouttière intestinale se rétrécit pour se fermer bientôt en intestin postérieur.

PV, corps de prévertèbre en voie de formation (voir fig. 367, selon la ligne 371).

Fig. 372. — Coupe transversale passant exactement au niveau du bord antérieur de l'intestin postérieur (voir la ligne 372 sur les figures 368 et 369).

IP, intestin postérieur; — *Ao*, *Ao*, aortes primitives ou vertébrales postérieures, donnant naissance aux artères ombilicales (*AO*, *AO*), qui sont sur les côtés du bourgeon allantoïdien; — *Vvl*, veine vitelline latérale.

Fig. 373. — Coupe transversale au niveau de la partie moyenne de l'intestin postérieur: lettres comme précédemment.

Fig. 374. — Coupe transversale au niveau de l'origine du bourgeon de l'allantoïde (et du cloaque).

Al, allantoïde; — *ma*, épaississement mésodermique correspondant à la formation de l'allantoïde (voir la ligne 374 sur la fig. 369).

Fig. 375. — Coupe au niveau du bourgeon de la vésicule allantoïde (*Al*). En arrière de cette vésicule (en haut sur la figure) il n'y a pas encore d'instestin caudal (comparer avec les figures 379 et 380).

MC, moelle caudale, c'est-à-dire formation médullaire encore en connexion avec l'ectoderme correspondant (voir la fig. 369; comparer également avec les figures 335 et 349 de la planche XXI); — *ECL*, épaississement ectodermique correspondant aux parties latérales du cloaque.

Fig. 376. — Coupe transversale passant au niveau de la formation ectodermique cloacale, *ECL*. — Comparer avec la figure 352 de la planche XXI. — Les autres lettres comme cidessus.

Fig. 377. — Rappel des contours de la partie postérieure du corps de l'embryon de 68 heures, c'est-à-dire à la seconde moitié du 3e jour, vu par la région dorsale ou supérieure (voir fig. 115, planche VIII).

Fig. 378. — Mêmes parties vues par la face inférieure ou ventrale (voir fig. 116, pl. VIII).

379 à 389, lignes selon lesquelles ont été faites les coupes représentées dans les figures 379 à 389.

Fig. 379 et 380. — Coupes médianes antéro-postérieures (longitudinales, selon la ligne 379 des figures 377 et 378) sur deux embryons pris tous deux dans la seconde moitié du 3e jour, mais dont l'un (fig. 380) est un peu plus avancé que l'autre pour la formation de l'allantoïde. Grossissement de 45 à 50 fois. En comparant ces deux figures, d'une part avec la figure 369 de la présente planche, et d'autre part avec les figures 415 et 416 de la planche XXVI, on comprendra facilement les phases successives de la formation de la vésicule allantoïde et de la région cloacale. Les lignes 381 à 389 montrent la concordance entre les coupes transversales et les coupes longitudinales.

MM, lame musculaire de la prévertèbre; — *in*, feuillet interne; — *ex*, feuillet externe; — *Ao*, aorte; — *CM*, canal médullaire; — *Am*, capuchon caudal de l'amnios; — *IP*, intestin postérieur; — *IC*, intestin caudal; — *Al*, allantoïde; — *ma*, épaississement mésodermique de l'allantoïde; — *SC*, région sous-caudale et portion ectodermique du cloaque; — *Cam*, cavité amniotique (non encore fermée); — *RC*, renflement caudal; — *PP*, cavité pleuro-péritonéale.

Fig. 381. — Coupe transversale à un niveau où la gouttière intestinale est encore ouverte (voir la ligne 381 sur les figures 378 et 380), mais presque immédiatement audessus de son occlusion en intestin postérieur. Grossissement de 50 fois.

Am, repli latéral de l'amnios; — *CO*, portion du repli amniotique qui formera le chorion (voir les figures schématiques 646 et 648 de la planche XL); — *GS*, ganglion rachidien; — *CW*, canal de Wolff; — *CSW*, canal segmentaire du corps de Wolff; — *Ao*, aorte primitive ou vertébrale postérieure; — *IP*, gouttière intestinale, méritant déjà le nom d'intestin postérieur, tant ses bords (*b*, *b*) sont près de se toucher pour amener l'occlusion de la gouttière (figure suivante); — *PP*, cavité pleuro-péritonéale; — *Vvl*, veine vitelline latérale.

Fig. 382. — Coupe transversale au niveau du bord antérieur de l'intestin postérieur, selon la ligne 382 des figures 378, 379 et 380. — Comparer avec les figures 372 et 373. Grossissement de 50 fois.

Cam, cavité amniotique, les deux replis amniotiques latéraux étant ici rejoints et soudés (au moins quant à leur feuillet ectodermique) pour former le capuchon caudal de l'amnios. — Les autres lettres comme précédemment.

Fig. 383. — Coupe transversale au niveau de la partie supérieure du bourgeon de la vésicule allantoïde (voir fig. 380, ligne 383). Grossissement de 50 fois. Ici les feuillets mésodermiques des replis amniotiques arrivent à leur tour au contact d'un côté à l'autre (leur soudure est complète dans les figures suivantes).

AO, artères ombilicales (comparer avec les figures 372 et 373 de la présente planche, et avec les figures des planches XXVI et XXVII); les autres lettres comme précédemment.

Fig. 384. — Coupe transversale au niveau de la partie moyenne du bourgeon de la vésicule allantoïde (ligne 384 de la fig. 380). Grossissement de 52 fois.

AO, comme pour la figure 372.

Fig. 385. — Coupe transversale au niveau de la partie inférieure de l'origine de la vésicule allantoïde (*Al*), qu'un rétrécissement sépare de l'intestin postérieur (*IP*). Grossissement de 53 fois.

Cam, cavité amniotique (cavité du capuchon de

l'amnios); — *ECL*, épaississement ectodermique correspondant aux parties latérales du cloaque (comparer avec la fig. 375, même planche).

Fig. 386. — Coupe transversale au niveau de la partie tout inférieure de l'origine de la vésicule allantoïde. Grossissement 53 fois. Mêmes lettres que ci-dessus.

Fig. 387. — Coupe transversale au-dessous de l'origine de l'allantoïde (voir fig. 380, ligne 387), c'est-à-dire passant par le commencement de l'intestin caudal (*IP*), et par l'épaississement ectodermique médian (*ECL*) du cloaque. Grossissement de 53 fois, ainsi que pour les figures suivantes.

Fig. 388. — Coupe transversale portant sur la partie moyenne de la queue de l'embryon. On voit que, sur cette coupe, la queue est entièrement libre dans la cavité du capuchon amniotique correspondant, cette cavité s'étendant sans interruption de droite à gauche, au niveau de la dépression sous-caudale (en *SC*); voir la ligne 388 sur la figure 380.

IC, intestin caudal ou post-anal; — *Am*, amnios proprement dit; — *CO*, chorion; — *PP*, cavité pleuropéritonéale des annexes ou cœlome externe; — *VJ*, parois de la vésicule ombilicale.

Fig. 389. — Coupe transversale sur l'extrémité de la queue, au-dessous de l'extrémité borgne de l'intestin caudal (voir la ligne 389 des figures 378 et 380). — Lettres comme ci-dessus.

PLANCHE XXIV (FIGURES 390 A 399)

Cette planche représente la constitution de la portion céphalique de l'embryon à la 68e heure de l'incubation, c'est-à-dire à la fin du 3e jour.

Fig. 390. — Rappel des contours de l'embryon à la 68e heure de l'incubation, vu par la face supérieure, c'est-à-dire dorsale pour le corps et latérale droite pour l'extrémité céphalique (voir la fig. 115 de la pl. VIII). Grossissement de 19 fois.

393 à 396, lignes selon lesquelles ont été faites les coupes représentées dans les figures 393 à 396; ces lignes ne sont pas parallèles; c'est que l'embryon représenté dans la figure 390 et celui qui a servi aux coupes 393 à 396 ne présentaient pas exactement le même degré de courbure céphalique; mais la différence était presque insignifiante; — 397 à 399, lignes correspondant aux coupes des figures 397 à 399; — 401, ligne correspondant à la coupe 401 de la planche suivante.

Fig. 391. — Coupe longitudinale, à plat, c'est-à-dire parallèle au plan médian, mais passant en dehors, à droite, de ce plan médian, de la portion céphalique d'un embryon de 68 heures. Il était impossible, sur la figure 390, d'indiquer par une ligne la direction de la coupe 391, puisque précisément cette coupe est parallèle au plan de la figure 390. Grossissement de 32 à 35 fois.

VH, vésicule de l'hémisphère cérébral droit (voir *VH* dans la figure 403 de la planche XXV); — V_1 vésicule des couches optiques coupée dans sa partie latérale droite; — V_2, vésicule des tubercules bi-jumeaux; — V_3, V_3, troisième vésicule cérébrale primitive (bulbe et cervelet); — *VA*, vésicule auditive; — *G8*, ganglion du nerf acoustique; — *G5*, ganglion du trijumeau et formation des trois branches de ce nerf; — *CM*, moelle épinière; — *PV*, masses protovertébrales; — AB_1, premier arc branchial; — fb^1, première fente branchiale (par comparaison avec la fig. 390 on reconnaît facilement les autres fentes et arcs branchiaux); — *PC* (pas marqué sur cette figure, mais facile à placer d'après la suivante), portion péricardique de la cavité pleuro-péritonale; — C^1, bulbe aortique; — C^2, ventricule; — C^8, portion droite de l'oreillette, recevant les veines cardinales antérieure (*VCA*) et postérieure (*VCP*) correspondantes (par le canal de Cuvier, en *CC*, fig. 405, planche XXV); — *VOM*, veine omphalo-mésentérique (voir fig. 407, pl. XXV); — *VM*, villosités mésodermiques en rapport avec la formation du foie, comme il a été dit précédemment pour les fig. 340 et 354 des pl. XXI et XXII.

Fig. 392. — Même coupe, mais passant, au moins pour la tête proprement dite, par le plan médian, c'est-à-dire par la corde dorsale (*Ch*). Grossissement de 32 à 35 fois.

393, ligne destinée à servir de repère pour la figure 393.

GP, glande pinéale; — *Hp*, poche hypophysaire ectodermique (voir fig. 354, pl. XXII); — *MB*, reste de la membrane qui séparait précédemment (voir fig. 354, planche XXII) la fosse buccale d'avec le pharynx; cette membrane est actuellement résorbée, et la bouche communique largement avec le pharynx (voir *FB* et *Ph*, fig. 398); — *HPh*, poche de Seessel ou hypophyse pharyngienne. D'après Seessel, ce serait le rudiment de la tonsille pharyngienne décrite par Kölliker.

Ao, aorte; — *IA*, intestin antérieur; — *VB*, *VB*, diverses sections des voies biliaires ou cordons hépatiques se ramifiant autour de la veine omphalo-mésentérique (comparer d'une part avec la figure 354 de la planche XXII, et d'autre part avec les figures 405 à 408 de la planche XXV); — *MM*, plaque musculaire de la prévertèbre; — les autres lettres comme ci-dessus.

Fig. 393. — Coupe à peu près verticale, passant par la région des hémisphères cérébraux (*VH*) et par celle du bulbe (V_3), selon la ligne 393 de la figure 390. Grossissement de 35 fois.

Ch, corde dorsale; — *Hph*, poche de Seessel (voir fig. 392); — *Hp*, poche hypophysaire ectodermique (pour bien saisir les rapports de ces parties, examiner la ligne 393 sur la figure 392); — *CR*, cristallin (comparez avec la fig. 336 de la pl. XXI et 335 de la pl. XXII); — *VO*, vésicule oculaire secondaire invaginée.

Fig. 394. — Coupe parallèle à la précédente, mais passant par la vésicule auditive (*VA*) et le premier arc branchial (AB_1), selon la ligne 394 de la figure 390. Grossissement de 35 fois.

V_3, troisième vésicule cérébrale; — *VA*, vésicule auditive; — *Ph*, cavité pharyngienne; — fb^1, première fente branchiale; — AB_1, premier arc branchial ou arc maxillaire inférieur (voir la figure 356 de la planche XXII).

Fig. 395. — Coupe parallèle à la précédente, mais un peu plus en arrière, selon la ligne 395 de la figure 390. Grossissement de 35 à 38 fois.

CO, chorion; — *Am*, amnios; — *Th*, origine de la thyroïde (comparer avec la fig. 399); — fb^2, seconde fente branchiale; — *AAO*, arc aortique du second arc branchial (comparer avec la fig. 399); — C^1, bulbe aortique; — C^2, ventricule; — *EC*, endothélium vasculaire du cœur; — *PC*, portion péricardique de la cavité pleuro-péritonéale; — *PP*, portion commune de la cavité pleuro-péritonéale; — *VJ*, paroi de la vésicule ombilicale. — Les autres lettres comme ci-dessus (comparer avec la figure 319 de la planche XX, et avec les figures 337 et 338 de la planche XXI).

Fig. 396. — Coupe parallèle à la précédente, mais plus en arrière, de manière à entamer deux fois (vu la courbure de l'embryon) l'axe cérébro-spinal, c'est-à-dire d'une part le bulbe (V_3) en haut, et en bas la moelle épinière (*CM*), selon la ligne 396 de la figure 390. Grossissement d'environ 40 fois.

VCA, veine cardinale antérieure; — *VCP*, veine cardinale postérieure; — C^3, oreillette; — *VB*, section des voies biliaires ou cordons hépatiques (voir la fig. 392); — *IA*, intestin antérieur; — *VOM*, *VOM*, veine omphalo-mésentérique; — *b*, *b*, bords de l'entrée de l'intestin antérieur; — *PP*, cavité pleuro-péritonéale; — *me*, mésentère; — *CW*, canal de Wolff (comparer avec les figures 410 et 411 de la planche XXV); — *ex*, ectoderme.

Fig. 397. — Coupe transversale (perpendiculaire à l'axe de l'ensemble de l'embryon) selon la ligne 397 de la figure 390. Grossissement de 40 fois. Sur cette figure, comme sur les deux suivantes, l'amnios (portion céphalique) n'est pas représenté (voir à cet égard les figures de la planche XXV).

V_2, vésicule des tubercules bijumeaux (seconde vésicule cérébrale primitive); — V_3, vésicule du bulbe (troisième vésicule); — *VA*, vésicule auditive; — *G8*, *G5*, ganglions du nerf acoustique et du trijumeau (comparer avec les parties correspondantes dans la fig. 391).

Fig. 398. — Coupe parallèle à la précédente, mais passant plus bas, selon la ligne 398 de la figure 390. Grossissement de 40 fois.

CM, moelle épinière (région intermédiaire à la moelle proprement dite et à la 3e vésicule cérébrale); — *Ch*, corde dorsale; — *Ao*, aorte; — *AAO*, arc aortique du 3e arc branchial; — *AAo*, arc aortique du 1er arc branchial; — *VCA*, veine cardinale antérieure; — *Ph*, pharynx, communiquant largement avec la fosse buccale (*FB*, voir l'explication de la figure 392); — *Hp*, poche hypophysaire (voir les figures 392 et 393 et leur explication); — *CR*, cristallin (comparer avec la figure 336 de la planche XXI et voir l'explication de cette figure); — *VO*, vésicule oculaire secondaire; — V_1, vésicule des couches optiques; — *MS*, maxillaire supérieur; — AB_1 AB_2, AB_3, premier, second et troisième arc branchial; — fb^1, fb^2, première et seconde fente branchiale.

Fig. 399. — Coupe parallèle à la précédente, mais passant un peu plus bas, selon la ligne 399 de la figure 390, et intéressant la série complète des arcs branchiaux (AB_1, AB_2, etc.) et les fentes branchiales (fb^1, fb^2, etc.). Même grossissement.

GS, ganglion spinal; — *Th*, thyroïde (voir fig. 395); — C^1, bulbe aortique; — *NO*, nerf optique. — Les autres lettres comme ci-dessus.

La planche suivante donne la suite de ces coupes transversales faites successivement de haut en bas sur l'embryon de 68 heures.

PLANCHE XXV (FIGURES 400 A 413)

Cette planche (suite de la planche précédente) représente la constitution de la portion moyenne du corps de l'embryon à la 68ᵉ heure de l'incubation, c'est-à-dire à la fin du 3ᵉ jour.

Fig. 400. — Rappel des contours de l'embryon à la 68ᵉ heure, vu par la face supérieure (voir la figure 115 de la planche VIII et l'explication de la figure 390 de la planche précédente).

401 à 413, lignes selon lesquelles ont été faites les coupes représentées dans les figures 401 à 413; pour le non parallélisme absolu de ces lignes, voir l'explication de la figure 390 de la planche précédente; — 417, ligne selon laquelle a été faite la première coupe des séries représentées dans la planche suivante.

La ligne ponctuée, circonscrivant un ovale allongé sur la partie dorsale inférieure de l'embryon, indique l'ouverture que présente encore à cette époque le sac amniotique.

Fig. 401. — Coupe transversale, c'est-à-dire perpendiculaire à l'axe de l'ensemble de l'embryon, selon la ligne 401 de la figure 400. Grossissement de 40 fois.

Ici l'amnios a été représenté (il ne l'est pas dans les dernières figures de la planche précédente), et on voit comment il forme le capuchon céphalique en suivant sur une coupe le trajet indiqué par les chiffres 2, 3, 4, 5, ainsi qu'il a été dit pour la figure 357 de la planche XXII (comparer à cet égard la série des présentes figures 401 à 408, avec les figures correspondantes de la planche XXII, et avec les figures de la planche XXX).

CO, chorion; — *VJ*, parois de la vésicule ombilicale; on voit que ces parois montent assez haut, à chaque extrémité de la coupe de l'embryon (à droite et à gauche de la figure), et enveloppent celui-ci en partie, de manière à former ce qu'on a appelé le faux amnios (dans la planche XXX on voit cette disposition plus accentuée encore; voir aussi la figure 650 de la planche XL); — *Cm*, cavité amniotique; — 1, 2, point où l'amnios se continue avec les parois du corps; — 3, 4, 5, trajet, sur la coupe, de la portion céphalique de l'amnios (voir la fig. 404); — V_3, partie inférieure du bulbe ou commencement de la moelle épinière (*CM*, fig. suiv.); — *Ao*, aorte; — *VCA*, veines cardinales antérieures; — *IA*, intestin antérieur; — *BP*, bourgeon ou invagination pulmonaire, se détachant de la paroi antérieure de l'intestin antérieur (voir dans les figures suivantes la disposition de ce bourgeon); — *PC*, portion péricardique de la cavité pleuro-péritonéale; — C^1, bulbe aortique; — C^3, extrémité supérieure gauche de la portion auriculaire du cœur; — V_1, vésicule des couches optiques; — *VO*, vésicule oculaire secondaire.

Fig. 402. — Coupe parallèle à la précédente, selon la ligne 402 de la figure 400. Grossissement de 40 fois.

CM, moelle épinière; — *VH*, extrémité postérieure des vésicules des hémisphères cérébraux. — Les autres lettres comme ci-dessus (C^2 mis pour C^3).

Fig. 403. — Coupe parallèle à la précédente, selon la ligne 403 de la figure 400. Même grossissement.

PV, prévertèbre et sa lame musculaire; — *CC*, canal de Cuvier (voir fig. 405); — *FO*, fossette olfactive; — *x*, origine de la veine pulmonaire. — Les autres lettres comme ci-dessus.

Fig. 404. — Coupe parallèle à la précédente, selon la ligne 404 de la figure 400. Même grossissement.

Ici la tête (extrémité des hémisphères cérébraux) n'est plus représentée, mais seulement l'extrémité du capuchon céphalique de l'amnios (*CamC*), capuchon dont les parois sont rapprochées l'une de l'autre, de manière à ne plus circonscrire qu'une étroite cavité (*CamC*; voir en 2, 3, 4, 5, le trajet, sur une coupe, de ce repli amniotique et comparer les figures 357 et 358 de la planche XXII).

CC, canaux de Cuvier (voir fig. 405); celui de droite se jette dans la portion correspondante de la région auriculaire du cœur (comparer avec les deux figures suivantes et avec la figure 391 de la planche XXIV, en C^3 et *VCA*); — C^3, portion auriculaire et C^2, portion ventriculaire du cœur, ici en continuité l'une avec l'autre, comme on le comprend d'après la ligne 404 de la figure 400; — C^1, partie tout inférieure du bulbe aortique (pour l'étude du cœur, comparer avec la fig. 395 de la planche XXIV); — *x*, veine pulmonaire; — *Vva*, veine vitelline antérieure; — *CO*, chorion; — *VJ*, parois de la vésicule ombilicale.

Fig. 405. — Coupe parallèle à la précédente, selon la ligne 405 de la figure 400. Même grossissement.

BP, bourgeon pulmonaire coupé au niveau de son extrémité libre, c'est-à-dire à un niveau où il n'est plus formé que d'un épaississement mésodermique sans prolongement de l'intestin antérieur (comparer avec la figure précédente); — *PPI*, portion intra-embryonnaire de la cavité pleuro-péritonéale; — *VB*, voies biliaires ou cordons hépatiques (comparer avec la fig. 340 de la planche XXI); — *CC*, canal de Cuvier; celui de gauche est coupé un peu avant son abouchement dans l'oreillette. — Les autres lettres comme ci-dessus.

Fig. 406. — Coupe parallèle à la précédente, passant au milieu de la portion ventriculaire (C^2, C^2) du cœur, selon la ligne 406 de la figure 400. Même grossissement.

Ici l'oreillette est coupée en une région intermédiaire entre l'oreillette proprement dite et la veine omphalo-mésentérique; aussi est-elle désignée à la fois par les lettres *VOM;* elle reçoit le canal de Cuvier gauche (*CC*).

VB, *VB*, *VB*, voies biliaires (comparer avec la fig. 359 de la planche XXII); — *VCP*, veine cardinale postérieure; — *VM*, villosités mésodermiques de la région du foie et du diaphragme. Les autres lettres comme ci-dessus.

Fig. 407. — Coupe parallèle à la précédente selon la ligne 407 de la figure 400. Grossissement de 43 fois.

On voit ici la continuité de la cavité de l'intestin avec le canal hépatique (*VB*) situé en arrière de la veine omphalo-mésentérique (*VOM*); comparer avec la figure 360 de la planche XXII.

Fig. 408. — Coupe parallèle à la précédente, passant par la pointe ou extrémité libre du cœur (ventricule). Comparer avec la figure 361 de la planche XXII.

On voit ici la continuité de la cavité de l'intestin avec les voies biliaires situées en avant de la bifurcation de la veine omphalo-mésentérique (*VOM*, *VOM*).

CW, canal de Wolff; — les autres lettres comme ci-dessus.

Fig. 409. — Coupe transversale, parallèle à la précédente, passant exactement par les bords de l'intestin antérieur (*bi*,*bi*), c'est-à-dire montrant la continuité de cet intestin (*IA*) avec la vésicule ombilicale (*VJ*). Grossissement de 45 fois.

Lettres comme dans la figure précédente.

Fig. 410. — Coupe parallèle à la précédente selon la ligne 410 de la figure 400. Grossissement de 45 à 50 fois.

Sur cette figure, comme sur les suivantes, l'intestin, non encore séparé de la vésicule ombilicale, est représenté par une gouttière (*GI*), dont les bords (*bi*, *bi*) sont plus ou moins accentués. Ce n'est qu'au niveau de l'extrémité postérieure du corps (voir la pl. XXIII, ainsi que la planche suivante) que l'intestin apparaît de nouveau à l'état de canal, qui représente alors l'intestin postérieur.

CO, chorion; — *Am*, amnios; — *PP*, fente pleuro-péritonéale; — *CW*, canal de Wolff; — *CSW*, canal segmentaire ou canalicule du corps de Wolff; — *VOM*, *VOM*, veines omphalo-mésentériques.

Fig. 411. — Coupe transversale faite peu au-dessous de la précédente, selon la ligne 411 de la figure 400. Grossissement de 45 à 50 fois.

Am, amnios; on voit la section du bord de l'orifice de l'amnios, bord au niveau duquel se sont soudés les feuillets ectodermiques, mais non encore les feuillets mésodermiques des replis amniotiques; — *VOM*, veine omphalo-mésentérique gauche; — *Vvl*, veine vitelline latérale droite (voir la ligne 411 de la fig. 400); — *PV*, prévertèbre. — Les autres lettres comme ci-dessus.

Fig. 412. — Coupe transversale, parallèle à la précédente, mais à un niveau inférieur (de l'épaisseur d'environ quatre ou cinq corps de prévertèbres), selon la ligne 412 de la figure 400. Même grossissement.

Cette coupe passe au niveau de l'origine des artères omphalo-mésentériques (*Aom*, *Aom*); — ici les deux bords des replis amniotiques ne sont pas arrivés au contact (en *Am*). Les autres lettres comme ci-dessus.

Fig. 413. — Coupe transversale faite un peu au-dessous de la précédente, selon la ligne 413 de la figure 400. Même grossissement.

CM, moelle épinière; — *PV*; prévertèbre; — *Am*, repli amniotique; — *Ao*, aortes, très réduites après l'émission des artères omphalo-mésentériques (figure précédente); — *VCP*, veine cardinale postérieure; — *CW*, canal de Wolff; — *CSW*, canal segmentaire du corps de Wolff; — *PP*, cavité pleuro-péritonéale; — *GI*, gouttière intestinale; — *bi*, *bi*, ses bords; — *VJ*, parois de la vésicule ombilicale; — *in*, son feuillet interne; — *fi*, sa lame mésodermique ou lame fibro-intestinale.

PLANCHE XXVI (FIGURES 414 A 428)

Cette planche représente la constitution de l'extrémité postérieure du corps (intestin postérieur et allantoïde) de l'embryon à la 68ᵉ ou 72ᵉ et à la 82ᵉ heure de l'incubation, c'est-à-dire dans la première moitié du 4ᵉ jour (comparer cette planche avec l'ensemble de la planche XXIII).

Fig. 414. — Rappel des contours d'un embryon de la 68ᵉ à la 72ᵉ heure, vu par la face supérieure (voir l'explication de la figure 390 de la planche XXIV). Grossissement de 19 fois.

413, ligne rappelant le niveau auquel a été faite la dernière des coupes représentées dans la planche précédente; — 416, ligne correspondant aux figures 415 et 416; — 417 à 425, lignes selon lesquelles ont été faites les coupes transversales représentées dans les figures 417 à 425.

Fig. 415. — Coupe longitudinale médiane, faite sur la partie postérieure du corps d'un embryon d'environ 68 heures, selon la ligne 416 de la figure 414 (voir aussi la ligne de repère 415 sur la figure 418). Grossissement de 45 à 48 fois.

ex, ectoderme; — *in*, entoderme; — *Ch*, corde dorsale; — *CM*, moelle épinière; — *IP*, intestin postérieur; — *IC*, intestin caudal; — *Ao*, aorte; — *Al*, allantoïde; — *ma*, épaississement mésodermique de l'allantoïde; — *b*, bord de l'entrée de l'intestin postérieur; — *SC*, région sous-caudale (voir la figure suivante); — *MC*, moelle épinière caudale; — *Am*, capuchon caudal de l'amnios. Les lignes 417 à 425 sont destinées à servir de repère pour l'intelligence des figures 417 à 425.

Fig. 416. — Même coupe longitudinale, médiane, sur un autre embryon à peu près du même âge (72 heures), mais chez lequel cette extrémité postérieure du corps était un peu plus avancée dans son développement (saillie plus accusée de la vésicule allantoïde). Grossissement 48 fois.

CL, cloaque, c'est-à-dire région où l'entoderme et l'ectoderme sont en contact sans éléments mésodermiques interposés et où se produira ultérieurement la perforation qui formera l'orifice cloacal. — Les autres lettres et chiffres, comme pour la figure précédente.

En comparant ces figures 415 et 416 avec les figures 379 et 380 de la planche XXIII, on comprendra facilement les phases successives de la formation de la vésicule allantoïde et de la région cloacale, et on en trouvera la suite dans les figures des planches XXVII, XXVIII, XXX, etc.

Fig. 417. — Coupe transversale de la partie postérieure du corps d'un embryon de la fin du 3ᵉ jour et commencement du 4ᵉ, selon la ligne 417 de la figure 414, c'est-à-dire coupe faite à environ sept prévertèbres en arrière de l'origine des artères omphalo-mésentériques (voir aussi la ligne 417 sur la figure 415). Grossissement de 50 fois.

Am, bord des replis amniotiques; — *GS*, ganglion spinal; — *MM*, plaque musculaire de la prévertèbre; — *Ao*, *Ao*, aortes; — *CW*, canal de Wolff; — *CSW*, canal segmentaire du corps de Wolff; — *VCP*, veine cardinale postérieure; — *PP*, cavité pleuro-péritonéale; — *GI*, gouttière intestinale presque transformée en canal (voir fig. suivante) par le rapprochement de ses bords (*bi*, *bi*); — *CO*, chorion; — *VJ*, parois de la vésicule ombilicale; — *inv*, entoderme vésiculeux, c'est-à-dire épithélium (de la vésicule ombilicale) formé de hautes cellules cylindro-coniques et d'aspect vésiculeux; l'ectoderme prend ce caractère à une certaine distance en dehors de l'embryon, et le conserve sur toute l'étendue de la vésicule ombilicale, dont il revêt les crêtes villeuses (voir planche XL, fig. 648 et suivantes). Pour cette figure et les suivantes (jusqu'à la fig. 425 inclusivement), on aura grand avantage à les comparer aux figures, représentant également des coupes transversales, de la planche XXIII.

Fig. 418. — Coupe transversale faite au-dessous de la précédente, et passant exactement par le bord de l'intestin antérieur, selon la ligne 418 des figures 114, 415 et 416. Grossissement de 50 fois.

IP, intestin postérieur; — *bip*, son bord antérieur; — 415, ligne de repère pour les parties correspondantes de la figure 415.

Fig. 419. — Coupe transversale au-dessous de la précédente et passant par le sommet du renflement mésodermique (*ma*) de l'allantoïde (voir la ligne 419 sur les figures 415 et

416). Grossissement 50 fois. Lettres comme ci-dessus.

Fig. 420. — Coupe au-dessous de la précédente, c'est-à-dire passant par l'extrémité supérieure de la cavité de l'allantoïde (*Al*), dont par conséquent on ne voit pas ici les connexions avec la cavité de l'intestin postérieur. — La ligne 416 est destinée à servir de repère pour les parties correspondantes de la figure 416.

Fig. 421. — Coupe un peu au-dessous de la précédente; ici le mésoderme de l'allantoïde est uni au mésoderme des parois du corps, de sorte que la cavité péritonéale proprement dite (*PPI*) est séparée de la fente générale pleuro-péritonéale (*PP*) se continuant dans les annexes. Comparer cette figure avec les figures 382 et 383 de la planche XXIII.

Fig. 422. — Coupe au-dessous de la précédente, montrant la continuité de la cavité de l'allantoïde avec celle de l'intestin postérieur (voir la ligne 422 sur les figures 415 et 416; même remarque que ci-dessus). Comparer avec la figure 384 de la planche XXIII.

Fig. 423. — Coupe au-dessous de la précédente, c'est-à-dire déjà voisine des parties latérales de la région cloacale.

IP, intestin postérieur; — *Al*, allantoïde (partie inférieure ou cloacale); — *ECL*, épaississement ectodermique correspondant aux parties latérales de la région cloacale (comparer avec la fig. 385 de la pl. XXIII).

Fig. 424. — Coupe au-dessous de la précédente, passant exactement par la partie médiane de l'épaississement ectodermique cloacal (*ECL*) (voir la ligne 424 sur les figures 415 et 416).

Cette coupe présente un détail délicat à comprendre; c'est la cavité *Cac* ou cavité du capuchon caudal de l'amnios. En considérant comparativement la figure 380 de la planche XXIII et les figures 415 et 416 de la présente planche, on voit que l'extrémité de la queue, en se développant, se relève en haut et en avant, et refoule ainsi l'amnios dont elle se coiffe. Une coupe transversale, dont le niveau correspond à la ligne 424 des figures 415 et 416, passe par ce capuchon caudal de l'amnios et le présente sous la forme de la cavité *Cac*. Sur des embryons un peu plus développés, c'est-à-dire dont la queue, plus longue, remonte plus haut, on trouve, dans cette cavité, la coupe de la queue, comme on peut le voir dans la figure 438 de la planche XXVII, dans la figure 501 de la planche XXXII, et, à un état plus avancé (queue recourbée et moelle caudale entamée deux fois par la coupe), sur la figure 547 de la planche XXXV.

Fig. 425. — Coupe passant en plein par la saillie caudale, un peu au-dessous de l'épaississement ectodermique cloacal (*ECL*).

CD, queue; elle est dans la cavité (*Cac*) du capuchon caudal de l'amnios, mais, à ce niveau, cette cavité communique largement, d'un côté, avec la cavité générale de l'amnios (comparer avec la figure 439 de la pl. XXVII et avec les figures 501 à 593 de la pl. XXXII); — *CW*, canal de Wolff venant s'ouvrir dans l'intestin postérieur (*IP*), au niveau où cet intestin postérieur se continue avec l'intestin caudal (*IC*, fig. 415 et 416). — Voir aussi la fig. 400 de la pl. XXVII, et la fig. 507 de la planche XXXII.

Fig. 426. — Rappel des contours de l'embryon à la 82ᵉ heure de l'incubation (voir fig. 120, pl. VIII). Grossissement de 15 fois. Cet embryon, et les coupes longitudinales (fig. 427 et 428) qui s'y rapportent, a été figuré ici pour montrer qu'au début du 4ᵉ jour l'embryon commence, par sa partie caudale, à se coucher sur le côté gauche, en se tordant, ainsi que cela a eu lieu précédemment par sa partie céphalique; que dès lors les coupes longitudinales de la région caudale ne présentent plus des parties symétriquement disposées, et sont très difficiles à interpréter, absolument comme ont été asymétriques et d'interprétation difficile les coupes longitudinales de la portion céphalique à une époque précédente (voir les figures 304 et 305 de la planche XIX).

Fig. 427. — Coupe longitudinale selon la ligne 427 de la figure 426. Grossissement de 55 à 60 fois.

Les divers organes de la région postérieure du corps sont coupés d'une manière non symétrique (voir l'explication de la fig. précédente).

CM, moelle épinière, coupée en travers dans sa partie caudale, et en long dans sa partie lombaire (voir la ligne 427 de la fig. 426); en ayant égard à ce que la présente coupe est faite perpendiculairement à la surface de l'embryon, et en considérant la ligne 427 des figures 432 et 443 de la planche suivante, qui ont précisément cette direction perpendiculaire, on comprendra comment la moelle épinière doit avoir été coupée en haut longitudinalement, en bas transversalement; — *Ch*, corde dorsale (mêmes remarques) ; — *Ao*, *Ao*, aorte (idem); — *PP*, *PP*, cavité pleuro-péritonéale ; — *IP*, *IP*, intestin postérieur (idem); — *bip*, son bord antérieur; — *Al*, allantoïde ; — *ma*, épaississement mésodermique de l'allantoïde ; — *CW*, canal de Wolff; — *PV*, prévertèbre; — *MM*, sa lame musculaire; — *Am*, bord du capuchon inférieur (caudal) de l'amnios; — *CO*, chorion; — *VJ*, parois de la vésicule ombilicale.

Fig. 428. — Coupe longitudinale, parallèle à la précédente, mais plus en avant (plus à droite) selon la ligne 428 de la figure 426. Grossissement de 55 à 60 fois.

Cette coupe, portant plus à droite que la précédente, n'entame plus, en haut, le canal intestinal, à droite duquel elle passe; mais un peu plus bas elle entame l'allantoïde. On comprendra ces dispositions en examinant, comme repère, la ligne 428 sur la figure 437 de la planche suivante.

CW, canal de Wolff; — *CSW*, canaux segmentaires du corps de Wolff; la ligne 427 de la figure 432 (planche suivante) donne idée de la manière dont une série de canaux segmentaires, en voie de formation aux dépens de l'épithélium de la cavité pleuro-péritonéale, ont dû ainsi être pris par une coupe longitudinale ; — *PP*, cavité pleuro-péritonéale ; — *Al*, allantoïde; — *Cac*, cavité caudale de l'amnios (voir l'explication de la fig. 424). — Les autres lettres comme pour la figure précédente.

Ces deux coupes, nous le répétons, ont été faites perpendiculairement à la surface de l'ensemble de l'embryon (surface de l'œuf) ; dans la planche suivante, on trouvera, pour cette même région postérieure de ce même embryon, des coupes (fig. 430 et 431) faites parallèlement à cette surface (à plat); de même, dans la planche XIX, nous avons donné, pour la région céphalique, au moment où elle commence à se tordre et se coucher, des coupes faites les unes perpendiculairement, les autres parallèlement à la surface, sinon sur un même embryon, du moins sur deux embryons d'âges très peu différents (l'un de 43, l'autre de 46 heures); nous renvoyons donc aux explications générales données pour la planche XIX, relativement à ce que présente de délicat l'interprétation de ces divers ordres de coupes.

PLANCHE XXVII (FIGURES 429 A 443)

Cette planche représente la constitution de la région postérieure du corps (intestin postérieur, allantoïde, membres postérieurs) de l'embryon à la 82e heure de l'incubation, c'est-à-dire dans la première moitié du 4e jour. — Dans les deux planches suivantes (XXVIII et XIX) se trouvera la constitution de l'extrémité céphalique de ce même embryon dont nous commençons l'étude par la partie postérieure afin de pouvoir immédiatement suivre les progrès de cette région comparativement à ce que nous venons de la voir à la 72e heure (première partie de la planche précédente).

Fig. 429. — Rappel des contours de l'embryon à la 82e heure (3 jours et 10 heures) de l'incubation (voir fig. 120, pl. VIII). Grossissement de 15 fois. — 432 à 443, lignes selon lesquelles ont été faites les coupes transversales représentées dans les figures 432 à 443.

Fig. 430. — Coupe à plat, c'est-à-dire parallèlement à la surface, de l'ensemble de cet embryon ; dans ces conditions, l'extrémité céphalique est coupée parallèlement à son plan médian, et la coupe passe en dehors (sur la moitié droite) de ce plan (on trouvera, dans la figure 445 de la planche XXVIII, la coupe passant exactement par ce plan médian); mais la région postérieure ou caudale, vu son état de torsion, est coupée obliquement dans ses diverses parties (voir l'explication des deux dernières figures de la planche précédente). Grossissement de 22 à

28 fois. Les lignes 432, 438 et les lignes 446 et 448 sont destinées à servir de repères pour les figures 432 et 438 de la présente planche, et pour les figures 446 et 448 de la planche suivante.

VH, vésicule de l'hémisphère cérébral droit (comparer avec la fig. 391 de la pl. XXIV, et voir l'explication de cette figure); — *FO*, fossette olfactive; — *NO*, nerf optique, ou mieux, section de la vésicule oculaire secondaire à sa partie la plus profonde, au niveau de l'insertion de son pédicule (nerf optique embryonnaire); — V_2, vésicule des tubercules bijumeaux; — V_3, vésicule du bulbe et du cervelet; — *G5*, ganglion du trijumeau; — *G8*, ganglion de l'acoustique; — fb^4, quatrième fente branchiale; il est facile, en partant de celle-ci, de compter les autres fentes branchiales et les arcs branchiaux interposés; mais on ne comprend peut-être pas au premier abord pourquoi ces fentes paraissent ici ouvertes jusqu'en avant, et pourquoi les quatre premiers arcs branchiaux ne sont pas reliés les uns aux autres à leurs extrémités antérieures (inférieures sur la figure). C'est que la présente coupe est superficielle, passant loin du plan médian de l'embryon, et, en considérant la ligne 430, sur la figure 449 de la planche suivante (XXVIII), on comprendra qu'une pareille coupe ne fait qu'enlever les parties les plus saillantes des arcs branchiaux; — *PV*, prévertèbres; — *CM*, moelle épinière; — *VB*, *VB*, voies biliaires (canalicules hépatiques); — C^1, bulbe aortique; — C^2, ventricule; — C^3, portion droite de l'extrémité supérieure de l'oreillette (comparer avec les figures 445, 450 et 451 de la planche XXVIII); — *PC*, portion péricardique de la cavité pleuro-péritonéale; — *PR*, cloison qui s'est développée par les villosités mésodermiques (*VM*) de la figure 391 (pl. XXIV) et qui forme la cloison péricardique séparant la cavité du péricarde d'avec la cavité abdominale; cette cloison se développe d'une manière bilatérale, de sorte qu'en ce moment elle existe sur chaque côté (la figure présente la montre sur le côté droit), mais présente une ouverture en sa partie moyenne, où ses deux moitiés latérales ne se sont pas rejointes; aussi ne la voit-on pas sur la figure 445 de la planche XXVIII, qui représente une coupe passant par le plan médian; bien remarquer qu'en effet, sur cette figure 445, la saillie mésodermique *VM* (de la splanchnopleure) ne va pas rejoindre le feuillet fibro-cutané de la paroi antérieure du corps; au contraire, cette jonction a lieu sur la présente figure 430. L'intelligence du mode de formation de cette cloison ne sera facile qu'ultérieurement, à un stade un peu plus avancé, sur la figure 532 de la planche XXXIV, et surtout sur les figures 589 à 593 de la planche XXXVIII; — *Ao*, aorte; — *MM*, lame musculaire de la prévertèbre; — *CSW*, canaux segmentaires du corps de Wolff; en considérant la ligne de repère 430 sur la figure 432, on comprendra comment ces canaux segmentaires ont pu ici être coupés en séries verticales, dans les parties moyenne et inférieure de la présente figure; — *CW*, canal de Wolff; — *CO*, chorion; — *Am*, amnios; — *Al*, allantoïde; — *MP*, renflement représentant le premier rudiment du membre inférieur droit.

Fig. 431. — Coupe parallèle à la précédente, mais faite plus profondément; en effet au lieu d'entamer le membre postérieur droit, elle entame le membre postérieur gauche (comparer la ligne 430 sur la figure 438, et la ligne 431 sur la figure 435). On comprend encore, par cette ligne 431 de la figure 435, que sur la présente figure doit se trouver la continuité de la cavité de l'allantoïde avec la cavité de l'intestin postérieur. Grossissement de 22 à 28 fois.

MP, membre postérieur gauche; — *bip*, bord de l'intestin postérieur; — les autres lettres comme ci-dessus.

La partie inférieure de la fig. 445 de la planche XXVIII représente une troisième coupe faite parallèlement à la surface, mais sur un plan plus profond encore.

Fig. 432. — Coupe transversale, sur la partie postérieure du corps de l'embryon de 82 heures, faite exactement au niveau de l'extrémité toute supérieure de la vésicule allantoïde, selon la ligne 432 de la figure 429 (voir aussi la ligne 432 sur la figure 430). Grossissement de 40 fois.

Am, section du bord de l'ombilic amniotique; — *ma*, masse mésodermique de l'allantoïde, dont la cavité n'est pas encore comprise dans cette coupe (voir la figure suivante). — Les autres lettres comme pour la figure 417 de la planche précédente (comparer ces deux figures qui ne diffèrent guère qu'en ce que l'allantoïde remonte ici plus haut).

Les lignes 427 et 430 servent de repère pour les figures 427 (pl. XXVI) et 430 (pl. XXVII); on voit que ces deux lignes sont presque perpendiculaires l'une à l'autre; et en effet, les coupes représentées dans les deux figures en question sont faites selon des plans réciproquement perpendiculaires (voir les explications données à la suite de la figure 428).

Fig. 433. — Coupe transversale faite presque immédiatement au-dessous de la précédente. Grossissement de 40 fois.

MP, membre postérieur; — *IP*, gouttière intestinale presque fermée en intestin postérieur; — *Al*, cavité de l'allantoïde. — Les autres lettres comme ci-dessus.

Fig. 434. — Coupe parallèle à la précédente, selon la ligne 434 de la figure 429. Même grossissement; mêmes lettres.

Fig. 435. — Coupe parallèle et inférieure

à la précédente, selon la ligne 435 des figures 429 et 431. Grossissement de 42 fois.

Ici l'allantoïde, coupée plus près de sa base, n'est plus libre dans la cavité pleuro-péritonéale, mais adhère d'une part à l'intestin, et d'autre part à la paroi latérale droite du corps (comparer avec les figures 420 et 421 de la planche XXVI). Lettres comme précédemment.

La ligne 431 correspond très exactement aux parties qui, sur la figure 431, ont été coupées au niveau de la ligne 435.

Fig. 436. — Coupe parallèle et inférieure à la précédente, selon la ligne 436 de la figure 429. Grossissement de 42 fois.

Mêmes lettres que ci-dessus.

Fig. 437. — Coupe parallèle à la précédente et presque immédiatement au-dessous d'elle. Grossissement de 43 fois.

Comparer avec la figure 422 de la planche XXVI. — Mêmes lettres et mêmes explications.

La ligne 428 est destinée à servir de repère pour la figure 428 de la planche précédente.

Fig. 438. — Coupe parallèle et inférieure à la précédente, selon la ligne 438 de la figure 429. Grossissement de 44 fois.

En examinant la ligne 438 sur la figure 429, on voit qu'ici la coupe a dû entamer l'extrémité de la queue (*CD*) déjà relativement longue et recourbée en haut et en avant; cette queue est entourée par un repli de l'amnios, circonscrivant la cavité amniotique (*Cac*), sur laquelle il a été déjà donné des explications suffisantes à propos de la figure 424 de la planche précédente. La ligne 430 correspond très exactement aux parties qui, sur la figure 430, ont été coupées au niveau de la ligne 438.

Fig. 439. — Coupe parallèle à la précédente et faite immédiatement au-dessous d'elle. Grossissement de 45 fois.

Cette coupe passe par la partie médiane de la région cloacale.

ECL, épaississement ectodermique cloacal; — *IP*, intestin postérieur; — *CL*, sa portion cloacale (comparer avec la région *CL* de la figure 428, planche XXVI); — *IC*, intestin caudal. — Les autres lettres comme ci-dessus.

Fig. 440. — Coupe immédiatement au-dessous de la précédente. Mêmes lettres, même grossissement.

Fig. 441. — Coupe parallèle à la précédente et immédiatement sous-jacente. Même grossissement.

Ici l'intestin caudal (*IC*) est coupé selon sa longueur, comme on le comprendra en considérant la ligne 441 sur la figure 429.

Fig. 442. — Coupe parallèle à la précédente, et au-dessous d'elle, c'est-à-dire passant par la partie convexe de la racine de la queue. Même grossissement.

Ici la corde dorsale (*Ch*) est coupée suivant sa longueur, comme l'était l'intestin caudal dans la figure précédente.

Fig. 443. — Coupe parallèle à la précédente, effleurant pour ainsi dire la convexité de la racine de la queue. Aussi la moelle épinière caudale est-elle coupée selon sa longueur, comme l'avaient été précédemment d'abord l'intestin caudal, puis la corde dorsale. De chaque côté de la moelle sont des prévertèbres coupées plus ou moins haut dans leur épaisseur.

Pour l'étude des parties postérieures du corps sur un embryon plus avancé, il faut sauter à la planche XXXII.

PLANCHE XXVIII (FIGURES 444 A 452)

Cette planche montre la constitution de la partie supérieure (tête et arcs branchiaux) de l'embryon de 82 heures.

Fig. 444. — Rappel des contours de l'embryon de 82 heures (voir fig. 120 de la pl. VIII). Grossissement de 15 fois.

Les lignes 446 à 452 indiquent la direction selon laquelle ont été faites les coupes représentées dans les figures 446 à 452.

Fig. 445. — Coupe à plat, c'est-à-dire parallèlement à la surface (voir l'explication de la fig. 430 de la pl. XXVII) et passant exactement (pour la partie supérieure) par le plan médian de l'embryon, c'est-à-dire par la corde dorsale (comparer avec la fig. 430, pl. XXVII, laquelle passe en dehors, c'est-à-dire à droite, de ce plan médian). Grossissement de 22 à 28 fois.

Les lignes 446, 451 et 452 sont destinées à servir de repère et de comparaison avec les figures 446, 451 et 452.

VH, hémisphère cérébral; la coupe a entamé obliquement la région où l'un des hémisphères cérébraux se détache de la vésicule des couches optiques (voir la ligne 445, sur la figure 458 de la planche XXIX); — V_1, vésicule des couches optiques; — *GP*, glande pinéale; — V_2, vésicule des tubercules bijumeaux; — *CV*, cervelet; — *B*, bulbe; — *Ch*, corde dorsale; — *Hp*, poche ectodermique de l'hypophyse; — *HPh*, poche de Seessel; entre ces deux poches sont les restes de la membrane bucco-pharyngienne (pour ces parties, comparer avec la figure 392 de la planche XXIV et voir l'explication de cette planche); — *Ph*, pharynx; — *Ao*, aorte; — C^1, bulbe aortique émettant une série d'arcs aortiques (comparer avec la figure 449); — C^3, partie supérieure de l'oreillette; — C^2, ventricule; — *BP*, bourgeon pulmonaire (comparer d'une part avec les figures 401 à 404 de la planche XXV, et d'autre part avec les figures 471 à 475 de la planche XXX); — *VB*, voies biliaires, c'est-à-dire ramifications des cordons glandulaires hépatiques; — *VM*, villosité mésodermique destinée à former la cloison qui séparera la cavité péricardique (*PC*) d'avec la cavité abdominale (voir l'explication de la figure 430, planche XXVII); — *VOM*, *VOM*, veine omphalo-mésentérique; — *IA*, entrée de l'intestin antérieur; — *b*, bord de cette entrée; — *MA*, membre antérieur; — *xx*, interruption entre la moitié supérieure et la moitié inférieure de la figure, correspondant à une certaine étendue non représentée de la coupe.

La partie inférieure de la figure représente en effet une coupe à plat, faite très profondément, c'est-à-dire faisant suite à la coupe représentée dans la figure 431 de la planche XXVII (voir l'explication de cette figure); — *MP*, membre postérieur gauche; — *PP*, cavité pleuro-péritonéale; — *IP*, intestin postérieur; — *ma*, renflement mésodermique de l'allantoïde; — *Vj*, parois de la vésicule ombilicale; — *Am*, Amnios.

Fig. 446. — Coupe transversale sur la région de la nuque de l'embryon de 82 heures, selon la ligne 446 de la figure 444. Grossissement de 37 fois.

En examinant la ligne 446 sur la figure 445, on voit comment, sur la présente coupe, la corde dorsale (*Ch*,*Ch*) a dû être atteinte deux fois.

V_2, extrémité postérieure de la vésicule des tubercules bijumeaux; — V_3, vésicule du bulbe; — *SB*, substance blanche en voie d'apparition à la partie inféro-antérieure de cette vésicule; — *G8*, nerf acoustique; — *VA*, vésicule auditive; — *NC*, nerf crânien, du groupe du pneumogastrique (comparer avec la figure 510 de la pl. XXXIII en *N*); — *VCA*, veine cardinale antérieure; — *Ao*, aorte.

Fig. 447. — Coupe transversale, parallèle à la précédente, mais passant plus bas, selon la ligne 447 de la figure 444. Grossissement de 37 fois.

Cette coupe intéresse la série des fentes branchiales (fb^1 à fb^4) et des arcs branchiaux, moins le premier (AB_5 à AB_2).

Ph, pharynx; — *AAO*, arcs aortiques; — *CM*, moelle épinière. — Les autres lettres comme ci-dessus. Comparer cette figure avec les figures 398 et 399 de la planche XXIV.

Fig. 448. — Coupe transversale, parallèle à la précédente, et faite un peu plus bas, selon la ligne 448 de la figure 444 (voir aussi la ligne 448 sur la fig. 430 de la pl. XXVII). Grossissement de 37 fois.

Nous retrouvons ici les mêmes fentes et arcs branchiaux, et de plus le premier arc branchial (AB_1).

G^5, trijumeau; — *Ph*, pharynx; il est ici atteint sur la coupe en deux parties différentes : l'une, à droite de la figure, est la portion du pharynx située au-dessus du troisième arc branchial; l'autre, à gauche, est la portion située au-dessous de cet arc; c'est-à-dire que, vu l'incurvation de cette région de l'embryon, le pharynx est ici coupé deux fois, comme la corde dorsale était coupée deux fois dans la figure 446; entre ces deux parties de la cavité du pharynx, c'est la paroi antérieure qui est atteinte par la coupe, c'est-à-dire toute la masse du troisième arc branchial (AB_3). — Les autres lettres comme ci-dessus.

Fig. 449. — Coupe transversale faite presque immédiatement au-dessous de la précédente, selon la ligne 449 de la figure 444 Grossissement de 37 fois.

Ici, comparativement à la figure précédente, la coupe entame presque toute la paroi antérieure du pharynx, c'est-à-dire la portion médiane de l'ensemble des arcs pharyngiens, où le bulbe aortique (C^1) se divise en une série d'arcs aortiques (*AAO*, *AAO*).

Ph, extrémité antérieure du pharynx; — *IA*, intestin antérieur (œsophage, au niveau de sa continuité avec le pharynx); la forme en fente allongée de cette portion de l'intestin antérieur correspond à la racine des bourgeons pulmonaires (voir les figures suivantes et comparer avec les figures 401 et 402 de la planche XXV); — *NC*, *NC*, branches du nerf trijumeau. — Les autres lettres comme ci-dessus.

La ligne 430 est destinée à servir de repère pour la partie supérieure (région des arcs branchiaux) de la figure 430 de la planche XXVII (voir l'explication de cette figure).

Fig. 450. — Coupe transversale faite au-dessous de la précédente, passant par la partie la plus saillante (en bas et en avant) des deux premiers arcs branchiaux, selon la ligne 450 de la figure 444. Grossissement de 37 fois.

Ph, portion tout antérieure du pharynx, au niveau de la poche de Seessel (*HPh*, voir la fig. 445), c'est-à-dire au niveau de la continuité du pharynx avec la fosse buccale (*FB*, sur la figure suivante); — *BP*, bourgeon pulmonaire; — *IA*, intestin antérieur; — *MM*, plaque musculaire; — C^1, bulbe aortique; — C^3, extrémité supérieure de l'oreillette. — Les autres lettres comme ci-dessus.

Fig. 451. — Coupe transversale, faite au-dessous de la précédente, et passant par suite non plus par le pharynx, mais par la fosse buccale (voir la ligne 451 sur les figures 444 et 445). Grossissement de 37 fois.

Cette coupe se compose de deux parties, sans connexion l'une avec l'autre, à savoir, la tête à droite de la figure, et la partie supérieure du tronc (ou inférieure du cou) à gauche (comparer avec les fig. 398 et 399 de la pl. XXIV).

MS, maxillaire supérieur; — *FB*, fosse buccale; — *Hp*, poche ectodermique de l'hypophyse; — *VO*, œil effleuré par la coupe (œil gauche). — Les autres lettres comme ci-dessus.

Fig. 452. — Coupe transversale, au-dessous de la précédente : on n'a représenté ici que la tête, et pas la partie correspondante du tronc (voir la ligne 452 de la fig. 444). Grossissement 37 fois.

VO, vésicule oculaire secondaire, avec ses deux feuillets, savoir : *RT*, rétine; — *PI*, couche du pigment choroïdien (voir fig. 399, pl. XXIV); — *NM*, nerf moteur oculaire commun.

On trouvera à la planche suivante la série des coupes qui achèvent cette étude de la tête (œil, vésicules des hémisphères, et fossettes olfactives).

PLANCHE XXIX (FIGURES 453 A 466)

Cette planche montre la constitution de la tête chez l'embryon de 82 et de 96 heures, c'est-à-dire au milieu et à la fin du quatrième jour de l'incubation.

Fig. 453. — Rappel des contours de l'embryon à la 82e heure de l'incubation (3 jours et 10 heures); c'est le même embryon que pour les deux planches précédentes. Grossissement de 15 fois.

452, ligne selon laquelle a été faite la coupe représentée dans la dernière figure de la planche précédente; — 454 à 461, lignes selon lesquelles ont été faites les coupes représentées dans les figures 454 à 461.

Fig. 454. — Coupe transversale, selon la ligne 454 de la figure 453, c'est-à-dire passant un peu au-dessus du centre de l'œil. Grossissement de 35 fois.

CR, cristallin; — *RT*, rétine; — *PI*, feuillet externe de la vésicule oculaire secondaire (futur pigment choroïdien); — *NO*, nerf optique embryonnaire (comparer avec la fig. 399 de la pl. XXIV); — V_1, partie inférieure et postérieure de la vésicule des couches optiques (voir aussi V_1 dans la figure 452, de la planche précédente, où cette vésicule est coupée au niveau de sa partie libre postérieure); — V_2, vésicule des tubercules bijumeaux; — *pm*, pie-mère.

Fig. 455. — Coupe transversale, parallèle à la précédente, passant par le centre de l'œil. Même grossissement. Mêmes lettres (comparer avec la fig. 401 de la pl. XXV).

Fig. 456. — Coupe parallèle à la précédente, mais passant un peu plus bas.

Ici la vésicule des tubercules bijumeaux (V_2) n'est intéressée que dans sa partie tout antérieure (voir la ligne 456 sur la figure 453), de même qu'elle n'avait été intéressée que dans sa partie toute postérieure dans la figure 446 de la planche XXVIII.

FO, fossettes olfactives (voir la fig. 403 de la pl. XXV).

Fig. 457. — Coupe parallèle à la précédente, passant au niveau de l'origine des vésicules des hémisphères.

Ces vésicules (*VH*) apparaissent comme deux bourgeons creux, se détachant de chaque côté de la partie inférieure (gauche sur la figure) de la vésicule des couches optiques (V_1, V_1). Comparer avec la figure 402 de la planche XXV.

Fig. 458. — Coupe parallèle à la précédente, passant en plein par les vésicules des hémisphères. Grossissement de 34 fois.

La portion (V_1) située entre les deux vésicules hémisphériques (*VH*) forme la partie inférieure (gauche ici) de la vésicule des couches optiques (comparer avec la figure précédente et avec la fig. 402 de la pl. XXV).

La ligne 445 est un repère pour la figure 445, planche XXVIII (voir l'explication de cette figure).

Fig. 459. — Coupe parallèle à la précédente, mais se rapprochant de l'extrémité libre des vésicules des hémisphères.

Les vésicules des hémisphères sont encore ici en connexion avec la partie inférieure de la vésicule de la couche optique, partie désignée par le chiffre 1. La partie supérieure (V_1) de la vésicule de la couche optique montre l'origine de la glande pinéale (*GP*).

Fig. 460. — Coupe parallèle à la précédente, selon la ligne 460 de la figure 453. Mêmes lettres que ci-dessus.

Fig. 461. — Coupe parrallèle à la précédente, portant sur l'extrémité antérieure des hémisphères cérébraux (*VH*, *VH*); la vésicule de la couche optique n'a plus été qu'effleurée par la coupe, dans sa partie toute supérieure (V_1), au niveau de la glande pinéale (voir la ligne 461 sur la fig. 453).

Pour étudier avec fruit ces coupes de la région des hémisphères cérébraux, il faut les comparer, d'une part, pour les stades moins avancés, avec les figures **401**, **402** et **403** de la planche XXV, et d'autre part, pour des stades plus avancés, avec les figures 517 à 520 de la planche XXXIII, et avec les figures 560 à 565 de la planche XXXVI.

Fig. 462. — Rappel des contours de l'embryon de 96 heures, c'est-à-dire à la fin du quatrième jour. (voir la figure 122 de la planche VIII). Grossissement 15 fois.

Les lignes 463 à 466 indiquent la direction selon laquelle ont été faites les coupes représentées dans les figures 463 à 466.

Fig. 463. — Coupe verticale selon la ligne 463 de la figure 462, c'est-à-dire passant par la région moyenne du bulbe (V_3) et par la vésicule de la couche optique (V_1). Grossissement de 30 fois.

VA_1, coupe de l'extrémité supérieure de la vésicule auditive (aqueduc du vestibule d'après Bœttcher); — *G8*, nerf acoustique; — *G5*, trijumeau; — V_3, vésicule du bulbe; — *pm*, pie-mère; — *Ch*, corde dorsale; — *NM*, nerf moteur oculaire commun; — V_1, vésicule des couches optiques.

Fig. 464. — Coupe parallèle à la précédente, mais passant au niveau de l'oreille et de l'œil. Même grossissement.

VA, vésicule auditive; — fb^1, sillon correspondant à l'extrémité crânienne de la première fente branchiale (voir la ligne 464 sur la fig. 462); — *Hp*, extrémité ou fond de la poche ectodermique de l'hypophyse (comparer avec la fig. 393 de la pl. XXIV et avec la figure 445 de la pl. XXVIII); — *VO*, vésicule oculaire secondaire; — V_1, vésicule des couches optiques; — *GP*, glande pinéale; — *NC*, nerf crânien (branche du trijumeau).

Fig. 465. — Coupe parallèle à la précédente, selon la ligne 465 de la figure 462. Grossissement de 30 fois.

V_3, bulbe; — *MM*, plaque musculaire; — *NC*, nerf crânien (ci-dessus); — *Ph*, pharynx; — *FB*, fosse buccale, avec le point de départ de la poche ectodermique hypophysaire; — *MS*, maxillaire supérieur; — AB_1, premier arc branchial; — AB_2, second arc branchial; — fb^1, première fente branchiale. — Pour ces parties buccales et branchiales, on comparera avec fruit cette figure avec les figures 450 et 451 de la planche XXVIII; — *NC*, nerf crânien (du groupe du pneumo-gastrique).

V_1, vésicule des couches optiques; — *NO*, nerf optique embryonnaire; — *CR*, cristallin; — *RT* et *PI*, rétine et pigment (voir ci-dessus fig. 399, pl. XXIV).

Fig. 466. — Coupe parallèle à la précédente, selon la ligne 466 de la figure 462. Grossissement de 30 fois.

AB_1, AB_2, AB_3, premier, second et troisième arc branchial; — *Th*, partie supérieure de l'invagination thyroïdienne du pharynx (comparer avec les figures 395 et 399 de la planche XXIV); — *VO*, orifice d'invagination de la vésicule oculaire secondaire (voir fig. 336, pl. XXI); — *x*, mésoderme qui s'avance entre l'ectoderme et les parties latérales de cette vésicule; mais il n'y a pas encore d'éléments mésodermiques entre l'ectoderme et le cristallin (voir les figures 454 et 455, et comparer avec la figure 456; comparer aussi la figure 399 de la planche XXIV).

PLANCHE XXX (FIGURES 467 A 476)

Cette planche (faisant suite à la seconde moitié de la précédente) représente la constitution de la partie supérieure du corps (région des arcs branchiaux, cœur, etc.) de l'embryon de 96 heures, c'est-à-dire à la fin du quatrième jour.

Fig. 467. — Rappel des contours de l'embryon de 96 heures (voir fig. 122, pl. VIII). Grossissement de 15 fois.

La ligne 466 rappelle la direction selon laquelle a été faite la coupe représentée dans la dernière figure de la planche précédente; les lignes 468 à 476 correspondent aux figures 468 à 476 de la présente planche.

Fig. 468. — Coupe selon la ligne 468 de la figure 467, c'est-à-dire passant par le bulbe (V_3) et par les hémisphères cérébraux (*VH*). Grossissement de 30 fois.

Ici, comme sur les figures suivantes, l'amnios et ses annexes ont été représentés. En se reportant aux figures des planches XXII et XXV, il sera facile de comprendre la disposition de ces parties : on voit, en suivant le trajet indiqué par des chiffres 2, 3, 4, 5, comment l'amnios forme le capuchon céphalique. D'autre part on voit, à la partie supérieure de la figure, comment la vésicule ombilicale (feuillet interne et feuillet mésodermique) s'insinue entre l'amnios (*Am*) et le Chorion (*CO*) pour former ce qu'on a appelé le faux amnios (voir l'explication de la figure 401 de la planche XXV).

inv, entoderme vésiculeux; — *MM*, plaque musculaire; — *Ao*, *Ao*, aortes; — *VCA*, veines cardinales antérieures; — *Ph*, cavité du pharynx; — AB_2, AB_3, AB_4, second, troisième et quatrième arc branchial, ce dernier atteint dans sa partie basale; — fb^2, fb^3, seconde et troisième fente branchiale; — C^1, C^1 bulbe aortique; — C^3, extrémité supérieure gauche de l'oreillette; — *VJ*, vésicule ombilicale; — *Am*, amnios; — *CO*, chorion; — *FO*, fossette olfactive; — V_1, vésicule des couches optiques; — *VH*, vésicules des hémisphères (comparer avec la fig. 357 de la pl. XXII).

Fig. 469. — Coupe parallèle à la précédente, mais passant par la quatrième fente branchiale (fb^4) et par le lieu où le bulbe se continue avec la moelle épinière (*CM*). Grossissement de 30 fois.

PC, portion péricardique de la cavité pleuro-péritonéale; les autres lettres comme ci-dessus.

Fig. 470. — Coupe parallèle à la précédente, selon la ligne 470 de la figure 467. Même grossissement.

AB_5, cinquième arc branchial; la fente branchiale qui le précède est en voie d'oblitération. — Les autres lettres comme ci-dessus.

Fig. 471. — Coupe parallèle à la précédente, et passant par la base du ventricule du cœur. Grossissement de 30 fois.

IA, intestin antérieur, dont la forme en fente allongée correspond à la racine du bourgeon pulmonaire (voir la figure suivante et comparer avec figures 401, planche XXV, et 449, planche XXVIII); — C^3, oreillette dont la cavité est en continuité avec celle du ventricule (C^2); comparer avec la figure 405 de la planche XXV. — Les autres lettres comme ci-dessus.

Fig. 472. — Coupe parallèle à la précédente, selon la ligne 472 de la figure 467. Même grossissement.

IA, intestin antérieur; — *BP*, bourgeon pulmonaire (comparer avec les figures 402 et 403, planche XXV, et 449, planche XXVIII); — *CC*, canal de Cuvier du côté gauche; — *Vva*, veine vitelline antérieure; — *VM*, villosités mésodermiques pour la formation de la cloison péricardique (voir la fig. 445 de la pl. XXVIII). — Les autres lettres comme ci-dessus.

Fig. 473. — Coupe parallèle à la précédente, et passant par la partie moyenne du ventricule du cœur. Même grossissement.

GN, ganglion du nerf rachidien; — *Ch*, corde dorsale; — *CC*, canal de Cuvier droit; — *VB*, voies biliaires ou cordons glandulaires hépatiques; ils sont maintenant (comparer avec les figures 405 à 407 de la planche XXV) très nombreux, ramifiés, et la masse mésodermique qui les renferme adhère ici de chaque côté aux parois du corps. — Les autres lettres comme ci-dessus.

Fig. 474. — Coupe parallèle à la précédente, mais n'atteignant plus le ventricule du cœur qu'au niveau de sa pointe. Aussi n'est-ce plus l'oreillette, mais bien la veine omphalo-mésentérique (*VOM*) qui est entamée au-dessus du ventricule; et en bas, ce n'est plus la veine vitelline antérieure, mais bien la veine vitelline latérale (*Vvl*).

VB, cordons hépatiques de plus en plus nombreux; avec le mésoderme qui les contient, ils forment une masse qui mérite dès maintenant le nom de foie et dans laquelle se ramifient des vaisseaux émanés du tronc omphalo-mésentérique. — Les autres lettres comme ci-dessus.

Fig. 475. — Coupe parallèle à la précédente, mais arrivant (voir la ligne 475 sur la figure 467) à entamer l'embryon dans toute sa longueur, depuis la moelle épinière dorso-cervicale (*CM*) jusqu'à la moelle caudale (*CD*); — 480, 482, lignes pour comparer les parties correspondantes de cette coupe avec celles représentées dans les figures 480 et 482 de la planche suivante. Grossissement de 30 fois.

VCP, veine cardinale postérieure; — *BP*, bourgeons pulmonaires entamés tout près de leur extrémité libre (comparer avec la figure 405 de la planche XXV); — *PPI*, cavité pleuro-péritonéale interne, ou du corps de l'embryon, ou cœlome interne, pour la distinguer de *PPE* et *PP*, cavité pleuro-péritonéale externe, ou des annexes, ou cœlome externe; — *Cam*, cavité de l'amnios; dans la partie inférieure de la figure c'est la cavité du capuchon caudal de l'amnios (voir les figures 424, planche XXVI et 438, planche XXVII et leurs explications); — *IA*, *IA*, intestin antérieur; — *VB*, *VB*, abouchement des voies biliaires dans l'intestin antérieur (comparer avec la figure 408 de la planche XXV, et, ci-après, avec les figures 479 à 482 de la planche XXXI); — *bb*, bords de l'entrée de l'intestin antérieur (cette entrée n'est complètement visible que sur la figure suivante); — *Vvl*, confluent de deux veines vitellines latérales; — *Aom*, artère omphalo-mésentérique coupée obliquement (comparer fig. 412, pl. XXV); — *Al*, allantoïde; — *MA*, membre antérieur; — *MP*, membre postérieur droit; ces deux membres sont entamés près de leur extrémité libre (voir la ligne 475 sur la figure 467). — Les autres lettres comme ci-dessus.

Fig. 476. — Coupe parallèle à la précédente et comprenant les mêmes parties, mais passant près de la base des membres, notamment pour le membre antérieur (*MA*). Même grossissement.

IP, intestin postérieur; — *ECL*, épaississement ectodermique de la région cloacale (comparer avec les figures 427 et 428 de la planche XXVI). — Les autres lettres comme ci-dessus.

PLANCHE XXXI (FIGURES 477 A 493)

Cette planche représente la constitution de la moitié supérieure et moyenne du tronc chez l'embryon de 96 heures, c'est-à-dire à la fin du quatrième jour. A partir de cette planche, les origines blastodermiques des organes étant suffisamment connues, le mésoderme a été représenté en noir comme les autres feuillets.

Fig. 477 — Rappel des contours de l'embryon de 96 heures (fig. 122, pl. VIII). Grossissement de 15 fois.

Les lignes 468 à 493 indiquent la direction selon laquelle ont été faites les coupes transversales représentées dans cette planche.

Fig. 478. — Coupe transversale selon la ligne 478 de la figure 477, c'est-à-dire passant par la partie supérieure du tronc, au niveau de la base du cœur. Cette coupe intéressait également la tête, mais cette partie n'a pas été représentée dans la figure 478, non plus que dans les suivantes; seulement, à partir de la figure 484, la portion de l'amnios qui correspond à la tête, puis le cul-de-sac céphalique de l'amnios (*CAM*), ont été représentés.

Cette figure et toutes les suivantes sont à un grossissement de 30 fois (comparer avec les fig. 405 à 407 de la pl. XXV).

CM, moelle épinière, flanquée des ganglions spinaux (*GS*, fig. 479); — *MM*, lames musculaires; — *Ao*, aorte; — *MA*, membre supérieur coupé au niveau de la partie supérieure, très courte, de la palette qui le représente à cet âge (voir fig. 477); — *IA*, intestin antérieur, correspondant ici à la région qui, par sa dilatation ultérieure, formera l'estomac (voir fig. 531, pl. XXXIV); — C^1, coupe du cœur au niveau de la base du ventricule, à l'origine du bulbe aortique (C^1); — *VOM*, tronc de la veine omphalo-mésentérique entourée par de nombreux cordons hépatiques, dont quelques-uns sont sur cette coupe en connexion avec un canal hépatique (*VB*, voies biliaires). Comparer avec la figure 475, planche XXX.

Fig. 479. — Coupe au-dessous de la précédente. Cette coupe et les trois suivantes sont spécialement propres à montrer l'état du développement des voies biliaires à cet âge et l'apparition du pancréas.

Lettres comme ci-dessus. De plus : *VCP*, veine cardinale postérieure ; — *CW*, canal de Wolff, avec un canal segmentaire et un glomérule ; — C^2, cœur (ventricules) ; — *AD*, intestin (région de la future anse duodénale) ; — *PA*, pancréas.

Fig. 480. — Coupe au-dessous de la précédente, c'est-à-dire passant par la partie la plus saillante du membre antérieur.

Ici le canal hépatique (*VB*), déjà vu sur les trois coupes précédentes, est coupé au niveau de son arrivée au duodénum, dans lequel il s'ouvre largement dans la figure suivante. Nous avons donc ici les dispositions qu'on constate, sur une coupe longitudinale, au niveau de la ligne 480 de la figure 475 (pl. XXX).

PA, bourgeon pancréatique de l'intestin duodénal (*AD*) ; — *Ch*, corde dorsale ; — *GL*, glomérule, auquel aboutit un court canal segmentaire de Wolff.

Fig. 481. — Coupe au-dessous de la précédente ; arrivée, dans le duodénum, du canal hépatique de la figure précédente. Mêmes lettres.

Fig. 482. — Ici on voit se détacher du duodénum (*AD*) un nouveau canal hépatique (*VB*) se ramifiant en cordons hépatiques (*CH*) ; nous avons donc ici, au niveau de l'embouchure de ce second canal hépatique, les dispositions qu'on constate, sur une coupe longitudinale, au niveau de la ligne 482 de la figure 475 (pl. XXX) ; pour l'origine première de ces deux canaux hépatiques, voir la figure 354 (pl. XXII), 392 (pl. XXIV), et les figures 407 et 408 de la planche XXV, et pour leur évolution ultérieure, voir les figures 534 et 535 de la planche XXXIV, puis les figures 593 à 596 de la planche XXXVIII.

C^2, le cœur, coupé tout près de la pointe du ventricule. — Les autres lettres comme précédemment.

Fig. 483. — Ici la coupe a effleuré le bord supérieur (*CN*) de ce qu'on peut déjà appeler un large cordon ombilical, c'est-à-dire qu'elle montre la continuité de l'ectoderme et du mésoderme pariétal (parois du tronc) de l'embryon, avec l'amnios (*Am*), comme il est facile de le comprendre par l'inspection des figures 474 à 476 de la planche XXX. Toutes les autres figures de la présente planche montrent les organes contenus dans ce large cordon ombilical, c'est-à-dire les connexions entre l'embryon et ses annexes, et ce n'est que dans la figure 502 de la planche XXXII, que la coupe passe par le bord inférieur de ce cordon. Dans les planches XXXIV (fig. 534 à 541) et XXXV (fig. 543, 546 à 549), on verra ce cordon ombilical moins large, et enfin on le verra se rétrécir de plus en plus dans les figures de la planche XXXVIII.

VOM, veine omphalo-mésentérique ; en comparant la situation de cette veine sur cette coupe, ainsi que sur les figures qui précèdent et celles qui suivent, on la voit décrire un trajet spiroïde autour de la lumière de l'intestin, de telle sorte que, d'abord postérieure (fig. 482), elle passe à gauche (fig. 486) et devient même légèrement antérieure (fig. 487) ; — C^2, pointe du ventricule ; — *IG*, intestin grêle ; — *PPI*, cavité pleuro-péritonéale interne, c'est-à-dire de l'embryon ; — *PPE*, cavité pleuro-péritonéale externe, c'est-à-dire des annexes (voir cette lettre sur la figure suivante) ; — *VJ*, parois de la vésicule ombilicale ; — *ex*, ectoderme ; — *fc*, feuillet fibro-cutané (de l'amnios) ; — *fi*, feuillet fibro-intestinal ; — *in*, entoderme (de la vésicule ombilicale).

Fig. 484. — Coupe au-dessous de la précédente. On a représenté ici une plus grande partie des annexes, c'est-à-dire le chorion (*CO*), l'amnios (*AM*), outre la vésicule ombilicale (*VJ*). Comparer avec les figures de la planche XXV. — Lettres comme ci-dessus.

Fig. 485. — Dans cette coupe, sous-jacente à la précédente, les portions intra et extra-embryonnaires de la cavité pleuro-péritonéale communiquent ensemble (en *PP*) ; les autres lettres comme ci-dessus.

Fig. 486. — Cette coupe, sous-jacente à la précédente, commence à entamer le canal omphalo-mésentérique, c'est-à-dire en effleure la couche mésodermique (*COM*) ; ce n'est qu'à partir de la figure 489 qu'on trouvera ce canal largement ouvert.

Cam, cavité générale de l'amnios ; — *CAM*, portion céphalique de la cavité amniotique.

Fig. 487. — La coupe passe ici par le cul-de-sac inférieur (*CAM*) de la portion céphalique de la cavité amniotique (comparer avec *CamC* dans la fig. 405 de la pl. XXV); dans les figures suivantes ce cul-de-sac va se montrer, sur les coupes, bien séparé de la cavité générale de l'amnios, et donne lieu à une disposition qui pourrait le faire confondre avec l'allantoïde, dont le cul-de-sac supérieur remonte assez haut (voir les figures 490 et 491).

CO, chorion; — *Am*, *Am*, Amnios; — *VJ*, vésicule ombilicale; — *Vva*, veine vitelline antérieure; — *CSW*, canal segmentaire coupé de telle manière qu'il ne présente ici ni ses connexions avec le canal de Wolff (*CW*), ni ses connexions avec le glomérule (*GL*); — *VM*, villosités mésodermiques du mésoderme de la région du canal omphalo-mésentérique (voir les figures 408, 409 de la planche XXV, et 472 à 474 de la planche XXX, et leurs explications.

Fig. 488. — Coupe selon la ligne 488 de la figure 477. Ici commence à apparaître, de chaque côté de l'insertion du mésentère, la glande génitale (*GG*), se présentant comme un épaississement de l'épithélium péritonéal.

VOM, veine omphalo-mésentérique au moment de sa bifurcation; — *CAM*, coupe du cul-de-sac céphalique de la cavité de l'amnios, représenté ici dans toute son étendue transversale; la coupe (voir fig. 477) passe au-dessous de la tête de l'embryon, qu'elle n'entame plus, et c'est pourquoi ce cul-de-sac est ici vide et aplati.

Fig. 489. — Coupe au-dessous de la précédente; elle effleure la continuité de l'entoderme du tube intestinal avec l'entoderme de la vésicule ombilicale (en *COM*), c'est-à-dire le canal omphalo-mésentérique.

Vvp, veines vitellines postérieures, provenant de la bifurcation de la veine omphalo-mésentérique (figure précédente); — *Cam*, cavité générale de l'amnios; — *CAM*, cul-de-sac de la portion céphalique de cette cavité. — Les autres lettres comme précédemment.

Fig. 490. — Coupe selon la ligne 490 de la figure 477.

COM, canal omphalo-mésentérique; — *CO*, chorion.

Fig. 491. — Coupe selon la ligne 491 de la figure 477. On voit que cette coupe est faite à un niveau notablement inférieur à celui de la précédente. C'est pourquoi nous ne voyons plus ici aucune trace du cul-de-sac de la portion céphalique de l'amnios (*CAM*, figure précédente); à la place qu'il occupait, apparaît maintenant la coupe de l'allantoïde, *Al* (voir les remarques à propos de la figure 487).

Aom, artère omphalo-mésentérique se détachant de l'aorte et se divisant en deux branches sur la vésicule ombilicale; — *Vvp*, veines vitellines postérieures. — *GI*, gouttière intestinale, c'est-à-dire région où l'entoderme intestinal et l'entoderme de la vésicule ombilicale se continuent si directement l'un avec l'autre, que l'intestin n'est ici, comme il l'a été primitivement sur toute son étendue, qu'une simple dépression en gouttière du feuillet interne (comparer avec les fig. 412 de la pl. XXV, et d'autre part avec les fig. 546 à 548 de la pl. XXXV).

Fig. 492. — Coupe sous-jacente à la précédente, c'est-à-dire passant par une région déjà plus large de la vésicule allantoïde (*Al*); les autres lettres comme ci-dessus.

Fig. 493. — Coupe selon la ligne 493 de la figure 477.

CO, *CO*, chorion; — *inv*, entoderme vésiculeux; — *in*, entoderme à cellules plates (fusiformes sur la coupe); — *GI*, intestin postérieur à son origine, c'est-à-dire en connexion avec le court canal omphalo-mésentérique, *COM*.

PLANCHE XXXII (FIGURES 494 A 507)

Cette planche fait suite à la précédente, c'est-à-dire qu'elle représente la constitution du même embryon de 96 heures (fin du quatrième jour) dans la partie postérieure de son corps. Toutes les coupes successivement figurées sont à un grossissement de 30 à 40 fois, celles qui intéressent les régions cloacale et caudale étant un peu plus grossies que celles qui portent sur la partie inférieure du tronc.

Fig. 494. — Rappel des contours de l'embryon de 96 heures (voir fig. 122, pl. VIII). Grossissement de 15 fois.

Les lignes 495 à 507 indiquent le niveau et la direction où ont été faites les coupes représentées dans les figures 495 à 507.

Fig. 495. — Coupe transversale, selon la ligne 495 (fig. 494), c'est-à-dire sous-jacente à la coupe représentée dans la figure 493 (planche précédente), et passant par la partie la plus large de la vésicule allantoïde (*Al*). Grossissement de 30 fois.

CO, chorion; — *VJ*, vésicule ombilicale; — *inv*, la partie où son entoderme est vésiculaire; — *in*, son entoderme à cellules plates (fusiformes sur la coupe); — *Al*, allantoïde; — *VM*, villosités de sa couche mésodermique (voir l'explication de la fig. 498); — *IP*, intestin postérieur; — *COM*, canal omphalo-mésentérique; — *Aom*, artère omphalo-mésentérique; — *Vvp*, veine vitelline postérieure; — *Am*, amnios; — *PP*, cavité pleuro-péritonéale; — *GG*, glande génitale; — *CSW*, canal segmentaire du corps de Wolff; — *CW*, canal de Wolff; — *VCP*, veine cardinale postérieure; — *MM*, lame musculaire; — *Ao*, aorte.

Fig. 496. — Coupe au-dessous de la précédente. On voit dès maintenant les canaux segmentaires du corps de Wolff devenir plus nombreux et plus contournés, c'est-à-dire qu'on voit, en dedans du canal de Wolff, la coupe de deux canaux segmentaires (fig. 496 à 501) et que souvent l'un d'entre eux est coupé en deux régions successives, vu sa disposition contournée (fig. 496, 498).

Ch, corde dorsale; — *CM*, moelle épinière; — *GS*, ganglion spinal. — Les autres lettres comme ci-dessus.

Fig. 497. — Coupe selon la ligne 497 de la figure 494. — Ici l'intestin postérieur est devenu libre (*IP*), c'est-à-dire n'est plus rattaché à la vésicule ombilicale (*VJ*). — Lettres comme ci-dessus.

Fig. 498. — Coupe au-dessous de la précédente. Elle commence à entamer la saillie du membre postérieur (comme pour le membre antérieur, sur la fig. 478 de la planche précédente).

x, lieu où les villosités mésodermiques de l'allantoïde se rapprochent de la paroi du corps, et vont se souder avec elle (voir les figures suivantes); — *RS*, racines des nerfs spinaux; — *OAm*, région de l'ombilicamniotique (comparer avec les fig. 433 à 435 de la pl. XXVII); — *PPE*, portion extra-embryonnaire de la cavité pleuro-péritonéale, communiquant encore complètement avec la portion intra-embryonnaire (comparer avec les figures suivantes). — Les autres lettres comme ci-dessus.

Fig. 499. — Coupe selon la ligne 49 de la figure 494.

MP, membre postérieur; — *PPI*, portion intra-embryonnaire de la cavité pleuro-péritonéale; — *PPE*, sa portion extra-embryonnaire; — *PAl*, pédicule de l'allantoïde, soudé à gauche (en *x*), avec la paroi du corps de l'embryon; — *VOB*, réseaux vasculaires de la paroi du corps et du pédicule de l'allantoïde, aux dépens desquels va se développer le tronc de la veine ombiliale (voir les pl. XXXIV et XXXV).

Fig. 500. — Coupe selon la ligne 500 de la figure 494, c'est-à-dire passant par la partie la plus saillante de la palette qui représente alors le membre postérieur (*MP*). Grossissement de 35 fois.

Ici la coupe entame l'allantoïde en deux régions distinctes : d'une part le cul-de-sac inférieur de la vésicule allantoïde (*Al*), et d'autre part le pédicule de l'allantoïde (*PAl*), c'est-à-dire l'ouraque. Sur les coupes suivantes la vésicule allantoïde proprement dite va successivement disparaître, tandis que son pédicule sera définitivement compris dans la paroi antérieure du corps, et descendra jusqu'au cloaque.

CO, chorion; — *inv*, entoderme vésiculeux de la vésicule ombilicale (*VJ*); — *Am*, amnios; — *Cam*, cavité de l'amnios.

Fig. 501. — Coupe au-dessous de la précédente. Elle entame l'extrémité libre de la queue (*MC*, moelle épinière caudale) et la gaine amniotique de la queue (*Cac*, cavité amniotique caudale); comparer avec les figures 388 et 389 de la planche XXIII, ainsi qu'avec les figures 424 (pl. XXVI) et 438 (pl. XXVII), et voir les explications de ces figures.

PPE, portion extra-embryonnaire de la cavité pleuro-péritonéale, n'ayant plus, sur les coupes faites à ce niveau, aucune communication avec la portion intra-embryonnaire; — *IP*, intestin postérieur. — Les autres lettres comme ci-dessus.

Fig. 502. — Coupe selon la ligne 502 de la figure 494. Ici la gaine amniotique de la queue (*Cac*) montre déjà, au moins d'un côté (à gauche, c'est-à-dire à la partie inférieure de la figure), sa communication avec la cavité générale de l'amnios (*CAm*), au niveau de la dépression sous-caudale (*SC*) ; pour l'intelligence de ces parties, comparer avec les figures 424 (pl. XXVI) et 438, 439 (pl. XXVII). — Lettres comme ci-dessus. Grossissement de 40 fois.

Fig. 503. — Coupe sous-jacente à la précédente ; elle effleure la région cloacale, et par suite nous montre déjà la portion cloacale (*CL*) du pédicule de l'allantoïde, et l'épaississement ectodermique (*ECL*) qui correspond à la région cloacale (comparer avec les figures sus-indiquées des planches XXVI et XXVII et avec la figure 476 de la planche XXX).

IP, intestin postérieur. — Les autres lettres comme ci-dessus. Grossissement de 40 fois, ainsi que pour les planches suivantes.

Fig. 504. — Coupe selon la ligne 504 de la figure 494. Ici la coupe porte en plein sur le cloaque *CL*, qui, vu la courbure de cette région de l'embryon, ne se présente pas, sur cette coupe, en connexion avec l'intestin postérieur; c'est seulement sur les deux suivantes que va apparaître cette connexion.

CW, canal de Wolff; il est large, et va cesser d'être accompagné de canaux segmentaires, c'est-à-dire que nous arrivons ici sur son extrémité inférieure; comparer avec la figure 439 de la planche XXVII.

Fig. 505. — Coupe immédiatement sous-jacente à la précédente.

IP, intestin postérieur se dirigeant vers le cloaque (*CL*); — *AO*, artères ombilicales; dans un état plus primitif, ces vaisseaux ont été représentés dans les figures 372 (pl. XXIII) et 436 (pl. XXVII).

Fig. 506. — Coupe sous-jacente à la précédente; dans le cloaque on voit, en *CW*, l'embouchure du canal de Wolf droit; vu la courbure de cette région de l'embryon, on voit encore l'autre partie de ce canal se présentant sur les côtés de la paroi abdominale postérieure, c'est-à-dire que le canal de Wolf décrit une anse à concavité supérieure, et que les deux branches de cette anse ont été entamées indépendamment l'une de l'autre, par la coupe. Comparer avec la figure 440 de la planche XXVII.

Fig. 507. — Coupe selon la ligne 507 de la figure 494. Ici le canal de Wolf du côté droit (moitié supérieure de la figure) est encore coupé dans les deux branches de l'anse qu'il décrit; mais à gauche (moitié inférieure de la figure) on le poursuit dans toute son étendue jusqu'au cloaque.

PV, prévertèbre; — *MM*, lame musculaire; — *IP*, intestin postérieur.

PLANCHE XXXIII (FIGURES 508 A 521)

Cette planche représente la constitution des régions de la tête et du cou (vésicules cérébrales, organes des sens, arcs branchiaux) chez l'embryon à la fin du cinquième jour de l'incubation.

Fig. 508. — Rappel des contours de l'embryon vers la fin du 5e jour (voir la fig. 135 de la planche IX). Grossissement de 11 diamètres.

Les lignes 509 à 521 indiquent le niveau et la direction des coupes représentées dans les figures 509 à 521. Sur ces coupes, la partie gauche de l'embryon (inférieure de la figure) a été chaque fois entamée à un niveau un peu supérieur à celui de la partie droite (supérieure de la figure), de sorte que ces coupes ne sont pas absolument symétriques, et que chaque figure, au point de vue de l'étude de la constitution de l'embryon, a la valeur de deux figures, la moitié supérieure représentant les mêmes parties que la moitié inférieure, mais à un niveau plus bas (voir par exemple comment apparait le cristallin d'abord de l'œil droit, fig. 514, puis dans l'œil gauche, fig. 517).

Fig. 509. — Coupe selon la ligne 509 de la figure 508. Grossissement de 25 fois, ainsi que pour toutes les figures suivantes.

Cette coupe passe par la 3e vésicule cérébrale (V_3), c'est-à-dire par le bulbe, et à l'autre extrémité, par la seconde vésicule cérébrale (V_2), c'est-à-dire par la vésicule des tubercules bijumeaux. Les parois de ces vésicules cérébrales commencent à se différencier nettement en épithélium épendymaire, substance grise et substance blanche (*SB*).

VA, vésicule auditive (oreille interne), commençant à se diviser en diverses parties qu'on trouvera plus distinctes sur la figure 577 de la planche XXXVI; — *MN*, couche mésodermique, très vasculaire, qui commence à se différencier du reste du mésoderme pour former les enveloppes cérébrales (la pie-mère) (comparer cette figure et la suivante avec la fig. 464 de la pl. XXIX).

Fig. 510. — Ici le bulbe est atteint dans son plancher, c'est-à-dire qu'ici ses parois sont épaisses et montrent l'origine du nerf facial (*FA*), du ganglion de l'acoustique (*G*8), du ganglion du trijumeau (*G*5). — Comparer d'une part avec la figure 397 de la planche XXIV et avec les figures 446 à 449 de la planche XXVIII, et d'autre part avec les figures 574 à 577 de la planche XXXVI.

N, *N*, racines nerveuses correspondant aux derniers nerfs bulbaires; — *MM*, segments musculaires.

Fig. 511. — La coupe passe au-dessous du bulbe, dont elle effleure seulement la partie médiane (V_3). La corde dorsale se trouve coupée en trois endroits, c'est-à-dire d'abord en arrière au niveau de la moelle épinière (*CM*), puis au-dessous et en avant du bulbe, puis, plus en avant, au niveau de la base du crâne, où elle décrit le crochet correspondant à l'hypophyse. On comprendra facilement ces multiples sections de la corde dorsale en considérant la figure 543 de la planche XXXV.

V_2V_2, parties saillantes antérieures, à moitié libres, de la vésicule des tubercules bijumeaux; — *NM*, origine du nerf moteur oculaire commun; — *VO*, vésicule optique; — *G*5, ganglion de Gasser; — *NMI*, nerf maxillaire inférieur (pour comprendre la différence entre les deux moitiés de la figure, voir la remarque générale faite ci-dessus à la fin de l'explication de la fig. 508); — fb^1, première fente branchiale.

Fig. 512. — Coupe selon la ligne 512 de la figure 508; cette coupe passe au-dessous de l'oreille interne, qu'elle n'intéresse plus, mais elle commence à porter sur la base de la série des arcs branchiaux.

MS, maxillaire supérieur; — AB_1, premier arc branchial, ou maxillaire inférieur; — AB_2, second arc branchial; — fb^1, fb^2, première et seconde fente branchiale; — V_1, première vésicule cérébrale (vésicule des couches optiques); — *NW*, nerf ophtalmique de Willis; — *NMS*, nerf maxillaire supérieur; — *NMI*, nerf maxillaire inférieur; — *Ph*, pharynx, ou plus exactement région intermédiaire au pharynx et à la cavité buccale proprement dite; — *Hp*, hypophyse; — *FA*, nerf facial. — Comparer cette figure et les suivantes avec les figures de la planche XXVIII, d'une part, et d'autre part avec les figures de la planche XXXVI.

Fig. 513. — Coupe selon la ligne 513 de la figure 508.

Ao, aorte (comparer avec la fig. 446 de la pl. XXVIII); — *Ph*, pharynx; — *FB*, fosse buccale; — *Hp*, le diverticule hypophysaire en communication avec la fosse buccale (comparer avec la fig. 451 de la pl. XXVIII, et la fig. 572 de la pl. XXXVI). — Les autres lettres comme ci-dessus.

Fig. 514. — Coupe selon la ligne 514 de la figure 508.

VCA, veine cardinale antérieure; — *Ao*, aorte; — *AAO*, arc aortique; — *VO*, vésicule oculaire secondaire, dont le feuillet interne forme la rétine (*RT*) et le feuillet externe le pigment choroïdien (*PI*); — *SB*, substance blanche nerveuse; — *CR*, cristallin.

Fig. 515. — Coupe selon la ligne 515 de la figure 508.

Th, glande thyroïde (comparer avec les fig. 395 et 399 de la pl. XXIV); — *NS*, cordon cervical du sympathique; — *NO*, partie périphérique du pédicule de la vésicule oculaire ou nerf optique embryonnaire; on voit successivement, sur les figures suivantes, les autres parties du nerf optique (comparer avec les fig. 454, 465 et 466 de la pl. XXIX). — Les autres lettres comme ci-dessus.

Fig. 516. — Coupe selon la ligne 516 de la figure 508.

GP, glande pinéale (comparer avec la fig. 543 de la pl. XXXV). — Les autres lettres comme ci-dessus.

Fig. 517. — Coupe selon la ligne 517 de la figure 508.

fb^4, quatrième fente branchiale; — *VH*, vésicule de l'hémisphère droit; — *CR*, cristallin de l'œil gauche.

Fig. 518. — Ici la coupe ne fait plus qu'effleurer l'extrémité antérieure du maxillaire supérieur (*MS*) qui va disparaître sur les coupes suivantes; par contre apparaît le bourgeon nasal externe (*NE*); voir à cet effet la figure 139 de la planche IX, et comparer avec les figures 568 à 572 de la planche XXXVI, où la succession de ces parties (*MS* et *NE*) a lieu en sens inverse, vu l'orientation différente des coupes.

IA, intestin antérieur avec l'origine de la trachée (*BP*, bourgeon pulmonaire; comparer avec les figures 449 et 450 de la planche XXVIII).

AB_2, second arc branchial, du côté gauche, effleuré par la coupe au niveau de son extrémité antérieure (il a disparu sur la moitié droite de la coupe); — *AAO*, *AAO*, arcs aortiques rayonnant de l'extrémité supérieure du bulbe aortique (comparer avec la fig. 449 de la pl. XXVIII); — *VH*, *VH*, les deux vésicules des hémisphères ; la vésicule droite est coupée au niveau de sa connexion avec la vésicule des couches optiques (V_1) ; comparer avec la fig. 466 de la pl. XXIX).

Fig. 519. — Coupe au niveau de la ligne 519 de la figure 508; on n'a représenté ici, comme dans la figure suivante, que la partie de la coupe qui intéresse la tête, et non le tronc (lequel reparaît seulement dans la figure 521).

FO, fossette olfactive limitée par les bourgeons nasaux interne (*NI*) et externe (*NE*); voir à cet effet les figures de la planche IX, et comparer avec les figures 567 à 569 de la planche XXXVI ; — *VH*, vésicule d'hémisphère cérébral.

Fig. 520. — Coupe selon la ligne 520 de la figure 508; mêmes remarques que pour la figure précédente.

N, nerf olfactif (déjà visible sur la partie droite de la figure précédente, en connexion avec l'épithélium de la fossette olfactive); — *VH*, vésicules des hémisphères, communiquant largement (comparer d'une part avec la fig. 468 de la pl. XXX, et d'autre part avec la fig. 562 de la pl. XXXVI).

Fig. 521. — Coupe selon la ligne 521 de la figure 508. On a représenté et la tête et le tronc.

GS, ganglion spinal; — *MM*, segment musculaire; — *IA*, intestin antérieur; — *BP*, trachée (pédicule des bourgeons pulmonaires ou bronchiques; voir d'une part la fig. 450 de la pl. XXVIII, et d'autre part la pl. suivante); — C^1, bulbe aortique ; — C^3, C^3, le sommet des deux oreillettes ; — *MN*, cloison des méninges (pie-mère) entre les deux hémisphères cérébraux; — *N*, nerf olfactif.

PLANCHE XXXIV (FIGURES 522 A 541)

Cette planche représente la constitution de la moitié supérieure du tronc chez l'embryon âgé de 5 jours et demi (milieu du 6e jour de l'incubation).

Fig. 522. — Rappel des contours extérieurs du poulet âgé de 5 jours et demi. C'est un embryon à peu près identique à celui qui est représenté dans la figure 138 de la planche IX. Grossissement de 7 diamètres. — 524, 525, lignes indiquant les limites de la portion dont les coupes ont été figurées dans la présente planche et dans la suivante.

Fig. 523. — Même embryon, sur lequel la paroi antérieure et latérale du tronc a été enlevée, pour montrer la disposition des viscères, déjà susceptibles d'être examinés, à cet âge, par la simple dissection. Pour l'explication des organes, dont les contours et la place sont seulement indiqués ici, voir les figures 617 à 619 et 620 à 621 de la planche XXXIX. En effet ce poulet (fig. 523) est intermédiaire (5 jours et demi) à celui de la figure 617 (5 jours) et à celui de la figure 620 (6 jours).

Les lignes 524 à 541 indiquent le niveau et la direction selon lesquels ont été faites les coupes représentées dans les figures 524 à 541.

Fig. 524. — Coupe selon la ligne 524 de la figure 523. Grossissement de 19 à 20 fois, ainsi que toutes les figures suivantes.

Cette coupe qui, quoique appartenant à un embryon un peu plus âgé, peut être considérée comme faisant suite à la figure 521 de la planche précédente, passe par le bulbe aortique (C^1) et la partie supérieure des deux oreillettes (*OD*, oreillette droite; *OG*, oreillette gauche).

VCA, veine cardinale antérieure; — *IA*, intestin antérieur (œsophage); — *BP*, trachée élargie transversalement, c'est-à-dire coupée au niveau où elle va se diviser en deux bronches.

Fig. 525. — Coupe au-dessous de la précédente.

SV, sinus veineux, c'est-à-dire portion commune des veines (canaux de Cuvier, tronc de la veine omphalo-mésentérique) qui se jettent dans l'oreillette droite; on retrouve ce sinus veineux jusque dans la figure 529, où il reçoit le canal de Cuvier du côté gauche ; voir aussi la figure 543 de la planche suivante; — *BP*, bourgeons pulmonaires, c'est-à-dire bourgeons bronchiques; — *VCA*, veine cardinale antérieure; — *Ao*, aorte; — *Ch*, corde dorsale ; — *GS*, ganglion spinal; — *MM*, lame musculaire.

Fig. 526. — Coupe selon la ligne 526 de la figure 523.

NS, cordon du sympathique cervical; — *CC*, canal

de Cuvier (du côté droit) se jetant dans le sinus veineux (*SV*) de l'oreillette droite (*OD*); — *VP*, veines pulmonaires (voir la première indication de ces veines sur la fig. 404 de la pl. XXV, les suivre sur la fig. 527, et les revoir sur les figures 584 à 586 de la planche XXXVII).

Fig. 527. — Coupe au-dessous de la précédente.

VCP, veine cardinale postérieure droite; — *VCA*, veine cardinale antérieure gauche. On voit donc qu'ici la coupe intéresse à droite (en haut de la figure) la veine cardinale postérieure (et en effet le canal de Cuvier droit est sur la figure précédente), et à gauche (bas de la figure) la veine cardinale antérieure (et en effet le canal de Cuvier gauche n'apparaîtra que sur la figure suivante); — *RS*, racines des nerfs spinaux. — Les autres lettres comme ci-dessus.

Fig. 528. — Coupe selon la ligne 528 de la figure 523.

CW, extrémité toute supérieure du canal de Wolf; — *CC*, canal de Cuvier gauche (voir la remarque à propos de la figure précédente); — *SV*, sinus veineux, ici isolé, sous forme d'un prolongement de l'oreillette droite (voir la figure précédente); il reçoit la veine ombilicale droite (*VOB*); — C^2, portion ventriculaire du cœur (ventricule droit). — Les autres lettres comme ci-dessus.

Fig. 529. — Coupe au-dessous de la précédente.

A la partie postérieure du sinus nerveux a succédé le tronc de la veine omphalo-mésentérique (*VOM*), déjà entourée de nombreux cordons hépatiques (comparer avec la figure 478 de la planche XXXI); mais le sinus veineux présente encore un prolongement antérieur (*SV*) et gauche pour recevoir le canal de Cuvier gauche (*CC*); — *VOB*, veine ombilicale droite; — *VCP*, veine cardinale postérieure gauche. — Les autres lettres comme ci-dessus.

Fig. 530. — Coupe selon la ligne 530 de la figure 523.

SV, extrémité tout inférieure, en cul-de-sac, du sinus veineux, dont toute trace va définitivement disparaître sur les coupes suivantes; — *VOM*, veine omphalo-mésentérique; — *BP*, bourgeons pulmonaires (voir leur état plus avancé sur les figures de la planche XXXVII).

Fig. 531. — Coupe au-dessous de la précédente.

IA, intestin antérieur se dilatant pour former l'estomac (voir *EG*, figure suivante); — *VOB* (sur le côté gauche, c'est-à-dire à la partie inférieure de la figure), veine ombilicale gauche se jetant dans le réseau vasculaire hépatique de la veine omphalo-mésentérique (comparer avec la figure 478 de la planche XXXI); la veine ombilicale droite (en haut de la figure), dont on a vu l'embouchure dans la figure 528, est maintenant isolée dans la paroi abdominale, comme le sera sur les figures suivantes la veine gauche. — D'autre part on voit, en haut et à gauche, le tronc de la veine omphalo-mésentérique s'étrangler, et présenter deux portions, dont l'une est le tronc même de la veine omphalo-mésentérique (*VOM*) et l'autre est l'arrivée, dans ce tronc, de la veine cave inférieure (*VCI*); voir sur les figures suivantes le tronc isolé de cette veine.

Fig. 532. — Coupe selon la ligne 532 de la figure 523.

EG, dilatation stomacale; — *CP*, début de la cloison péricardique, qui doit séparer la cavité péricardique du reste de la cavité pleuro-péritonéale générale (voir, sur les figures 589 à 593 de la planche XXXVII, l'état plus avancé de cette cloison; on trouvera des explications générales sur cette cloison à propos de la figure 589); — C^2, extrémité inférieure du ventricule du cœur; — *VCP*, veine cardinale postérieure; — *EE*, épaississement de l'épithélium pleuro-péritonéal au niveau du corps de Wolf (voir figure suivante).

Fig. 533. — La région du corps de Wolf de la figure précédente à un grossissement de 90 à 100 fois.

VCP, veine cardinale postérieure; — *CW*, canal de Wolf; — *Gl*, glomérule faisant librement saillie dans la cavité pleuro-péritonéale; *EE*, épaississement de l'épithélium pleuro-péritonéal qui recouvre la partie antéro-externe du corps de Wolff (épithélium germinatif externe, par opposition à l'épithélium germinatif interne de la glande génitale, *GG*, fig. 549, pl. XXXV); cet épaississement épithélial présente déjà une dépression, premier indice de l'invagination par laquelle il va bientôt s'enfoncer dans la saillie du corps de Wolff pour donner naissance au canal de Müller (voir fig. 586, pl. XXXVII, et fig. 624 à 630 pl. XXXIX).

Fig. 534. — Coupe selon la ligne 534 de la figure 523. On voit l'estomac (*EG*) se continuer avec le commencement du duodénum (*AD*, anse duodénale).

VB, les deux canaux hépatiques, sur l'un desquels commence à apparaître la vésicule biliaire (*vb*); pour le trajet des canaux biliaires et de la formation pancréatique sur cette figure et les suivantes, comparer d'une part avec les figures 478 à 482 de la planche XXXI, et d'autre part avec les figures 593 à 596 de la planche XXXVII; — *CN*, cordon ombilical (voir l'explication de la fig. 483 de la pl. XXXI); — *Am*, amnios; — *MA*, membre antérieur; — *VCI*, veine cave inférieure.

Fig. 535. — Coupe au-dessous de la précédente.

Mêmes lettres; de plus: *VJ*, vésicule ombilicale; — *CM*, moelle épinière; — *MM*, lame musculaire; — *CW*, canal de Wolff.

Fig. 536. — Coupe selon la ligne 536 de la figure 523. Ici la vésicule ombilicale est en connexion avec le mésoderme de l'intestin, et l'allantoïde (*Al*) commence à être assez près du cordon ombilical pour devoir être représenté (comparer avec la figure 491, planche XXXI, et voir l'explication de cette figure). La veine omphalo-mésentérique se trouve deux fois, sur la coupe: d'une part avec l'intestin duodénal (*AD*), d'autre part dans la paroi de la vésicule ombilicale, où elle se divise; mais sur les figures 538 et 539, on peut suivre la continuité entre ces deux portions de la veine.

PA, pancréas; — *VCI*, veine cave inférieure; — *EE*, épithélium germinatif externe.

Fig. 537. — La région du corps de Wolff de la figure précédente à un grossissement de 90 à 100 fois.

VCP, veine cardinale postérieure; — *CW*, canal de Wolff, dans lequel vient s'ouvrir un canal segmentaire (*CSW*), lequel forme à son autre extrémité une dilatation qui contient un glomérule (*GL*); — *EE*, épithélium germinatif externe (voir l'explication de la fig. 533); — *Ao*, aorte dont une faible partie est ici représentée (fig. 539). — Comparer avec les figures 626 et 627 de la planche XXXIX.

Fig. 538. — Coupe au-dessous de celle de la figure 536. Mêmes lettres. *SP*, épaississement mésodermique, en arrière du pancréas, représentant la première trace de la rate (voir la fig. 595 de la pl. XXXVII et son explication).

Fig. 539. — La région du corps de Wolff de la figure précédente à un grossissement de 90 à 100 fois; mêmes dispositions que dans la figure 537, mais on voit ici plusieurs canaux segmentaires venir aboutir dans le canal de Wolff ou dans le canal segmentaire principal qui y débouche. Comparer avec la figure 628 de la planche XXXIX. — L'épithélium germinatif externe est localisé tout à fait sur la partie latérale externe de la saillie de Wolff.

Fig. 540. — Coupe au-dessous de celle de la figure 538.

IG, intestin grêle; — *VOM*, veine omphalo-mésentérique allant de l'intestin à la vésicule ombilicale (*VJ*) et s'y divisant en veines vitellines (*Vvl*); — *Al*, allantoïde; — *Am*, amnios. — Les autres lettres comme ci-dessus.

Fig. 541. — Coupe selon la ligne 541 de la figure 523.

COM, indication du canal omphalo-mésentérique (voir les fig. 546 et 547 de la pl. suivante); — *RS*, nerfs spinaux se rendant au membre antérieur; — *Aom*, artère omphalo-mésentérique (voir son origine sur la fig. 546, pl. suivante). — Les autres lettres comme ci-dessus.

PLANCHE XXXV (FIGURES 542 A 557)

Cette planche représente la constitution de la moitié inférieure du tronc chez l'embryon âgé de 5 jours et demi (milieu du 6e jour de l'incubation).

Fig. 542. — Rappel des contours de l'embryon et de ses viscères (voir l'explication de la fig. 523 de la planche précédente); les lignes 546 à 557 indiquent le niveau et la direction des coupes représentées dans les figures 546 à 557. — Grossissement de 7 diamètres.

Fig. 543. — Coupe longitudinale médiane d'un embryon de 5 jours et demi, à un grossissement de 14 fois. Comparer avec la figure 445 de la planche XXVIII.

V_1, vésicule des couches optiques; — *Hp*, hypophyse; — *VH*, vésicule des hémisphères cérébraux; — *GP*, glande pinéale; — V_2, vésicule des tubercules bijumeaux; — *Ch*, corde dorsale (à la partie inférieure de la figure, la ligne *Ch* est trop prolongée et va, par erreur, jusque dans l'aorte); — *Ph*, pharynx; — *BP*, bourgeon pulmonaire (trachée); — *Ao*, aorte; — C^1, bulbe aortique; — C^2 ventricule; — *SV*, sinus veineux (voir l'explication de la fig. 525 de la pl. précédente); — *IG*, intestin grêle; — *VM*, saillie mésodermique répondant à la formation de la cloison péricardique (voir l'explication de la fig. 430, pl. XXVII, ainsi que la fig. 532, pl. XXXIV, et les fig. 589 à 593 de la pl. XXXVII); — *Am*, amnios; — *VJ*, vésicule ombilicale; — *COM*, canal omphalo-mésentérique; — *CL*, cloaque; — *Al*, allantoïde; — *CW*, canal de Wolff; — *CSW*, canaux segmentaires de Wolff; — *Al*, renflement de l'intestin correspondant à la formation des appendices cæcaux (voir les fig. 549 et 550); — *CM*, moelle épinière.

Fig. 544. — Moitié inférieure d'une coupe longitudinale faisant suite à la précédente, mais passant à gauche du plan médian du corps. Ainsi le canal omphalo-mésentérique (*COM*) se montre-t-il ici sur toute son étendue, reliant l'intestin grêle (*IG*) à la vésicule ombilicale (*VJ*).

VOM, veine omphalo-mésentérique; — *Aom*, artère omphalo-mésentérique. — Les autres lettres comme ci-dessus.

Fig. 545. — Coupe longitudinale passant encore plus à gauche du plan médian; aussi la région caudale est à peine effleurée par la coupe, qui entame la paroi latérale gauche du cordon ombilical (*CN*) et non plus le canal omphalo-mésentérique (fig. précédente).

FO, fossette olfactive; — *NM*, nerf moteur oculaire commun (gauche); — *G5*, ganglion du trijumeau; — *G8*, ganglion de l'auditif; — *VA*, oreille interne (vésicule auditive); — C^3, oreillette gauche; — *PC*, cavité péricardique, séparée de la cavité pleuro-péritonéale générale; cette séparation est ici plus avancée que sur la figure 532 de la planche précédente, et correspond déjà à peu près à ce qu'on trouve sur les figures 592 et 593 de la planche XXXVII; — *PPI*, portion intra-embryonnaire de la cavité pleuro-péritonéale générale; —*PPE*, portion extra-embryonnaire de cette cavité (entre l'amnios et la vésicule ombilicale); — *VCA*, veine cardinale antérieure; — *VCP*, veine cardinale postérieure; — *CC*, canal de Cuvier gauche, se jetant dans le sinus veineux (*SV* de la fig. 543); — *MM*, segments musculaires; — *GS*, ganglions spinaux. — Les autres lettres comme pour la figure 543.

Fig. 546. — Coupe selon la ligne 546 de la figure 542; cette coupe fait suite à celle représentée par la dernière figure de la planche précédente; elle est au même grossissement de 19 à 20 fois, ainsi que toutes les figures suivantes.

Ao, aorte, donnant naissance à l'artère omphalo-mésentérique, qui se bifurque en deux branches, dont l'une passe à gauche et l'autre à droite du canal omphalo-mésentérique (*COM*), pour aller se ramifier dans les parois de la vésicule ombilicale (comparer avec la fig. 491 de la pl. XXXI, et d'autre part avec les fig. 602 à 607 de la pl. XXXVIII); — *Al*, allantoïde, et *PAl*, commencement de son pédicule (comparer avec la fig. 499 de la pl. XXXII); — *Am*, amnios; — *VJ*, vésicule ombilicale; — *Vvp*, veines vitellines postérieures; — *VOB*, veines ombilicales; — *VCI*, veine cave inférieure; — *MA*, membre antérieur; il va disparaître sur les coupes suivantes, puis être remplacé par la coupe du membre postérieur (à partir de la fig. 549).

Fig. 547. — Coupe au-dessous de la précédente. Elle entame déjà la queue de l'embryon (*MC*, moelle caudale), et la gaine amniotique (*Cac*) de la queue (comparer avec la fig. 501 de la pl. XXXII et voir l'explication de cette figure).

AL, allantoïde, qui à droite (partie supérieure de la figure) se soude aux parois du corps en *x* (comparer avec la fig. 499, pl. XXXII); — *PAL*, pédicule de l'allantoïde; — *VOB*, *VOB*, veines ombilicales entamées deux fois sur cette coupe, d'une part dans les parois du corps, et d'autre part dans les parois de l'allantoïde; mais sur les figures suivantes on verra, de chaque côté du pédicule de l'allantoïde (*PAl*), la continuité entre ces deux portions des veines ombilicales (comparer du reste avec *VOB* à la partie inférieure ou gauche de la fig. 499 de la pl. XXXII); — *AO*, artère ombilicale; — *Am*, amnios; — *me*, mésentère; — *VCP*, veine cardinale postérieure; — *GS*, ganglion spinal. — Les autres lettres comme ci-dessus.

Fig. 548. — Coupe selon la ligne 548 de la figure 542. Ici la coupe montre le pédicule de l'allantoïde (ouraque, *PAL*) sans connexion avec la vésicule allantoïde (*Al*) proprement dite, qui est coupée au niveau de son cul-de-sac inférieur. Comparer avec les figures 500 à 502 de la planche XXXII, et voir l'explication de ces figures; la queue est coupée en deux points, vu sa forme recourbée en crochet (voir la fig. 442).

VCI, *VCI*, les deux veines du corps de Wolff, qui sont l'origine de la veine cave inférieure; dans la figure 549 on voit ces deux veines s'anastomoser. — Les autres lettres comme ci-dessus.

Fig. 549. — Coupe au-dessous de la précédente.

MP, membre postérieur effleuré par la coupe au niveau de son bord libre (voir comme repère la figure 522 de la planche XXXIV); — *PAL*, ouraque ou pédicule de l'allantoïde dans la paroi antérieure sous-ombilicale du corps; de chaque côté de ce canal on voit les artères ombilicales (*AO*) et les veines ombilicales (*VOB*); — *IG*, partie terminale de l'intestin grêle, présentant un épaississement mésodermique transversal qui prélude à la formation des deux appendices cæcaux (*AC*). Comparer avec l'état plus avancé des figures 608 à 611 de la planche XXXVIII; — *GG*, glande génitale; — *CW*, canal de Wolff recevant des canaux segmentaires; — *Am*, amnios; — *VJ*, vésicule ombilicale.

Fig. 550. — Coupe selon la ligne 550 de la figure 542. — Cette coupe présente l'extrémité toute terminale de la queue (*CD*), et effleure le cloaque (*ECL*) dans la partie ventrale de la base de la queue (comparer avec les fig. 503 et 504 de la pl. XXXII). — Les autres lettres comme ci-dessus.

Fig. 551. — Coupe au-dessous de la précédente.

CL, cloaque; — *ECL*, épaississement ectodermique cloacal; — *IR*, gros intestin; — *me*, mésentère. — Les autres lettres comme ci-dessus.

Fig. 552. — Coupe effleurant la racine des membres postérieurs; ici le mésoderme du gros intestin s'unit en avant à celui du pédicule de l'allantoïde, disposition qui, sur la série des coupes, prélude à l'arrivée de l'intestin dans le cloaque; comparer avec la figure 505 de la planche XXXII.

AO, artère ombilicale dans son trajet de l'aorte vers le pédicule de l'allantoïde. — Le corps de Wolff est coupé obliquement, presque selon sa longueur; de même pour la corde dorsale.

Fig. 553. — Coupe passant en plein par la racine des membres postérieurs.

IR, gros intestin aboutissant au cloaque (*CL*); le cloaque présente de plus l'arrivée de l'extrémité terminale du canal de Wolff (*CW*), lequel est encore atteint par la coupe, dans le corps de Wolff, selon sa direction longitudinale; les coupes suivantes vont montrer la continuité entre ces deux portions du canal de Wolff (comparer avec les fig. 506 et 507 de la pl. XXXII); — *VCP*, veine cardinale postérieure.

Fig. 554. — Coupe selon la ligne 554 de la figure 542.

MM, segments musculaires; — *GS*, ganglion spinal; — *N*, nerfs spinaux (plexus lombaire). — Les autres lettres comme ci-dessus.

Fig. 555. — La région du corps de Wolff droit de la figure précédente à un grossissement de 90 à 100.

EE, épithélium péritonéal recouvrant la face externe (latérale droite) du corps de Wolff; — *VCP*, veine cardinale postérieure; — *CW*, *CW*, canal de Wolff, coupé très obliquement, presque selon sa direction longitudinale. — En dedans du canal de Wolff, on voit une série de canaux segmentaires (*CSW*) dont quelques-uns sont coupés au niveau de leur embouchure dans le canal de Wolff; — *PP*, *PP*, cavité pleuro-péritonéale, de chaque côté du mésentère (*me*).

Fig. 556. — Coupe au-dessous de celle de la figure 554. Ici l'intestin a disparu de la coupe, qui passe au-dessous (en arrière de lui); il n'est plus représenté que par son mésentère (*me*; comparer avec la figure 555); le canal de Wolff est sectionné parallèlement à son axe, dans la région qui établit l'union entre ses deux portions de la figure 554. — Les autres lettres comme ci-dessus.

Fig. 557. — La coupe, selon la ligne 557 de la figure 542, porte en arrière (au-dessous, vu la courbure de cette partie de l'embryon) du mésentère et intéresse longitudinalement l'aorte, de laquelle se détachent les artères ombilicales (*AO*); il est donc facile, en revenant aux figures précédentes, de suivre le trajet de ces artères.

MP, partie toute postérieure de la racine des membres postérieurs; — *Ch*, corde dorsale; — *CM*, moelle épinière; — *MM*, segments musculaires; — *N*, troncs nerveux.

PLANCHE XXXVI (FIGURES 558 A 577)

Cette planche représente la constitution de la tête chez l'embryon à la fin du 6ᵉ jour de l'incubation.

Fig. 558. — Rappel des contours du corps de l'embryon à la fin du 6ᵉ jour de l'incubation (voir la fig. 142 de la pl. IX, et la fig. 144 de la pl. X). Grossissement de 6 à 7 fois. Les lignes 560 à 577 indiquent le niveau et la direction des coupes représentées dans les figures 560 à 577.

Fig. 559. — Pour l'intelligence des coupes qui vont suivre, cette figure reproduit, dans une vue de face (voir fig. 145, pl. X), le contour extérieur de la tête, et le contour des vésicules cérébrales et oculaires (vues par transparence) sur ce même embryon âgé de 6 jours. Grossissement de 8 fois. On comparera également, pour l'intelligence des coupes, avec les figures 147 à 149 de la planche X, où la région faciale et les arcs branchiaux de cette même tête sont représentés de face, de trois quarts et de profil.

Fig. 560. — Coupe selon la ligne 560 de la

figure 558. Grossissement de 15 fois, comme pour toutes les figures suivantes.

VH, *VH*, vésicules des hémisphères; — *x*, pli formé par la paroi interne, relativement mince, des hémisphères; ce pli est l'homologue de la dépression qui correspond à la formation des plexus choroïdes chez les mammifères (1); — *MN*, cloison mésodermique méningienne; — V_1, vésicule des couches optiques; — *GP*, glande pinéale. — Comparer avec la figure 517 de la planche XXXIII.

Fig. 561. — Coupe selon la ligne 561 de la figure 558.

V_2, vésicule des tubercules bijumeaux. — Les autres lettres comme ci-dessus.

Fig. 562. — Coupe selon la ligne 562, figure 558; ici on voit la communication des vésicules des hémisphères (*VH*) avec la vésicule des couches optiques (V_1).

Fig. 563. — Ici on voit la continuité entre la vésicule des tubercules bijumeaux (V_2), celle des couches optiques, et les hémisphères (*VH*); comparer cette coupe avec la figure 559. Les vésicules des hémisphères (*VH*) sont atteintes près de leur partie inférieure, qui est en même temps antérieure (voir fig. 558); cette base des vésicules des hémisphères présente déjà de puissantes couches de substance blanche, soit périphérique, soit interposée à la substance grise (voir en SB).

N, le nerf olfactif.

Fig. 564. — Coupe selon la ligne 564 de la figure 558.

VO, l'œil, avec la rétine (*RT*) et la couche de pigment choroïdien (*Pl*); comparer avec les figures de la planche XXXIII; — *NW*, nerf ophtalmique de Willis; sur le côté droit de l'embryon (moitié gauche de la figure) ce nerf est représenté par son rameau nasal); — *N*, nerf olfactif.

Fig. 565. — Coupe intermédiaire aux figures 564 et 566.

FO, extrémité supérieure de la fosse olfactive gauche (voir les figures suivantes). — Les autres lettres comme ci-dessus.

Fig. 566. — Coupe selon la ligne 566 de la figure 558. Les hémisphères cérébraux ont disparu de la coupe, qui passe au-dessous de leur base.

(1) Voir : Mathias Duval, *La Corne d'Ammon, morphologie et embryologie* (*Archives de neurologie*, 1881-182; n°s 6 et 7).

CR, cristallin de l'œil gauche (la coupe, ici comme dans les figures suivantes, passe à gauche toujours un peu plus profondément qu'à droite; voir à cet égard les remarques faites à l'explication de la figure 508 de la planche XXXIII).

Fig. 567. — Coupe selon la ligne 567 de la figure 558.

FO, fosse olfactive; sur la moitié gauche de l'embryon (côté droit de la figure) cette fosse communique déjà avec l'extérieur, et est limitée par les bourgeons nasaux interne (*NI*) et externe (*NE*); comparer avec les figures 147 à 149 de la planche X, et avec la figure 519 de la planche XXXIII; — V_1, base ou extrémité inférieure de la vésicule des couches optiques; — *SB*, substance blanche à la base de la vésicule des tubercules bijumeaux; — les autres lettres comme ci-dessus.

Fig. 568. — Coupe succédant presque immédiatement à la précédente. On voit, en *NM*, le noyau du moteur oculaire commun, à la base de la vésicule des tubercules bijumeaux (V_2); comparer avec *NM* sur la figure 545 de la planche XXXV.

MN, mésoderme s'organisant en méninges très vasculaires (pie-mère) autour des centres nerveux; — *NO*, nerf optique se détachant de la base de la vésicule des couches optiques (V_1); comparer avec la figure 517 de la planche XXXIII.

Fig. 569. — Coupe succédant presque immédiatement à la précédente.

NM, tronc du nerf moteur oculaire commun; — *NW*, nerf ophtalmique de Willis; — *mo*, muscles du globe oculaire; — *NO*, nerf optique; — *BF*, l'ensemble du bourgeon frontal.

Fig. 570. — Coupe selon la ligne 570 de la figure 558. Ici on voit, en V_3, la région où la base de la seconde vésicule cérébrale (V_2, voir figure précédente) se continue avec la troisième vésicule ou vésicule du bulbe (V_3). Voir les figures 543 et 545 de la planche XXXV.

Hp, extrémité de l'invagination ectodermique hypophysaire; — V_1, extrémité tout inférieure de la vésicule des couches optiques en avant (en bas sur la figure) de laquelle se forme le chiasma des nerfs optiques; — *NE*, bourgeon nasal externe droit; sur le côté gauche de l'embryon (moitié droite de la figure) ce bourgeon nasal externe a disparu, et à sa place apparaît l'extrémité antérieure du bourgeon maxillaire supérieur (*MS*), disposition facile à comprendre en comparant avec les figures 147 à 149 de la planche X; — *BF*, le reste du bourgeon frontal surplombant la fosse buccale, et près de disparaître (voir les coupes suivantes, et comparer, comme ci-dessus, avec les figures de la planche X, notamment la figure 147).

Fig. 571. — Coupe succédant à la précédente. C'est maintenant seulement que, sur la série de coupes ainsi ordonnées (fig. 558), commence à apparaître la corde dorsale, comme on le comprendra en comparant avec la figure 543 de la planche XXXV.

Hp, prolongement hypophysaire ectodermique en contact avec l'extrémité de la corde dorsale (*Ch*); — V_1, dernier vestige de la base de la vésicule des couches optiques; — *mo*, muscles oculaires; — *MS*, maxillaire supérieur; — *BF*, extrémité du bourgeon frontal; — V_3, bulbe.

Fig. 572. — Coupe selon la ligne 572 de la figure 558. On voit ici le mésoderme formant (en *MN*) une cloison méningienne entre la troisième vésicule cérébrale (V_3) et l'extrémité postérieure des tubercules bijumeaux (V_2).

SB, substance blanche du bulbe; — *MS*, maxillaire supérieur; — *Hp*, hypophyse.

Fig. 573. — Coupe succédant à la précédente; ici commence à apparaître le premier arc branchial (AB_1) ou maxillaire inférieur, et on voit encore l'hypophyse (*Hp*); à tous ces égards comparer avec la figure 513 de la planche XXXIII.

G5, ganglion de Gasser (comparer avec la figure 545 de la planche XXXV); — l'œil gauche (à droite sur la figure) est à peine effleuré par la coupe.

Fig. 574. — Du plan de la coupe ont disparu et les vésicules oculaires et les tubercules bijumeaux (V_2 sur les figures précédentes); V_3, région antérieure du bulbe (en réalité région de la protubérance qui se développe aux dépens de la partie antérieure de la troisième vésicule cérébrale, voir la fig. 146 de la pl. X).

G5, ganglion de Gasser, sur la racine sensitive du trijumeau; on voit en dedans la racine motrice; — *MS*, base du maxillaire supérieur; — AB_1, maxillaire inférieur (premier arc branchial).

Fig. 575. — Coupe selon la ligne 575 de la figure 558.

NMI, nerf maxillaire inférieur; — AB_1, arc maxillaire inférieur.

Fig. 576. — Coupe passant par le bulbe proprement dit, au niveau du ganglion de l'acoustique (*G8*, voir la fig. 545 de la pl. XXXV).

fb^1, région de la première fente branchiale, entre les deux premiers arcs branchiaux coupés au niveau de leur base (AB_1 et AB_2); — *Ch*, corde dorsale.

Fig. 577. — Coupe selon la ligne 577 de la figure 558, c'est-à-dire passant par la partie antérieure de la jonction du cou (arcs branchiaux, AB_2, AB_3) avec le tronc; on voit ici la vésicule auditive (*VA*) qui commence à se diviser pour former l'aqueduc du vestibule (*RV*, *recessus vestibuli*) et le canal demi-circulaire horizontal (*HB*).

G8, ganglion acoustique avec les fibres du nerf depuis le bulbe jusqu'à l'oreille interne (à droite de la figure; à gauche on voit de plus la section du nerf facial); — *Cc*, portion cochléenne de l'oreille interne; — fb^1, première fente branchiale; — AB_2, AB_3, second et troisième arcs branchiaux; — C^1, bulbe aortique; — C^2, oreillettes; — *PC*, cavité péricardique. — Pour ces parties cardiaques comparer et voir la suite sur la première figure de la planche suivante.

PLANCHE XXXVII (FIGURES 578 A 596)

Cette planche représente la constitution de la moitié supérieure du tronc de l'embryon âgé de 6 jours et quelques heures (commencement du 7e jour de l'incubation).

Fig. 578. — Rappel des contours de l'embryon au commencement du 7e jour de l'incubation (voir les fig. 144 et 150 de la pl. X, le présent embryon étant intermédiaire entre ceux de ces figures). Grossissement d'environ 3 fois et demie. Les lignes 580 et 582 limitent l'étendue sur laquelle portent des coupes représentées dans les figures 580 à 582.

Fig. 579. — Rappel des contours du corps et des contours des viscères d'un embryon au début du 7e jour. L'état des viscères est ici intermédiaire aux stades représentés d'une part dans la fig. 621 de la planche XXXIX, et d'autre part dans la figure 623 de la même planche. Pour l'explication des organes, dont les contours et la place sont seulement indiqués ici, voir l'explication des figures 621 et 623, planche XXXIX. Grossissement de 7 fois.

Les lignes 583 à 596 indiquent le niveau et la direction des coupes représentées dans les figures 583 à 596.

Fig. 580. — Coupe longitudinale selon la ligne 580 de la figure 578. Grossissement de 18 à 20 fois, ainsi que pour les deux figures suivantes.

V_3, le bulbe; — *SB*, sa substance blanche; — *MM*, segments musculaires; — *Ch*, corde dorsale; — *Ao*, aorte; — *VCP*, veines cardinales postérieures; — *IA*, intestin antérieur; — *BP*, bourgeons pulmonaires ou bronchiques; — *EG*, gésier; — *CW*, canal de Wolff; — *N*, nerfs rachidiens; — *GS*, ganglions spinaux; — *CM*, moelle épinière (région dorso-lombaire); — *MA*, membre antérieur.

Fig. 581. — Coupe intermédiaire aux lignes 580 et 582 de la figure 578.

AAO, deux arcs aortiques confluents (figure précédente) pour former l'aorte; — *VCA*, veine cardinale antérieure; — *BP*, bourgeon pulmonaire (trachée, comparer avec la figure 521 de la planche XXXIII); — *Nm*, nerfs mixtes (pneumo-gastrique; voir leur origine bulbaire sur la figure suivante); — *PC*, cavité péricardique; — *OD*, oreillette droite; — *OG*, oreillette gauche; — *CC*, canal de Cuvier gauche; — *SV*, sinus veineux, recevant le tronc de la veine omphalo-mésentérique (*VOM*) (comparer avec la figure 543 de la planche XXXV); — *FG*, lobe gauche du foie; — *CH*, cordons hépatiques; — *EG*, gésier; — *VCI*, veine cave inférieure se jetant dans l'omphalo-mésentérique en arrière du foie (voir la fig. 591 de la présente planche); — *SP*, rate (fig. 595). — Les autres lettres comme ci-dessus.

Fig. 582. — Coupe selon la ligne 582 de la figure 578.

Ph, pharynx, avec restes de la troisième fente branchiale (*fb^3*) et de la quatrième (*fb^4*); — *AAO*, arcs aortiques; — *SV* (lettre oubliée à la gravure, mais facile à placer au dessous de *OG*), prolongement du sinus veineux à gauche; pour l'intelligence de ce détail, voir l'explication des figures 529 et 530 de la pl. XXXIV et comparer avec les figures 586 à 588 de la présente planche; — *Aom*, origine de l'artère omphalo-mésentérique (voir fig. 595); — *PA*, pancréas. — Les autres lettres comme ci-dessus.

La suite de ces coupes longitudinales est donnée dans les figures 599 à 601 de la planche suivante, où elles sont mieux placées pour se trouver en rapport avec les coupes transversales correspondantes.

Fig. 583. — Coupe transversale selon la ligne 583 de la figure 579. Grossissement de 20 à 22 fois.

CM, moelle épinière (région cervicale inférieure); — *MM*, segment musculaire; — *GS*, ganglion spinal; — *Ch*, corde dorsale; — *MA*, racine du membre antérieur gauche (en bas de la figure; pour ce fait que la partie inférieure de ces figures représente la moitié gauche du tronc, et la partie supérieure la moitié droite, voir les explications données dans l'*introduction*, page 7, figure 3); — *Ao*, aorte; — *VCP*, veine cardinale postérieure droite; la veine cardinale antérieure droite se jetait à un niveau supérieur dans le canal de Cuvier; — *VCA*, veine cardinale antérieure gauche se jetant dans le canal de Cuvier (*CC*); pour comprendre qu'en effet les deux veines cardinales antérieures se jettent à des niveaux différents (la droite plus haut que la gauche) dans le canal de Cuvier correspondant, voir les figures 525 à 528 de la planche XXXIV, et comparer spécialement la présente figure avec la figure 527; — *IA*, intestin antérieur (œsophage); — *BP*, bourgeons bronchiques (voir les premières figures de la pl. XXXIV); — *OD* et *OG*, extrémités supérieures des oreillettes droite et gauche (comparer avec la fig. 521 de la pl. XXXIII); — *C^1*, le bulbe aortique (voir fig. 577 de la planche précédente); — *PC*, cavité péricardique.

Fig. 584. — Coupe au-dessous de la précédente. On y voit l'extrémité supérieure du canal de Wolff (*CW*); mais tandis que dans la figure précédente on voyait un gros glomérule faire saillie librement dans la cavité péritonéale (comparer avec la fig. 531, pl. XXXIV), on voit ici un glomérule (*Gl*) dans la cavité d'un canal segmentaire, dont la connexion avec le canal de Wolff est représentée dans la figure précédente.

VCP, *VCP*, veines cardinales postérieures droite et gauche (voir la remarque à propos de la figure précédente); — *SV*, sinus veineux (voir les figures 526, 527 de la planche XXXIV et leur explication); — *VP*, *VP*, veines pulmonaires (même remarque).

Fig. 585. — Coupe selon la ligne 585 de la figure 579.

BP, bourgeons bronchiques subdivisés; — *EE*, épithélium germinatif externe aux dépens duquel se formera, à ce niveau, le pavillon du canal de Muller (pavillon tubaire, voir la figure suivante). — Les autres lettres comme ci-dessus.

Fig. 586. — Coupe au-dessous de la précédente.

BP, l'un des bourgeons bronchiques (le postérieur) de la figure précédente se subdivisant à son tour; — *SV*, *SV*, les extrémités droite et gauche du sinus veineux; comparer avec les figures suivantes, et, pour comprendre l'extension transversale de ce sinus, voir l'explication des figures 529 et 530 de la planche XXXIV, ainsi que la figure 582 de la présente planche; on voit qu'à ce niveau, base des oreillettes, la cloison interauriculaire (entre *OD* et *OG*) est complète, tandis qu'elle ne l'était pas encore sur les figures précédentes, c'est-à-dire sur les coupes moins près de la région auriculo-ventriculaire; — *EE*, épithélium germinatif externe, avec indication de la formation du canal de Muller (voir fig. 533, pl. XXXIV et fig. 624 à 630, pl. XXXIX).

Fig. 587. — Coupe au-dessous de la précédente. Ici commence à apparaître la partie toute supérieure du ventricule gauche (*VG*) à côté duquel est un cul-de-sac formé par l'oreillette (*GO*). — Les autres lettres comme ci-dessus.

Fig. 588. — Coupe selon la ligne 588 de la figure 579. — Le tronc de la veine omphalo-mésentérique (*VOM*) succède ici à la partie droite du sinus veineux; ce tronc est entouré de cordons hépatiques (comparer avec la figure 529 de la pl. XXXIV). A gauche (partie inférieure de la figure), au milieu des cordons hépatiques, sont des vaisseaux (*VOB*) provenant de la veine ombilicale (voir *VOB* dans la fig. suivante, et comparer avec les fig. 530 et 531 de la pl. XXXIV).

SV, extrémité gauche, en cul-de-sac, du sinus veineux; ce cul-de-sac se retrouve encore dans la figure suivante, où il ne faut pas le confondre avec la veine ombilicale (la suivre de la fig. 589 à la fig. 590).

Fig. 589. — Coupe au-dessous de la précédente.

EG, gésier; — *VD*, ventricule droit; — *VG*, ventricule gauche du cœur; la cloison interventriculaire est complète, ainsi que sur les figures suivantes (comparer avec la fig. 530 de la planche XXXIV); — *CP*, cloison séparant la cavité péricardique d'avec la cavité pleuro-péritonéale générale; sur la figure 532 de la planche XXXIV (et sur celles qui la précèdent) on a vu l'apparition de cette cloison, se formant par deux replis saillants, l'un gauche, l'autre droit, ayant chacun comme origine supérieure une adhérence du foie à la paroi du corps (fig. 530, pl. XXXIV), et allant chacun se perdre, en s'atténuant, sous forme d'une crête de la surface péritonéale de la paroi du corps, entre le cœur et le foie; à l'origine de ce repli saillant se trouvait la veine ombilicale (fig. 531); on voit ces mêmes dispositions, mais plus accentuées, depuis la figure 588 jusqu'à la figure 593; on voit que ces replis arrivent à se rejoindre sur la ligne médiane (fig. 592), que chacun d'eux renferme la veine ombilicale correspondante, et que la cloison qu'ils forment n'est incomplète que tout en bas (fig. 593), où l'un des replis n'a pas encore rejoint son congénère sur la ligne médiane; — *FD*, lobe droit du foie; — *VOB*, veine ombilicale gauche (voir, sur la figure suivante, la veine ombilicale droite, en *vob*); — *MA*, membre antérieur. — Les autres lettres comme ci-dessus.

Fig. 590. — Coupe selon la ligne 590 de la figure 579.

VOB, veine ombilicale gauche; — *vob*, veine ombilicale droite; — *VCI*, veine cave inférieure à son embouchure dans la veine omphalo-mésentérique (*VOM*); pour cette veine cave, voir la figure 351 de de la planche XXXIV et son explication; — *FG*, lobe gauche du foie; — *BP*, extrémité terminale, libre, du bourgeon pulmonaire (il est coupé ici au-dessous des ramifications bronchiques, c'est-à-dire qu'il se présente comme constitué uniquement par du tissu mésodermique; comparer avec fig. 531 pl. XXXIV).

Fig. 591. — Coupe au-dessous de la précédente. Grossissement de 19 fois.

Le tronc de la veine cave inférieure (*VCI*) commence à s'isoler.

Les autres lettres commme ci-dessus.

Fig. 592. — Coupe selon la ligne 592 de la figure 579. Grossissement de 18 fois.

EG, gésier se continuant avec le commencement de l'anse duodénale (*AD*, sur la fig. suivante); — *VOM*, veine omphalo-mésentérique.

Fig. 593. — Coupe au-dessous de la précédente.

VB, les deux canaux hépatiques, sur l'un desquels est la vésicule biliaire (*vb*); voir l'explication des figures 534 et 535 de la planche XXXIV; — *AD*, duodénum; — C^2, extrémité inférieure ou pointe des ventricules du cœur; — *CP*, *CP*, les deux parties de la cloison péricardique (voir l'explication de la figure 589 de la présente planche); — *VCI*, veine cave inférieure.

Fig. 594. — Coupe selon la ligne 594 de la figure 579. Grossissement de 16 fois, ainsi que pour les figures suivantes; on voit ici, en *PA*, le pancréas gauche, le même qui est déjà apparu dans les figures 536 et 537 de la planche XXXIV. — Les autres lettres comme ci-dessus.

Fig. 595. — Coupe au-dessous de la précédente.

SP, apparition de la rate (comparer avec la fig. 538 de la planche XXXIV, et avec les figures 581 et 582 de la présente planche); — *VB*, les deux canaux hépatiques, bien distincts du pancréas gauche; — *GG*, glande génitale, déjà visible sur les trois figures précédentes; — *Aom*, origine de l'artère omphalo-mésentérique (voir fig. 582 de la présente planche).

Fig. 596. — Coupe selon la ligne 596 de la figure 579. Le pancréas gauche (*PA*) aboutit isolément au duodénum (*A*); comparer avec les figures 535 et 536, pl. XXXIV; les deux canaux hépatiques confluent (*VB*) pour aboutir au duodenum (voir fig. 535, pl. XXXIV), et à ce niveau se produit un nouveau bourgeon pancréatique (*PA*, en haut de la figure), le pancréas droit (à droite du tronc de la veine omphalo-mésentérique, *VOM*); comparer avec la figure 599 de la planche suivante.

CN, section des parois du cordon ombilical (comparer fig. 534, pl. XXXIV). — Les autres lettres comme précédemment.

PLANCHE XXXVIII (FIGURES 597 A 616)

Cette planche, faisant suite à la précédente, continue l'étude de la constitution du corps (moitié inférieure) de l'embryon âgé de 6 jours et quelques heures (commencement du 7e jour de l'incubation).

Fig. 597. — Rappel des contours de cet embryon (voir l'explication de la fig. 578 de la pl. précédente). Les lignes 599 et 601 limitent l'étendue sur laquelle portent les coupes représentées dans les figures 599 à 601.

Fig. 598. — Rappel des contours du tronc et des contours des viscères de cet embryon (voir l'explication de la fig. 579 de la pl. précédente). Les lignes 602 à 616 indiquent le niveau et la direction des coupes représentées dans les figures 602 à 616.

Fig. 599. — Coupe longitudinale selon la ligne 599 de la figure 597. Grossissement de 18 fois.

Cette coupe fait suite à celle de la figure 582 de la planche précédente.

V_3, bulbe rachidien; — *SB*, sa substance blanche; — *Nm*, nerfs mixtes; — *Ch*, corde dorsale; — *AAO*, arcs aortiques; — *VCA*, veine cardinale antérieure; — *Ph*, pharynx avec l'origine de la thyroïde (comparer fig. 315, planche XXXIII); — fb^2, fb^3, restes des seconde et troisième fentes branchiales; — *OD*, *OG*, oreillettes droite et gauche; — *SV*, sinus veineux (voir l'explication des fig. 582, 588 et 589 de la planche précédente); — *VOB*, veine ombilicale gauche coupée sur une longue étendue de son trajet et au niveau de son arrivée au foie; — *AD*, anse duodénale, avec les canaux hépatiques (*VB*) et le pancréas gauche (voir l'explication des figures 594 à 596 de la planche précédente); — *VOM*, veine omphalo-mésentérique; — *Aom*, artère omphalo-mésentérique; — *VCI*, veine cave inférieure; — *GG* (à placer au-dessous de *Aom*), glande génitale; — *CW*, canal de Wolff; — *CSW*, canaux segmentaires du corps de Wolff; — *Gl*, glomérule; — *VCP*, veine cardinale postérieure.

Fig. 600. — Coupe intermédiaire aux lignes 599 et 601 de la figure 597; la coupe passant en avant de la jonction du cou avec le tronc, on n'a plus représenté que le tronc (et pas la région des arcs branchiaux).

C^1, bulbe aortique (comparer avec la fig. 577 de la pl. XXXVI); — *OD*, *OG*, oreillettes droite et gauche; — *VD*, *VG*, ventricules; — *PC*, cavité péricardique; — *CP*, cloison péricardique (voir l'explication de la fig. 589 de la planche précédente); — *CH*, cordons hépatiques du lobe droit du foie; — *VOM*, veine omphalo-mésentérique; — *IG*, intestin grêle; — *me*, mésentère; — *MP*, membre postérieur; — *CN*, coupe des parois du cordon ombilical (voir la fig. 602); — *Vv*, veines vitellines dans la vésicule ombilicale (*VJ*); — *Am*, amnios; — *PPE*, cavité pleuro-péritonéale externe (entre l'amnios et la vésicule ombilicale), par opposition à *PPI*, cavité pleuro-péritonéale interne ou de l'embryon.

Fig. 601. — Coupe selon la ligne 601 de la figure 597; cette coupe passe par la région du cœur, dont toutes les cavités sont ici représentées (lettres comme précédemment), et d'autre part elle coupe la région du cordon ombilical et la partie inférieure de l'intestin.

CN, paroi du cordon ombilical; — *COM*, canal omphalo-mésentérique; — *Aom*, artère omphalo-mésentérique; — IG^1, portion de l'intestin grêle située au-dessus de ce canal, et IG^2, portion située au-dessous (voir les fig. 621 et 623 de la pl. XXXIX); — *AC*, appendices cæcaux; — *IR*, gros intestin; — les autres lettres comme ci-dessus.

Fig. 602. — Coupe transversale selon la ligne 602 de la figure 598. Grossissement de 16 à 18 fois.

Cette coupe fait suite à celle représentée dans la figure 596 de la planche précédente.

IG, intestin grêle; — *VOM*, veine omphalo-mésentérique; — *Aom*, artère omphalo-mésentérique; — *PA*, pancréas droit (voir la fig. 596 de la planche précédente et son explication); — *VOB*, veine ombilicale gauche; — *vob*, *idem* droite; — *CN*, paroi du cordon ombilical; — *Am*, amnios; — *VJ*, vésicule ombilicale, avec ses veines (*Vv*, *Vv*); — *EG*, trace du gésier (voir fig. 596); — *EE*, épithélium germinatif externe; — *CW*, canal de Wolff; — *R*, extrémité toute supérieure du rein définitif en voie de développement. Ici ce rein définitif n'est représenté que par une sorte de zone circulaire, où le tissu mésodermique paraît plus condensé; mais plus bas (fig. 610) on voit, dans cette zone circulaire, d'abord un cylindre épithélial plein, puis un canal (fig. 611 et 612) et enfin, plus bas encore (fig. 616), on voit que ce canal est un bourgeon de l'extrémité tout inférieure du canal de Wolff, à son embouchure dans le cloaque.

Fig. 603. — Coupe au-dessous de la précédente; la veine omphalo-mésentérique (*VOM*) aboutit à la vésicule ombilicale et s'y divise en veines vitellines (*Vv*, *Vv;* comparer avec la fig. 540 de la pl. XXXIV).

IG[1], portion de l'intestin grêle située au-dessus du canal omphalo-mésentérique (voir la figure suivante, et les figures 621 et 623 de la planche XXXIX); — *Aom*, artère omphalo-mésentérique; — *Al*, allantoïde (comparer avec la fig. 541 de la pl. XXXIV); — *GG*, glande génitale; — *VCP*, veine cardinale postérieure; — *VCI*, *VCI*, les deux veines du corps de Wolff, qui sont l'origine de la veine cave inférieure; dans la figure suivante on voit ces deux veines s'anastomoser (comparer avec les figures 547 et 549 de la planche XXXV). — Les autres lettres comme ci-dessus.

Fig. 604. — Coupe au-dessous de la précédente; ici apparaît, en *IG*[2], la portion de l'intestin grêle située au-dessous du canal omphalo-mésentérique (*COM*); voir la figure suivante, ainsi que la figure 601.

VCI, les veines du corps de Wolff, origines de la cave inférieure, anastomosées sur la ligne médiane (voir l'explication de la figure précédente).

Fig. 605. — Coupe selon la ligne 605 de la figure 598.

Aom, artère omphalo-mésentérique et son arrivée à la vésicule ombilicale (comparer avec la fig. 546 de la pl. XXXV); — *COM*, canal omphalo-mésentérique; on voit bien ici les deux parties de l'intestin grêle, l'une au-dessus et à droite (*IG*[1]), l'autre au-dessous et à gauche (*IG*[2]) de ce canal, ou pédicule de la vésicule ombilicale.

Fig. 606. — Coupe au-dessous de la précédente.

Al, allantoïde, et *PAL*, pédicule de l'allantoïde; dans les figures suivantes on verra ce pédicule se placer dans la paroi abdominale antérieure sous-ombilicale et aboutir finalement au cloaque, comme il a été vu et expliqué pour les figures 547 et 548 de la planche XXXV.

Fig. 607. — Coupe au-dessous de la précédente.

AO, *AO*, artères ombilicales dans le pédicule de l'allantoïde, c'est-à-dire de chaque côté de l'ouraque (voir encore les figures 547 à 550 de la planche XXXV). — Les autres lettres comme dessus.

Fig. 608. — Coupe selon la ligne 608 de la figure 598.

VOB, *VOB*, la veine ombilicale gauche, devenue prédominante, et tendant à représenter seule la circulation veineuse de l'allantoïde (*vob*, veine droite sur les figures précédentes et suivantes; voir fig. 610).

Fig. 609. — Coupe au-dessous de la précédente. — Le pédicule de l'allantoïde *PAl* est ici isolé dans la paroi abdominale (ouraque).

AO, *AO*, les deux artères ombilicales; — *VOB*, *VOB*, veine ombilicale gauche (voir l'explication de la fig. précédente); — *AC*, la région des appendices cæcaux (comparer fig. 549 et 550 de la planche XXXV); — *MM*, segments musculaires; — *CM*, moelle épinière.

Fig. 610. — Coupe au-dessous de la précédente.

CN, section de la partie inférieure des parois du cordon ombilical (la section de sa partie supérieure est dans la figure 602); — *VOB*, *vob*, anastomose des veines ombilicales droite et gauche, cette dernière devenant prédominante; — *R*, rein définitif représenté ici par un cordon épithélial plein (voir l'explication de la fig. 602); — *GS*, ganglion spinal.

Fig. 611. — Coupe au-dessous de la précédente.

AC, appendices cæcaux (comparer avec la fig. 601); — *CW*, canal de Wolff; les canalicules du corps de Wolff, ou canaux segmentaires, si abondants dans les coupes précédentes, avec leurs glomérules, commencent à disparaître à ce niveau; — *R*, rein définitif, sous forme d'un tube épithélial creux; — *MP*, membre postérieur.

Fig. 612. — Coupe selon la ligne 612 de la figure 598; elle passe par la région inférieure du tronc et par la pointe de la queue (*CD*); on n'a pas, non plus que dans les figures précédentes, représenté l'amnios (voir les fig. 547 et 549 de la pl. XXXV).

CL, arrivée de l'ouraque au cloaque (comparer avec fig. 550 et 551 de la pl. XXXV); — *IR*, gros intestin (intestin rectum); — *MM*, masses musculaires dans le membre postérieur (*MP*); — *x*, apparition du squelette de ce membre; — *N*, nerfs rachidiens allant vers ce membre.

Fig. 613. — Coupe au-dessous de la précédente.

CL, cloaque; — *IR*, intestin rectum, près de s'aboucher dans le cloaque (fig. suivante et comparer avec les fig. 552 et 553 de la pl. XXXV); — *AO*, artères ombilicales dans leur trajet de l'aorte à l'ouraque (voir figures suivantes). — Les autres lettres comme précédemment.

Fig. 614. — Coupe au-dessous de la précédente.

CW, *CW*, canal de Wolff coupé en deux régions, dont l'une au niveau de son arrivée au cloaque; — *R*, tube du rein définitif, émettant déjà des bourgeons secondaires; — *VCP*, veine cardinale postérieure.

Fig. 615. — Coupe au-dessous de la précédente.

ECL, épaississement ectodermique de la région cloacale (voir la fig. 551 de la pl. XXXV); — *Ao*, aorte caudale; — *AO*, origine des artères ombilicales; — *CW*, et *R*, mêmes remarques que ci-dessus.

Fig. 616. — Coupe selon la ligne 616 de la figure 598. — On voit ici que le tube épithélial du rein (*R*) part du canal de Wolff par un bourgeon qui se détache de la paroi postérieure (gauche sur la coupe) de ce canal exactement au niveau du léger coude qu'il décrit en se jetant dans le cloaque (voir *CR*).

Au-dessus de *ECL* (épaississement ectodermique cloacal) est la paroi dorsale du cloaque effleurée par la coupe (comparer avec la figure 554 de la planche XXXV).

PLANCHE XXXIX (FIGURES 617 A 643)

Cette planche est destinée à montrer l'ensemble du développement des viscères thoraciques et abdominaux, et particulièrement de l'intestin à partir du 5e jour.

Fig. 617. — Poulet âgé de cinq jours : les parois abdominales ont été disséquées, pour mettre à nu les viscères : pour les formes extérieures, comparer avec la figure 136 de planche IX. Grossissement 11 fois.

C^1, bulbe aortique; — C^2, ventricules; — C^3, oreillette droite; — *BP*, poumon droit; — *F*, foie (portion droite); — *MA*, *MP*, épaississements de la paroi du corps correspondant à la racine des membres antérieur et postérieur arrachés; — *W*, corps de Wolff; — *Al*, allantoïde; — *VJ*, vésicule ombilicale, — *IA*, intestin antérieur, c'est-à-dire portion du tube digestif situé au-dessus (en avant) de l'insertion du pédicule de la vésicule ombilicale (du canal omphalo-mésentérique, voir *COM* sur les figures suivantes); l'intestin postérieur présente en *AC* un renflement bilatéral qui sera l'origine des deux appendices cæcaux (voir pl. XXXV, fig. 550).

Fig. 618. — Semblable poulet, même préparation, vu par la face antérieure. Pour les arcs branchiaux, comparer avec la figure 137 de la planche IX. On voit de plus qu'ici a été représentée (comme dans les figures suivantes, jusqu'à la fig. 621) la portion pigmentée de l'œil, avec la fente inférieure non pigmentée.

BF, bourgeon frontal; — *MS*, maxillaire supérieur; — AB_1, premier arc branchial (maxillaire inférieur); — *OD*, oreillette droite; — *OG*, oreillette gauche; — *EG*, gésier, développé par une dilatation de l'intestin antérieur (voir sur la fig. 532 de la pl. XXXIV la coupe du gésier); — *COM*, canal omphalo-mésentérique; — *MA*, *MP*, membres antérieurs et postérieurs conservés en place et vus en raccourci; — les autres lettres comme dans la figure précédente.

Fig. 619. — Même préparation, même poulet, vu par la face latérale gauche; mêmes lettres.

Fig. 620 et 621. — Poulet de six jours, vu successivement par la face latérale gauche et droite. Grossissement de 7 fois. Pour la forme extérieure du corps et pour la tête, comparer avec les figures 144 à 149 de la planche X.

OE, portion de la première fente branchiale qui formera le conduit auditif externe.

On voit que le tube intestinal commence à se courber et décrit deux anses projetées en avant. L'une, supérieure, moins saillante, est l'anse duodénale *AD* qui part de l'estomac, puis revient à la colonne vertébrale, au point *K*. Ce point *K* est un point relativement fixe, et qui, dans le développement ultérieur, ne s'éloignera pas de la paroi postérieure de l'abdomen. L'autre anse, plus saillante en avant, va, par sa première branche, du point K à l'insertion du canal omphalo-mésentérique; par sa seconde branche, elle va de l'insertion du canal omphalo-mésentérique au renflement bilatéral (*AC*) qui sera l'origine des appendices cæcaux. Dès ce moment la morphologie générale de l'intestin du poulet est dessinée; elle comprend : 1° l'anse duodénale, dans la concavité de laquelle se forme le pancréas; anse qui deviendra plus saillante, et se contournera légèrement mais sans présenter de véritables circonvolutions; 2° l'anse de l'intestin grêle, formé des deux branches sus-indiquées, lesquelles donneront naissance à toutes les circonvolutions de l'intestin grêle; 3° enfin le gros intestin qui va depuis l'origine des appendices cæcaux jusqu'au cloaque; ce gros intestin ne subira que très peu de modifications, sauf la formation et l'allongement très considérable des deux appendices cæcaux.

On voit d'autre part apparaître sur la face externe du corps de Wolff une ligne saillante (*WM*) qui correspond au canal de Wolff et au canal de Muller (en voie de formation, voir les figures 624 à 629), mais qui est en réalité formé par un épaississement de l'épithélium qui recouvre le corps de Wolff (épithélium germinatif externe, *EE*, dans les fig. 625 à 630). — Les autres lettres comme pour les figures précédentes.

Fig. 622. — Poulet de sept jours, préparé comme les précédents, pour montrer les viscères; vu par la face latérale gauche. Grossissement de 6 fois. Pour les formes extérieures et les parties de la tête, voir la figure 150 de la planche X. — Pour les coupes, voir les planches XXXVII et XXXVIII. On voit que l'anse de l'intestin grêle est plus saillante que précédemment ; IG^1 est sa branche supérieure, IG^2 sa branche inférieure.

AC, l'appendice cæcal gauche, déjà très développé; — *FG*, partie gauche du foie; — *ES*, ventricule succenturié, précédant le gésier (*EG*). — Les autres lettres comme ci-dessus.

Fig. 623. — Même poulet, même préparation, vu par le côté droit, de manière à bien montrer l'anse duodénale *AD*, et le point fixe (*K*) entre le duodénum et l'intestin grêle. — Les autres lettres comme ci-dessus.

Fig. 624. — Coupe transversale du corps d'un poulet, de six jours et demi à sept jours, au niveau de la base des ventricules du cœur, c'est-à-dire au niveau de la partie toute supérieure du corps de Wolff (comparer avec la fig. 589 de la pl. XXXVII). Grossissement de 19 fois.

CM, moelle épinière; — *MM*, segment musculaire; — *GS*, ganglion spinal; — *W*, extrémité toute supérieure du corps de Wolff (voir la fig. 625); — *BP*, poumon; — *PP*, cavité pleuro-péritonéale; — *VB*, voies biliaires (tubes ramifiés formés de cellules hépatiques); — C^2, C^2, ventricules du cœur; — *VOM*, veine omphalo-mésentérique; — *IA*, intestin antérieur; — *Ao*, aorte.

Fig. 625. — La région *W* de la figure précédente reprise à un grossissement de 45 à 50 fois (voir la fig. 533 de la pl. XXXIV et la fig. 586 de la pl. XXXVII).

Gl, glomérule faisant saillie dans l'extrémité d'un canalicule (canal segmentaire du corps de Wolff); — *CW*, canal de Wolff; — *M*, dépression (gouttière) formée par l'épithélium de revêtement du corps de Wolff, épithélium cylindrique et épais sur toute la moitié externe du corps de Wolff (*EE*); cette dépression restera sous forme de gouttière et représente l'extrémité supérieure, ouverte en pavillon, du canal de Muller; voir sur les figures suivantes comment, dans les régions plus inférieures, cette gouttière se ferme et produit le canal de Muller.

Fig. 626. — Coupe transversale du corps de Wolff, du même poulet (jusqu'à la fig. 630), à un niveau un peu inférieur à celui représenté dans la figure précédente. Grossissement de 45 à 50 fois. On voit en *M* le canal de Muller se former par rapprochement des bords de la gouttière largement ouverte dans la figure précédente (*M*). Comparer avec les fig. 537 et 539, pl. XXXIV.

Fig. 627. — Coupe transversale du corps de Wolff, presque immédiatement au-dessous de la coupe de la figure précédente; ici le corps de Wolff est plus large ; sur la coupe, on trouve, entre le glomérule (*Gl*) et le canal de Wolff (*CW*), la section d'un ou deux canalicules du corps de Wolff ou canaux segmentaires (*CSW*, *CSW*). — Le canal de Muller est entièrement clos, c'est-à-dire bien circonscrit et son revêtement épithélial n'a plus de connexion avec l'épithélium cylindrique qui couvre la face externe du corps de Wolff; on peut appeler cet épithélium (*EE*, fig. 627) *epithélium germinatif externe*, puisqu'il a le même aspect que la formation connue depuis Waldeyer, sur le côté interne du corps de Wolff, sous le nom d'épithélium germinatif, et qui donnera naissance à la glande génitale.

Fig. 628. — Coupe au-dessous de la précédente; mêmes dispositions, mais plus accusées, en ce que les canalicules de Wolff sont plus nombreux, et le canal de Muller, plus étroit, se déplace pour se porter en arrière ; — en *BP* est l'extrémité tout inférieure du bourgeon pulmonaire, coupé au-dessous de sa cavité, c'est-à-dire se présentant ici comme une masse mésodermique pleine.

Fig. 629. — Coupe au-dessous de la précédente ; mêmes dispositions, plus accentuées.

Fig. 630. — Coupe au-dessous de la précédente. Ici le canal de Muller n'est plus représenté (*M*) que par une petite masse épithéliale pleine (sans lumière). Sur une coupe faite immédiatement au-dessous de celle-ci, on ne trouve plus trace de ce canal de Muller.

De l'ensemble des figures 625 à 630, on peut conclure : 1° que le canal de Muller se développe par une invagination en entonnoir de l'épithélium péritonéal du corps de Wolff, entonnoir dont l'ouverture supérieure restera pour former le pavillon de la trompe, tandis que l'extrémité inférieure s'insinuera de haut en bas (d'avant en arrière) entre le canal de Wolff et l'épithélium germinatif externe pour aller atteindre la partie postérieure du corps de Wolff et finalement le cloaque ; — 2° l'épithélium germinatif externe, qui a pris part à la formation première du canal de Muller, c'est-à-dire à l'invagination en entonnoir sus-indiqué (fig. 625 et 626), ne prend plus part à l'accroissement en longueur de ce canal. En effet, on ne voit aucune connexion entre cet épithélium et le canal de Muller en voie d'accroissement (fig. 627 à 630). La présence de cet épithélium germinatif externe a pu faire croire que le canal de Muller, sur toute son étendue, se formerait au moyen d'une gouttière, représentée par cet épithélium, et se fermant graduellement en canal, de haut en bas. Il n'en est rien ; le canal de Muller, une fois apparu sous forme d'entonnoir, s'accroît en longueur par allongement de l'extrémité inférieure de cet entonnoir. Du reste nous ne savons pas quelle peut être la signification de cet épithélium germinatif externe.

Enfin il résulte de l'ensemble de ces mêmes figures (625 à 630) que la ligne blanche et saillante désignée par les lettres *WM* sur les figures 620 à 622 est produite à la fois par la présence du canal de Wolff, par celle du canal de Muller en voie de formation, et enfin et surtout par la traînée correspondante d'épithélium germinatif externe.

Fig. 631. — Poulet âgé de 8 jours. Grossissement de 5 fois.

BP, poumon, donnant naissance à deux sacs aériens (*SA*) ; la lettre *SA* est placée sur le sac aérien le plus inférieur et le plus développé, lequel deviendra le sac aérien abdominal (*SAA*, fig. 633) ; — C^1, bulbe aortique du cœur, c'est-à-dire origine de l'aorte et de l'artère pulmonaire (voir sa division visible extérieurement dans la figure 633) ; — *OD*, oreillette droite ; — C^2, ventricules du cœur ; — *FD*, lobe droit du foie ; — *FG*, lobe gauche du foie ; — *EG*, gésier ; — *AD*, anse duodénale, projetée en avant et descendant sur la face droite de l'anse de l'intestin grêle ; — IG^1 branche supérieure, et IG^2, branche inférieure de l'anse de l'intestin grêle ; cette anse commence à présenter, autour du canal omphalo-mésentérique (*COM*) comme centre, une torsion qui devient de plus en plus accentuée (voir les figures suivantes, notamment la fig. 634) et par laquelle la branche supérieure (IG^1) se porte en bas et à droite, la branche inférieure (IG^2) en haut et à gauche ; cette torsion commence déjà à être indiquée dans la figure 623 (comparer avec la fig. 621) ; — *CN*, paroi du cordon ombilical ; — *IR*, gros intestin ; — *W*, corps de Wolff ; — *WM*, saillie des canaux de Wolff et de Muller.

Fig. 632. — Poulet de 11 à 12 jours. Grossissement de 3 fois et demie.

BP, poumon qui présente les cannelures ou gouttières (produites par l'impression des côtes) et donne naissance à trois sacs aériens, dont l'inférieur est le plus volumineux (sac abdominal) ; — *PA*, pancréas, remplissant la concavité de l'anse duodénale ; — *AC*, appendices cæcaux ; — *PG*, papille génitale. — Pour les autres parties, mêmes lettres et mêmes remarques que pour la figure précédente.

Fig. 633. — Poulet de 13 jours. Grossissement 3 fois.

SAA, sac aérien abdominal ; — *SA*, ouverture d'un autre sac aérien, qui a été enlevé ; ainsi que ceux situés au-dessus de lui ; — les autres lettres comme précédemment.

Fig. 634. — Même préparation, mais on a enlevé le sac aérien abdominal, ainsi que la plus grande partie du lobe droit du foie, dont on voit la surface de section en *FD*.

PA, pancréas visible dans toute son étendue ; — *K*, le point fixe de l'intestin entre l'anse duodénale et l'anse de l'intestin grêle ; — *GG*, glande génitale. — Les autres lettres comme ci-dessus.

Fig. 635. — Le tube intestinal de ce même poulet, isolé et flottant, vu par le côté gauche, pour montrer la continuité de ses diverses parties.

1, 1, 1, branche supérieure de l'anse de l'intestin grêle; — 2, 2, 2, branche inférieure de cette anse. — Les autres lettres comme ci-dessus.

Fig. 636. — Même préparation sur un poulet de 14 jours; le pancréas (*PA*) a été conservé dans l'anse duodénale (*AD*). — Lettres comme ci-dessus.

Fig. 637. — Abdomen et viscères d'un poulet de 17 jours. Grossissement de 2 fois. Le foie étant en place, on voit les rapports des parties, mais, tout en reconnaissant l'anse duodénale (*AD*), la branche supérieure (1) et la branche inférieure (2) de l'intestin grêle, on ne saisit pas les connexions des autres portions du tube intestinal (voir les figures suivantes).

Fig. 638. — Mêmes parties du même poulet, après ablation du foie et du cœur.

ES, estomac succenturié; — *EG*, gésier; — *K*, point fixe du tube intestinal, marquant le passage du duodénum à l'intestin grêle; — l'anse duodénale (*AD*), recourbée en croissant à concavité supérieure (comme déjà dans la fig. 636), cache les circonvolutions sous-jacentes de l'intestin; on ne distingue bien ces circonvolutions que pour la partie de l'intestin grêle placée dans le cordon ombilical (voir *CN*, figure précédente).

Fig. 639. — Même préparation, sur laquelle on a simplement relevé et porté à droite l'anse duodénale (*AD*, avec le pancréas *PA*) de façon à découvrir entièrement la première branche de l'anse de l'intestin grêle depuis le point *K*; on voit que cette anse décrit des circonvolutions d'une part près du point *K* (circonvolutions placées au niveau des appendices cæcaux, *AC*), et d'autre part près du canal ou pédicule omphalo-mésentérique (*COM*).

Fig. 640. — Même préparation, sur laquelle on a soulevé et rejeté vers le haut toute la moitié postérieure de la première branche de l'intestin grêle, pour découvrir la partie correspondante de la seconde branche, ainsi que les appendices cæcaux.

Fig. 641. — Abdomen et viscères d'un poulet de 18 jours; grossissement de 1 fois et demie. Toutes les parties sont ici dans leurs rapports naturels, et les anses intestinales mêlent leurs circonvolutions de manière qu'il est difficile de saisir la continuité de leurs diverses parties : les deux figures suivantes montrent cette continuité. On voit de plus, comparativement à la figure 637, que l'intestin, par la multiplication de ses circonvolutions, commence à se grouper en une masse plus compacte qui abandonne la cavité du cordon ombilical et se retire dans l'abdomen en entraînant le pédicule omphalo-mésentérique, c'est-à-dire la vésicule ombilicale elle-même.

Fig. 642. — Même préparation d'un poulet de 18 jours, après ablation du foie, et rejet de l'anse duodénale en haut et à droite.

BR, bourse de Fabricius; — les autres lettres comme ci-dessus.

Fig. 643. — Même préparation, sur laquelle on a de plus relevé et rejeté à droite les circonvolutions de la première branche de l'anse intestinale, de manière à montrer les circonvolutions de la seconde branche (2,2,2).

PLANCHE XL

Figures schématiques, représentant l'ensemble des formations du corps et des annexes de l'embryon d'oiseau. L'œuf est grossi une fois et demie. Dans ces neuf figures, *VJ* représente le jaune de l'œuf, c'est-à-dire, après formation du corps, la vésicule ombilicale; *BL*, l'albumine ou blanc de l'œuf (figuré partout par une teinte grise uniforme); *mv*, la membrane vitelline; *Caa*, la chambre à air; *Al*, l'allantoïde.

Le feuillet moyen et toutes ses provenances sont en rouge; le feuillet externe et ses dérivés, en vert; le feuillet interne, en jaune.

Fig. 644. — L'œuf vers la fin du premier jour de l'incubation. Le blastoderme est formé de trois feuillets, dont l'externe (en vert) est celui qui s'étend le plus loin sur la sphère vitelline, et se termine à sa périphérie par le bourrelet ectodermique (*be*); le feuillet moyen (en rouge) est celui qui s'étend le moins loin. Comparer avec les figures 184 et 185 de la planche XII.

1, coquille; — 2, membrane coquillière, qui se dédouble au niveau du gros bout de l'œuf en deux membranes (3 et 4) entre lesquelles est la chambre à air (*Caa*). On voit qu'à cette époque la membrane vitelline (*mv*) est complète, et que l'albumine (*BL*) entoure de tous côtés la sphère du jaune.

Fig. 645. — L'œuf au commencement du 3e jour : les feuillets blastodermiques se sont étendus sur la sphère vitelline de sorte que le bourrelet ectodermique (*be*) a atteint et dépassé l'équateur de cette sphère; le feuillet moyen (en rouge) est divisé en deux lames (l'externe ou fibro-cutanée, l'interne ou fibro-intestinale, voir les planches XII et XIII et leur explication), entre lesquelles est la cavité pleuro-péritonéale (*PP*) ou cœlome. Le feuillet externe, avec la lame fibro-cutanée, se soulève en replis amniotiques (*Am*); comparer avec les figures de la planche XIX. On voit que vers la région supérieure, au niveau du corps de l'embryon, l'albumine commence à se résorber, ainsi que la partie correspondante de la membrane vitelline qui ne forme plus qu'une enveloppe incomplète à la sphère vitelline.

Fig. 646. — L'œuf au commencement du 4e jour : les replis amniotiques (*Am*) tendent à se rejoindre; la vésicule allantoïde (*Al*) fait saillie dans la cavité pleuro-péritonéale (ce n'est que sur une coupe longitudinale qu'on pourrait voir les connexions du pédicule de cette vésicule avec l'intestin postérieur, *IP;* c'est par convention schématique, que cette connexion est représentée ici et dans les fig. suivantes); l'albumine est résorbée au niveau du tiers supérieur de la sphère vitelline; il en est de même de la membrane vitelline, qui, n'étant plus tendue sur le jaune, commence à se plisser à la partie inférieure.

Fig. 647. — L'œuf au 6e jour. Les replis amniotiques se sont rejoints en *Am* et ont ainsi fermé la cavité amniotique (*Cam*), qui contient l'embryon. — L'allantoïde (*Al*) commence à s'étaler dans le cœlome externe, ou partie extra-embryonnaire de la fente pleuro-péritonéale (*PPE*). — Le feuillet externe a presque entièrement recouvert la sphère vitelline et le bourrelet ectodermique (*be*) circonscrit ainsi l'*ombilic ombilical* (*OO*, voir les figures des pl. I et VIII), sur lequel est appliquée la membrane vitelline, réduite à une sorte de calotte plissée et ondulée (tout le reste de cette membrane a été résorbé).

La cavité intestinale est séparée par un étranglement (canal omphalo-mésentérique, *OM*) de la vésicule ombilicale *VJ;* des villosités en forme de crêtes commencent à se développer sur les parois de la vésicule ombilicale, et vont bientôt se multiplier et se ramifier en plongeant dans la masse vitelline pour en effectuer l'absorption.

Fig. 648. — Œuf au 7e jour de l'incubation. Mêmes dispositions, mais plus accentuées que dans la figure précédente : l'allantoïde (*Al*), dont la cavité est teintée ici uniformément en bleu, s'insinue de plus en plus dans le cœlome externe, de manière à se mettre en contact avec le chorion sur une étendue de plus en plus considérable : le chorion (*CO*) est formé par toute la partie du feuillet externe (et de la lame fibro-cutanée du feuillet moyen) qui, par l'occlusion de l'amnios (fig. 647), se trouve former la couche la plus périphérique de l'ensemble de l'embryon et de ses annexes : le cœlome externe est limité par le chorion au dehors, et, en dedans, soit par l'amnios, soit par la vésicule ombilicale, selon les régions considérées (voir notamment les fig. 647 et 648). On voit de plus sur ces figures (et les suivantes) que l'allantoïde, en s'insinuant dans le cœlome externe, ne contracte d'adhérence ni avec l'amnios ni avec la vésicule ombilicale, mais seulement avec le chorion (*CO*, *CO*); il s'accole à la face interne de la lame fibro-cutanée du chorion, et tandis qu'il s'étend sur cette lame, son tissu mésodermique se fusionne avec le tissu mésodermique de cette même lame : c'est ce que montre, à partir de la figure 647, la présence d'une seule ligne rouge à la face externe de l'allantoïde, et il est facile de voir que cette ligne rouge résulte de la fusion sus-indiquée de deux lames mésodermiques appartenant l'une au chorion, l'autre à l'allantoïde.

Fig. 649. — Œuf aux 9e et 10e jours de l'incubation. Il ne reste plus d'albumine qu'au niveau du petit bout de l'œuf; d'autre part l'allantoïde cesse de progresser dans la fente pleuro-péritonéale et de recouvrir la vésicule ombilicale ; en eftet, au lieu de se diriger vers l'ombilic ombilical (vers le centre de l'œuf), l'allantoïde se dirige vers le petit bout de l'œuf en refoulant au devant d'elle le chorion (*CO,CO*) dont elle se revêt. Ainsi commence à se former, entre l'ombilic ombilical et le petit bout de la coquille, une poche dans laquelle sera inclus ce qui reste encore d'albumine. L'ouverture de l'ombilic ombilical (*OO*) est devenue plus étroite ; elle est obturée par un reste de la membrane vitelline, sous forme d'une calotte plissée, dont les bords, amincis, sont libres et flottants dans l'albumine.

Fig. 650. — Œuf aux 14e et 15e jours. L'allantoïde s'achemine de plus en plus, comme il a été dit pour la figure précédente, vers le petit bout de l'œuf, en suivant la face interne de la coquille, et ainsi se circonscrit de plus en plus la poche dite *sac placentoïde*, qui renferme l'albumine restée au petit bout de l'œuf. D'autre part, au niveau de l'ombilic ombilical, on voit l'anneau formé par le bourrelet ectodermique (*b e*) se renverser au milieu de l'albumine, constituant ainsi une cavité infundibuliforme, dont le grand orifice, tourné vers le petit bout de la coquille, est fermé par les restes de la membrane vitelline, tandis que le petit orifice, situé à l'opposé, communique encore avec la vésicule ombilicale, et est circonscrit par un bourrelet mésodermique (*b m*, bord libre indivis du feuillet moyen). Nous avons donné à la petite poche ainsi formée le nom de *sac de l'ombilic ombilical ;* ce sac est rempli par une masse vitelline jaune. Voir pour les détails : Mathias Duval, *Études histologiques et morphologiques sur les annexes des embryons d'oiseaux* (*Journal de l'Anatomie et de la Physiologie*, mai 1884).

Fig. 651. — Œuf vers le 16e jour. Le sac placentoïde (*PL*) est fermé, au niveau du petit bout de la coquille, par le fait que l'allantoïde a atteint ce petit bout. Dès ce moment la portion de feuillet ectodermique (en vert) qui tapisse la face interne de ce sac se couvre de villosités qui plongent dans ce qui reste d'albumine et en amènent graduellement l'absorption. En même temps le bourrelet mésodermique (*b m*) s'est fortement renflé et il étrangle l'orifice qui fait communiquer le sac de l'ombilic ombilical avec la vésicule ombilicale. Ainsi l'ombilic ombilical se ferme par rapprochement et soudure non des lèvres du bourrelet ectodermique, mais bien du bourrelet mésodermique. Quand l'ombilic ombilical s'est ainsi fermé, le sac de l'ombilic ombilical ne communique plus avec la cavité de la vésicule ombilicale, et se trouve seulement appendu à cette vésicule par un cordon fibreux que forment les éléments de l'ancien bourrelet mésodermique. Ces restes du sac de l'ombilic ombilical disparaissent bientôt dans le magma d'albumine épaissie du sac placentoïde, et sont résorbés avec cette albumine.

Fig. 652. — Œuf après le 17e jour. L'allantoïde, en se fermant au niveau du petit bout de l'œuf, tapisse désormais toute la face interne de la coquille : le chorion est donc doublé, sur toute son étendue, par l'allantoïde. Les villosités du sac placentoïde sont nombreuses et saillantes. Ce sac placentoïde est donc pour les oiseaux un organe annexe analogue au placenta des mammifères. Au lieu que les villosités de ce placenta pénètrent dans le terrain maternel et y puisent les sucs nutritifs, ainsi que cela a lieu chez les mammifères, ces villosités, chez l'embryon d'oiseau, plongent dans l'albumine que les organes de la mère ont déposée, comme provision nutritive, dans l'espace que circonscrit la coquille de l'œuf.

RÉPERTOIRE ALPHABÉTIQUE

Acoustique (ganglion et nerf). — Planche XXII, fig. 355; — pl. XXIV, fig. 391 (en *G8*) et 397; — pl. XXVII, fig. 430; — pl. XXVIII, fig. 446; — pl. XXXIII, fig. 510, 511; — pl. XXXV, fig. 545; — pl. XXXVI, fig. 576, 577.

Aire opaque. — Planche I, fig. 4 (en *ao*); — pl. IV, fig. 63 et suivantes; — sa transformation en *aire vasculaire* (*AV*), pl. I, fig. 5; — pl. IV, fig. 63 et suivantes.

Aire transparente. — Planche I, fig. 4 (en *a p*); — sa première apparition, pl. III, fig. 36; — son extension, pl. III, fig. 46; — conditions de sa transparence, pl. IV, fig. 64; — son envahissement par les vaisseaux, pl. V, fig. 81 et surtout pl. VI, fig. 97.

Aire vasculaire. — Pl. I, fig. 5; — pl. IV, fig. 68 et suivantes (voir spécialement l'explication de la figure 69).

Aire vitelline. — Planche I, fig. 4 (en *av*); — sa division en zone interne (*avi*) et zone externe (*ave*), pl. I, fig. 5 et 6, pl. V, fig. 80; — sa nature, pl. III, fig. 49 (voir l'explication de cette figure); — caractères de sa zone externe, pl. III, fig. 57; — caractères de la zone interne, pl. III, fig. 59; — extension de l'aire vitelline, pl. VI, fig. 95; — pl. VII, fig. 105; — son arrivée à l'hémisphère inférieur du jaune, pl. I, fig. 7 et 9; — pl. VIII, fig. 118 et 119.

Albumine de l'œuf. — Sa formation, pl. I; — son mode de résorption, pl. XL (en *BL*).

Allantoïde. — Vue par transparence, peu après son apparition, pl. VIII, fig. 116; — sous forme de vésicule, pl. VIII, fig. 122, 123; — son extension et sa direction en haut et à droite, pl. IX, fig. 134 et 136; — son pédicule (voir *Ouraque* et pl. XXXIX).

Sa première indication et son origine endodermique, pl. XX, fig. 316; — sa cavité bien indiquée, pl. XXI, fig. 335 et 350 à 352 (voir l'explication de la figure 352); — la vésicule allantoïdienne commence à se diriger en avant, pl. XXIII, fig. 369 et 384 à 386; — elle se renfle, avec épaississement de son mésoderme, pl. XXV, fig. 415, 416, 420, 427 et 428; — pl. XXVII, fig. 430, 433 à 437; — pl. XXX, fig. 475, 476; — pl. XXXI, fig. 491 et suivantes; — pl. XXXII, fig. 495 à 503; — pl. XXXIV, fig. 536 à 541; — pl. XXXV, fig. 545 et suivantes; — pl. XXXVIII, fig. 693 à 608.

Formation de son pédicule, pl. XXVII, fig. 431; — pl. XXVIII, fig. 445; — pl. XXX, fig. 476; — pl. XXXII, fig. 499 à 502; — pl. XXXV, fig. 546.

Ce pédicule se soude aux parois latérales de la région postérieure du corps (il devient l'ouraque); — pl. XXXII, fig. 498 (en *x*; voir l'explication de cette figure) et 500; — pl. XXXV, fig. 548 et suivantes.

Son arrivée au cloaque, pl. XXXII, fig. 503; — pl. XXXV, fig. 550, 551.

Schéma de l'ensemble, pl. XL.

Amnios. — Sa première apparition ou repli donnant le capuchon céphalique de l'amnios, pl. V,

Bourrelet entodermo-vitellin. — Son apparition, pl. III, fig. 41, 54, 56 et 59; — son mode de formation (voir l'explication de la fig. 54 de la planche III), pl. XVI, fig. 260.

Bourrelet mésodermique. — Pl. XL, fig. 650 et 651 (voir l'explication de ces figures).

Bourse de Fabricius. — Pl. XXXIX, fig. 642.

Branchiale (fentes). — Pl. VII, fig. 107 et suivantes; — pl. IX; — pl. X, fig. 148 à 149; — leur mode de formation, pl. XIX, fig. 305 et 312; — pl. XX, fig. 318; — pl. XXI, fig. 338; — pl. XXII, fig. 355 à 357; — pl. XXIV, fig. 391, 394, 395, 398 et 399; — pl. XXVII, fig. 430; — pl. XXVIII, fig. 447 à 450; — pl. XXX, fig. 468, 469; — leur oblitération, pl. XXXIII, fig. 512 à 518; — pl. XXXVI, fig. 576, 577; — pl. XXXVIII, fig. 599.

Branchiaux (arcs). — Pl. IX, fig. 125 (*AB*) et suivantes; — pl. X, fig. 147 à 152; — pl. XXIV, fig. 391, 394, 398 et 399; — pl. XXVII, fig. 430; — pl. XXVIII, fig. 447 à 450; — pl. XXX, fig. 468; — pl. XXXIII, fig. 512 à 518; — pl. XXXVI, fig. 573 à 577.

Bronches (voir *Poumon*). — Pl. XXXVII, fig. 580, 581, 583 à 588.

Bulbe aortique. — Sa première indication, pl. V, fig. 94 (en *AO*); — pl. VI, fig. 98 (en *AO*); — pl. XVIII, fig. 289, 290; — il donne naissance aux arcs aortiques, pl. XXII, fig. 357; — pl. XXIV, fig. 391, 392, 395, 399; — pl. XXV, fig. 401; — pl. XXVII, fig. 430; — pl. XXVIII, fig. 445, 449; — pl. XXX, fig. 468, 469; — pl. XXXIII, fig. 521; — pl. XXXIV, fig. 524; — pl. XXXV, fig. 543; — pl. XXXVI, fig. 577; — pl. XXXVII, fig. 583 à 587; — pl. XXXIX, fig. 617.

Bulbe rachidien. — Pl. X, fig. 144 (en *B*); — pl. XXIV, fig. 391 et 392 (en V_3) et 397; — pl. XXVIII, fig. 445 (en *B*), fig. 446 à 449 (en V_3); — pl. XXXIII, fig. 509, 510; — pl. XXXVI, fig. 570 (en V_3), 571 à 577; — pl. XXXVII, fig. 580; — substance blanche du bulbe, pl. XXXVI, fig. 572 et suivantes; — pl. XXXVII, fig. 580, 581; — pl. XXXVIII, fig. 599.

Canaux biliaires. — Voir *Biliaire* et *Foie*.

Canal cochléaire. — Pl. XXXVI, fig. 577.

Canal de Müller. — Sa première indication, pl. XXXIV, fig. 533; — pl. XXXVII, fig. 585 à 587; — pl. XXXIX, fig. 620 et suivantes; — son mode de formation et ses rapports, pl. XXXIX, fig. 624 à 630 (voir l'explication de la fig. 630).

Canal de Wolff. — Sa première apparition, pl. XVI, fig. 263 (en *CW*) et 264; — pl. XVII, fig. 279 et 280; — pl. XVIII, fig. 295 à 297; — pl. XX, fig. 324 à 328; — pl. XXI, fig. 344 à 347; — pl. XXII, fig. 362 à 365; — pl. XXIII, fig. 375, 371, 381 à 384; — pl. XXIV, fig. 396; — pl. XXV, fig. 408 à 413; — pl. XXVI, fig. 417 et suiv.; — les canaux de Wolff viennent s'ouvrir dans l'intestin postérieur : pl. XXVI, fig. 425; — pl. XXVII, fig. 440 (voir *Corps de Wolff* et *Cloaque*); — extrémité supérieure du canal de Wolff au 6ᵉ jour, pl. XXXIV, fig. 528 à 531; — pl. XXXVII, fig. 583 et suivantes; — pl. XXXIX, fig. 624 et 625.

Canaux de Cuvier. — Pl. VIII, fig. 122 (en *CC*); — leur première apparition sur les coupes, pl. XX, fig. 321 et 322; — pl. XXI, fig. 339 à 341; — pl. XXII, fig. 358 et 359; — pl. XXV, fig. 403, 404, 406; — pl. XXX, fig. 472, 473; — pl. XXXIV, fig. 526 à 528 (leurs rapports avec le sinus veineux de l'oreillette); — pl. XXXV, fig. 545; — pl. XXXVII, fig. 581, 583 à 585.

Canaux segmentaires du corps de Wolff. — Leur première apparition, pl. XX, fig. 323 et 324; — pl. XXI, fig. 344 à 346; — pl. XXII, fig. 363 à 365; — pl. XXIII, fig. 370, 381.

Ils vont s'unir au canal de Wolff, pl. XXV, fig. 410 à 413; — pl. XXVI, fig. 417, 428; — pl. XXVII, fig. 430; — pl. XXXI, fig. 479 et suivantes; — pl. XXXII (voir pour la suite : *Corps de Wolff*); — histologie des canaux segmentaires, pl. XXXIV, fig. 537, 539; — pl. XXXV, fig. 555; — pl. XXXIX, fig. 625 à 630.

Capuchons de l'amnios. — Voir *Amnios*.

Capuchon céphalique de l'intestin. — Voir *Intestin antérieur*.

Cardinales (veines). — Pl. VIII, fig. 122; — pl. XVII, fig. 275; — pl. XVIII, fig. 286 et suivantes; — pl. XX, fig. 317; — pl. XXX, fig. 468.

Veines cardinales postérieures, pl. XVIII, fig. 294 et 295; — pl. XX, fig. 323; — pl. XXI, fig. 341; — pl. XXX, fig. 468 à 472; — pl. XXXI, fig. 479; — pl. XXXIII, fig. 514.

Vue d'ensemble des deux veines cardinales, pl. XXIV, fig. 396; — pl. XXXVII, fig. 580 et 581.

541; — pl. XXXV, fig. 543, 545, 546 à 556; — pl. XXXVI, fig. 580 et suivantes; — pl. XXXVIII, fig. 599 à 611; — pl. XXXIX, fig. 617 et suivantes.

Cou. — La région du cou (arcs branchiaux) commence à se dessiner comme telle, pl. IX, fig. 142; — pl. XXXVI, fig. 577; — pl. XXXIX, fig. 617 et suivantes.

Couches optiques (vésicules des). — Pl. VIII, fig. 115; — pl. IX, fig. 126; — pl. XXIV, fig. 391, 392, 397; — pl. XXV, fig. 401; — pl. XXXIII, fig. 512 à 518; — pl. XXXV, fig. 543 et 544; — pl. XXXVI, fig. 560 et suivantes.

Cristallin. — Pl. VIII, fig. 117; — sa première apparition, aux dépens de l'ectoderme, pl. XIX, fig. 305 à 308; — à l'état de fossette ectodermique, pl. XX, fig. 317; — cette fossette se creuse et tend à se fermer, pl. XXI, fig. 336; — elle est fermée au troisième jour, pl. XXII, fig. 355, 356; — son feuillet postérieur s'épaissit, pl. XXIV, fig. 393, 398 et 399; — pl. XXIX, fig. 454, 455, 464, 465; — pl. XXXIII, fig. 514 et 517; — pl. XXXVI, fig. 566 à 571.

Croissant antérieur. — Pl. IV, fig. 64 et suivantes (voir l'explication de la figure 64); — pl. XI, fig. 162 et 163; — sa constitution par le bourrelet entodermo-vitellin, pl. XI, fig. 162 (en *CA*), et 163; — pl. XII, fig. 183.

Duodénum. — Sa première indication, pl. XXXI, fig. 479 (en *AD*); — pl. XXXIV, fig. 534 à 538; — pl. XXXVII, fig. 593, 596; — son développement ultérieur, pl. XXXVIII, fig. 599 et 600; — pl. XXXIX, fig. 620 et suivantes.

Ectoderme. — Sa première apparition, pl. II, fig. 29 (*ex*); — sa constitution en couche bien distincte, pl. III, fig. 31 et 33; — son bord libre, pl. III, fig. 46, 49 et 57; — sa plaque médullaire et ses parties périphériques, pl. XI, fig. 167 à 171; — à la périphérie il dépasse de beaucoup le mésoderme, pl. XVI, fig. 267; — pl. XVIII, fig. 302.

Schéma de l'ensemble de ses dérivés, pl. XL.

Entoderme. — Sa première apparition, pl. II, fig. 29 (en in^1, entoderme primitif); — sa séparation d'avec le vitellus, pl. III, fig. 30 à 33 (in^1); — sa disposition en couche continue, pl. III, fig. 35, sauf au niveau de la plaque axiale (fig. 45).

Division de l'entoderme primitif en mésoderme et entoderme proprement dit, pl. III, fig. 48, 51, 60, 62.

Entoderme vitellin, pl. XI, fig. 163 (in^2).

Entoderme vésiculeux, pl. XVIII, fig. 292 (en *inv*); — pl. XX, fig. 317; — pl. XXVI, fig. 417 (voir l'explication de cette figure); — pl. XXX, fig. 468 et suivantes; — pl. XXXII, fig. 495.

Schéma de l'ensemble de ses dérivés, pl. XL.

Entoderme vitellin. — Pl. III, fig. 59; — pl. XVI, fig. 260.

Enveloppes de l'embryon. — Pl. XL.

Épithélium germinatif externe. — Pl. XXXIV, fig. 532 et 533 (en *EE*), 538 et 539; — pl. XXXVII, fig. 585 et suivantes; — pl. XXXIX, fig. 625 à 630.

Estomac. — Sa première indication dans l'intestin antérieur, pl. XXXI, fig. 478; — pl. XXXIV, fig. 531 à 534; — formation du gésier, pl. XXXVII, fig. 580, 581, 582, etc.; — pl. XXXIX, fig. 618 et suivantes; — pl. XL.

Face. — Pl. X.

Facial (nerf). — Pl. XXXIII, fig. 510.

Fentes branchiales. — Voir *Branchiales* (fentes).

Fente pleuro-péritonéale. — Voir *Pleuro-péritonéale.*

Feuillets du blastoderme. — Voir *Blastoderme*, *Ectoderme*, etc.

Fibro-cutanées (lames) et ***fibro-intestinales*** (lames). — Pl. XII, fig. 196.

Filament épiaxial. — Pl. IV, fig. 66; — pl. XI, fig. 179 (voir spécialement l'explication de la figure 66 de la planche IV); — sa nature, pl. XI, fig. 178.

Foie. (voir *Biliaires* [voies]). — L'ensemble des cordons hépatiques commence à former la saillie du foie (lobe droit), pl. XXX, fig. 474 à 476; — pl. XXXI, fig. 478, 479; — pl. XXXIV, fig. 529 à 535; — pl. XXXVII, fig. 581, 582, 588 à 595; — pl. XXXVIII, fig. 599 et 600; — pl. XXXIX.

Fosse buccale. — Pl. IX, fig. 125 (en *FB*); —

pl. XVIII, fig. 287 et 288; — pl. XIX, fig. 309 et 310; — pl. XX, fig. 318.
Ses rapports avec le pharynx, pl. XXII, fig. 356; — elle se met en communication avec le pharynx, pl. XXIV, fig. 392; — pl. XXVIII, fig. 451; — pl. XXIX, fig. 465, 466; — pl. XXXIII, fig. 513 à 517.

Fossette auditive. — Pl. V, fig. 92 (en *VA*); — sa constitution à son apparition, pl. XVII, fig. 271 et 276; — elle devient plus profonde, pl. XIX, fig. 304; — pl. XX, fig. 319.
Son occlusion en vésicule auditive, pl. VIII, fig. 115; — pl. XXI, fig. 337; — elle est complètement close dans le courant du troisième jour, pl. XXII, fig. 356. — Pour la suite voir *Auditive* (vésicule).

Fossette olfactive. — Pl. VII, fig. 111 (en *FO*); — pl. VIII, fig. 115; — pl. XXII, fig. 357; — pl. XXV, fig. 402, 403; — pl. XXVII, fig. 430; — pl. XXIX, fig. 456, 457; — pl. XXX, fig. 468, 469, 470; — pl. XXXIII, fig. 518, 519, 520; — pl. XXXV, fig. 545; — pl. XXXVI, fig. 565 à 569.

Fovea cardiaca. — Pl. IV, fig. 79; — pl. V, fig. 83 (en *x*); — sa constitution, pl. XIII, fig. 203 (voir l'explication de cette figure) et 206; — le mésoderme arrive graduellement dans la fovea cardiaca, pl. XIII, fig. 213 et 214; — puis le premier rudiment du cœur y apparaît, pl. XIV, fig. 226 et 230 à 232 (voir *Cœur*).

Ganglions nerveux (crâniens et spinaux). — Leur première apparition, pl. XIII, fig. 214 (en *GS*); — pl. XIV, fig. 230 à 233; — pl. XV, fig. 237, 239, 245 à 247; — pl. XVII, fig. 271, 277 et 278; — pl. XVIII, fig. 294 et 295; — ils deviennent isolés, sur les côtés du canal médullaire, pl. XX, fig. 323, 324; — pl. XXIII, fig. 381, 382; — pl. XXIV, fig. 399; — pl. XXVI, fig. 417; — pl. XXX, fig. 473, 475; — pl. XXX, fig. 478 et suivantes; — pl. XXXII, fig. 496; — pl. XXXV, fig. 545, 547, etc.

Glande génitale. — Sa première apparition, pl. XXXI, fig. 488 et suivantes; — pl. XXXII, fig. 495; — pl. XXXV, fig. 549, 550; — pl. XXXVII, fig. 593 à 596; — pl. XXXVIII, fig. 599, 602 à 608.

Glande pinéale. — Pl. VIII, fig. 120; — pl. IX, fig. 126, 131, 133; — pl. XXII, fig. 354 et 355 (en *GP*); — pl. XXIV, fig. 392; — pl. XXVIII, fig. 445; — pl. XXIX, fig. 460; — pl. XXXIII, fig. 516, 517; — pl. XXXV, fig. 543; — pl. XXXVI, fig. 560.

Glomérules (du corps de Wolff). — Pl. XXXI, fig. 478 et suivantes, pl. XXXIV, fig. 533, 537, 539; — pl. XXXVII, fig. 583 et suivantes; — pl. XXXIX, fig. 625 à 630.

Gouttière intestinale. — Pl. VIII, fig. 116 (en *GI*); — pl. XX, fig. 323; — pl. XXI, fig. 343 à 346; — pl. XXII, fig. 361 à 365.
Sa transformation en canal, pl. VIII, fig. 123; — pl. XXIII, fig. 371, 381; — pl. XXV, fig. 409 à 413; — pl. XXVI, fig. 417; — pl. XXIX, fig. 464; — pl. XXXI, fig. 490 à 493 (voir l'explication de la figure 491).

Gouttière médullaire. — Sa première apparition, pl. IV, fig. 68 (voir aussi *Lames médullaires*); — son occlusion en canal médullaire, pl. VI, fig. 98 et 100; — sa constitution au début, pl. XII, fig. 185; — sa délimitation, pl. XII, fig. 193; — elle devient profonde d'abord dans la future région cérébrale, pl. XII, fig. 197 et 198.
Sa transformation en canal à ce niveau, pl. XIII, fig. 203 à 208; — elle existe encore sous forme de gouttière, à la région postérieure, après la 29e heure, pl. XVI, fig. 265; — et après la 40e heure elle n'est pas encore fermée en arrière, pl. XVIII, fig. 299.

Gouttière primitive. — Son apparition, pl. IV, fig. 65; — sa constitution, pl. XI, fig. 161 à 177.
Ses rapports avec le sinus rhomboïdal, pl. V, fig. 89.
Sa constitution, pl. XI, fig. 176 à 181; — pl. XII, fig. 183.

Gros intestin. — Voir *Intestin* (gros).

Hémisphères cérébraux. — Voir *Vésicule des hémisphères cérébraux.*

Hépatiques (canaux). — Pour leur origine, voir *Biliaires* (voies); — leur embouchure dans le duodénum, pl. XXXI, fig. 479 et 482 (voir l'explication de cette dernière figure); — l'un d'eux donne naissance à la vésicule biliaire, pl. XXXIV, fig. 534, 535; — pl. XXXVII, fig. 594 à 596.

Hypophyse. — Sa première apparition, pl. XIX, fig. 307 (en *H p*), 308 et 314; — sa forme en diverticule creux de l'ectoderme buccal, pl. XX, fig. 317; — pl. XXI, fig. 334; — pl. XXII, fig. 354 et 355; — pl. XXIV, fig. 392, 393, 398;

— pl. XXVIII, fig. 445, 451; — pl. XXIX, fig. 464; — pl. XXXIII, fig. 512, 513; — pl. XXXV, fig. 543; — pl. XXXVI, fig. 570 à 573.

Ilots sanguins (ilots de Wolff). — Pl. IV, fig. 68; — leur apparition à la surface de l'entoderme vitellin, pl. XII, fig. 193 (en *IV*) et 201; — pl. XIII, fig. 210 et 215. (voir aussi *Vaisseaux*); — ils se divisent en une couche corticale de cellule (endothélium vasculaire) et une masse centrale (globules du sang), pl. XVI, fig. 263.

Intestin. — Voir *Gouttière intestinale.*

Intestin antérieur. — Sa première indication par un capuchon céphalique, pl. IV, fig. 70, 71, 72; — pl. XII, fig. 183, 190; — ses bords, pl. VII, fig. 108 (en *b* et *bi*); — la constitution seulement didermique de sa paroi inférieure, au début, pl. XII, fig. 185 et pl. XIII, fig. 203, 204, 205, 206; — ses rapports avec les fentes branchiales et avec la fosse buccale (voir *Pharynx* et *pharyngienne* [membrane]).

Intestin grêle. — Pl. XXXI, fig. 483 (en *IG*); — pl. XXXIV, fig. 539; — pl. XXXV, fig. 543, 544, 547 à 550; — pl. XXXVIII, fig. 600 et suivantes; — ses circonvolutions, pl. XXXIX, fig. 620 et suivantes (voir l'explication de la figure 620).

Intestin (gros). — Pl. XXXV, fig. 551 (en *IR*) et suivantes; — pl. XXXVIII, fig. 601, 612 et suivantes; — pl. XXXIX, fig. 620 et suivantes.

Intestin postérieur. — Pl. VIII, fig. 116 (*b i p*, bord de cet intestin); — sa première indication sur une coupe longitudinale, pl. XX, fig. 316; — sur une coupe transversale, pl. XX, fig. 331; — son état mieux délimité, pl. XXI, fig. 335; — pl. XXIII, fig. 369, 372 à 374, 382 à 387; — sa portion caudale, pl. XXIII, fig. 388 (en *IC*); — pl. XXVI, fig. 415, 416, 418 et suivantes; — pl. XXVII, fig. 431, 432 à 441; — pl. XXX, fig. 476; — pl. XXXII, fig. 495 et suivantes.

Jaune de l'œuf. — Pl. I et pl. XI.

Lame fibro-intestinale. — Voir *Fibro-intestinale.*

Lames médullaires. — Première apparition, pl. III, fig. 52 et 60; — pl. IV, fig. 67, 68; — première indication de leur rapprochement pour se souder, pl. IV, fig. 71, 72.

Leur fermeture en un canal médullaire, d'abord à la région antérieure, pl. IV, fig. 77; — leur constitution à leur apparition, pl. XI, fig. 181; — elles existent encore, à plat, à la région postérieure, alors qu'elles ont constitué une gouttière ou déjà un canal à la partie antérieure, pl. XIV, fig. 221 à 223.

Lames musculaires de la prévertèbre. — Pl. XVII, fig. 277; — pl. XVIII, fig. 293 et 294; — pl. XIX, fig. 304; — pl. XX, fig. 321, 322 et suivantes; — pl. XXII, fig. 358 et suiv.; — pl. XXIV, fig. 392; — pl. XXVII, fig. 430; — ces lames s'étendent et descendent vers les membres, pl. XXXI, fig. 478 et suivantes; — pl. XXXII, fig. 504 à 507.

Lame prévertébrale. — Pl. V, fig. 93 (en *LP*); — pl. VI, fig. 98; — pl. XVII, fig. 281; — pl. XVIII, fig. 299; — pl. XXI, fig. 348.

Ligne primitive. — Pl. I, fig. 4; — sa première apparition et son origine, pl. III, fig. 36, 43, 44, 45; — sa situation et sa direction, pl. III, fig. 46; — pl. IV, fig. 64 et suivantes; — sa constitution, pl. XI; — sa tête, pl. XI, fig. 164, 174, 175; — ses rapports avec le sinus rhomboïdal, pl. V, fig. 89; — pl. XVI, fig. 266; — ses derniers restes, pl. VI, fig. 98 et 100; — pl. VII, fig. 107; — ses rapports avec le mésoderme, pl. XIII, fig. 210; — pl. XVII, fig. 282 et 283; — pl. XVIII, fig. 301 et 302; — pl. XX, fig. 332 (voir encore *Gouttière primitive*).

Maxillaire inférieur (arc). — Pl. IX, fig. 128 (en AB_1, ou premier arc branchial); — pl. X, fig. 146; — pl. XXII, fig. 356; — pl. XXIV, fig. 393; — pl. XXVIII, fig. 448; — pl. XXIX, fig. 465, 466; — pl. XXXIII, fig. 512 à 517; — pl. XXXVI, fig. 570 à 573.

Maxillaire inférieur (nerf). — Pl. XXXIII, fig. 512, 513, 514; — pl. XXXVI, fig. 575.

Maxillaire supérieur (bourgeon). — Pl. IX, fig. 125 (en *MS*); — pl. XXVIII, fig. 450, 452; — pl. XXIX, fig. 465, 466; — arc maxillaire supérieur, pl. XXXIII, fig. 512 à 517; — pl. XXXVI, fig. 570 à 574.

Maxillaire supérieur (nerf). — Pl. XXXIII, fig. 512 à 514.

Médullaire (gouttière et lames). — Voir *Gouttière* et *Lames.*

Membrane granuleuse. — Pl. II, fig. 17 à 20 (en *G*).

Omphalo-mésentériques (artères). — Pl. VII, fig. 106 (en *A o m*); — leurs branches, pl. VIII, fig. 114; — leur origine primitive des deux aortes abdominales, pl. XX, fig. 327; — pl. XXI, fig. 346; — pl. XXII, fig. 364; — pl. XXV, fig. 412; — pl. XXX, fig. 475, 476; — pl. XXXII, fig. 495; — pl. XXXV, fig. 544, 546, 547; — pl. XXXVII, fig. 582, 595 et 596; — pl. XXXVIII, fig. 599 à 606.

Omphalo-mésentérique (canal). — Pl. IX, fig. 142; — pl. X, fig. 144 (en *COM*); — pl. XXXI, fig. 486 et suivantes (voir notamment l'explication de la figure 486); — pl. XXXII, fig. 495; — pl. XXXIV, fig. 541; — pl. XXXV, fig. 544, 546, 547; — pl. XXXVIII, fig. 601, 605; — pl. XXXIX, fig. 617 et suivantes; — pl. XL, fig. 647 et suivantes.

Omphalo-mésentériques (veines). — Leur apparition première, pl. V, fig. 87, 88; — leurs branches, pl. VII, fig. 106 et suivantes.

Leur constitution et rapports au début, pl. XIV, fig. 232 et 233; — pl. XV, fig. 235, 242; — leur continuité avec la portion veineuse du cœur, pl. XVI, fig. 259; — elles reçoivent les canaux de Cuvier, pl. XX, fig. 321 et 322.

Tronc veineux omphalo-mésentérique, pl. XXII, fig. 359 et 360; — pl. XXX, fig. 474 à 476; — pl. XXXI, fig. 478 et suivantes.

Ce tronc décrit un trajet spiroïde autour de la lumière de l'intestin, pl. XXXI, fig. 482 à 486; — pl. XXXIV, fig. 536 à 541; — pl. XXXV, fig. 544, 546; — pl. XXXVII, fig. 592 à 596; — ses rapports au niveau du cœur et du foie, pl. XXXIV, fig. 529 à 534; — pl. XXXVII, fig. 581, 582, 588 à 595; — pl. XXXVIII, fig. 599, 601, 605.

Ophtalmique de Willis (nerf). — Pl. XXXIII, fig. 512 à 514; — pl. XXXV, fig. 564 et suivantes.

Optique (nerf) ou pédicule de la vésicule oculaire secondaire. — Sa première indication, pl. XXI, fig. 336; — pl. XXIV, fig. 399; — pl. XXVII, fig. 430 (en *NO*); — pl. XXIX, fig. 453, 465, 466; — pl. XXXIII, fig. 515 à 517; — pl. XXXVI, fig. 568 à 570.

Oreille. — Voir *Fossette auditive* et *Vésicule auditive*.

Oreille externe. — Pl. X, fig. 147, 153.

Oreille interne. — Pl. XXXIII, fig 509 à 511; — pl. XXXV, fig. 545; — pl. XXXVI, fig. 577.

Oreillettes (du cœur). — Pl. XXV, fig. 401; — pl. XXX, fig. 468 à 473; — pl. XXXIII, fig. 521; — pl. XXXIV, fig. 524 à 528; — pl. XXXVI, fig. 577; — pl. XXXVII, fig. 581 à 587; — pl. XXXVIII, fig. 599 à 601.

Ouraque (ou pédicule de l'allantoïde). — Pl. IX, fig. 142; — pl. XXXV, fig. 547 et 548; — pl. XXXVIII, fig. 606 à 612.

Ovaire. — Pl. I, fig. 1; — pl. II, fig. 16 à 18.

Ovisac. — Constitution de ses parois, pl. II, fig. 19 et 20.

Ovules. — Dans l'ovaire, pl. I, fig. 1; — pl. II, fig. 16, 17, 18.

Pancréas. — Sa première apparition, pl. XXX, fig. 479, 480; — pl. XXXIV, fig. 536 et 537; — pl. XXXVII, fig. 582, 594 à 596 (voir l'explication de cette figure); — pl. XXXVIII, fig. 599, 602; — pl. XXXIX, fig. 632 et suivantes.

Papille génitale. — Pl. XXXIX, fig. 632 et suivantes.

Paroi abdominale. — Pl. IX, fig. 142; pl. X, fig. 144, 145, 155, 160.

Péricarde (cloison péricardique). — Pl. XXVII, fig. 430; — pl. XXXIV, fig. 532; — pl. XXXV, fig. 543, 545; — pl. XXXVII, fig. 581, 582, 588 à 593.

Péritonéal (épithélium). — Pl. XXXV, fig. 555.

Pharyngienne (membrane). — Séparant au début la fosse buccale d'avec la partie supérieure du pharynx, pl. XXII, fig. 354 (en *MB*) et 356; — elle se résorbe et disparaît, pl. XXIV, fig. 392; — ses derniers restes, pl. XXVIII, fig. 445.

Pharynx. — Sa première indication (voir *Intestin antérieur* [capuchon céphalique]); — sa forme aplatie transversalement, pl. XVI, fig. 254 à 259; — ses bords, pl. XVI, fig. 259 (en *b, b*); — ses rapports avec les arcs aortiques, pl. XVII, fig. 273; — avec les fentes branchiales, pl. XXI, fig. 338; — ses rapports avec la fosse buccale (voir *Pharyngienne* [membrane]); — il se met en communication avec la fosse buccale, pl. XXIV, fig. 392, 398; — pl. XXXV, fig. 543; — son développement ultérieur, pl. XXXVII, fig. 582; — pl. XXXVIII, fig. 599.

Pie-mère. — Pl. XXIX, fig. 454, 455 (en *p m*); — pl. XXXIII, fig. 509; — pl. XXXVI, fig. 560 à 577.

pl. XXIV, fig. 391, 393, 398; — sa fente inférieure, pl. XXIV, fig. 391.

Les deux feuillets se différencient en rétine et pigment choroïdien, pl. XXVIII, fig. 452; — pl. XXIX, fig. 455, 465 (voir *Rétine*); — pl. XXXIII, fig. 511 à 518; — pl. XXXVI, fig. 564 à 572.

Villosités mésodermiques. — Nous désignons sous ce nom les saillies villeuses des surfaces pleuro-péritonéales qui sont en rapport avec la formation du foie et du diaphragme, pl. XXII, fig. 354, 359 et 360; — pl. XXIV, fig. 391, 392; — pl. XXVII, fig. 430; — pl. XXVIII, fig. 445 (voir l'explication de cette figure); — pl. XXX, fig. 472, 473; — pl. XXXI, fig. 487.

Vitellines (veines). — Antérieures, pl. XII, fig. 106 en (*V v a*); — atrophie de celle du côté droit, pl. VIII, fig. 115; — vues en coupe et rapports, pl. XX, fig. 319 et suivantes; — pl. XXI, fig. 338.

Postérieures, pl. VII, fig. 109 et 112 (en *V v p*); — pl. VIII, fig. 114.

Vitellus. — Sphères du vitellus jaune et du vitellus blanc, pl. I, fig. 20, 21, 22, 23; — segmentation du vitellus, *ibid.*, fig. 24 à 29.

Wolf. — Voir *Canal* et *Corps* (de Wolf), et *Canaux segmentaires*.

FIN DU RÉPERTOIRE ALPHABÉTIQUE.

342-88 — CORBEIL. Imprimerie CRÉTÉ.

Mathias Duval. Atlas d'Embryologie. Planche I.

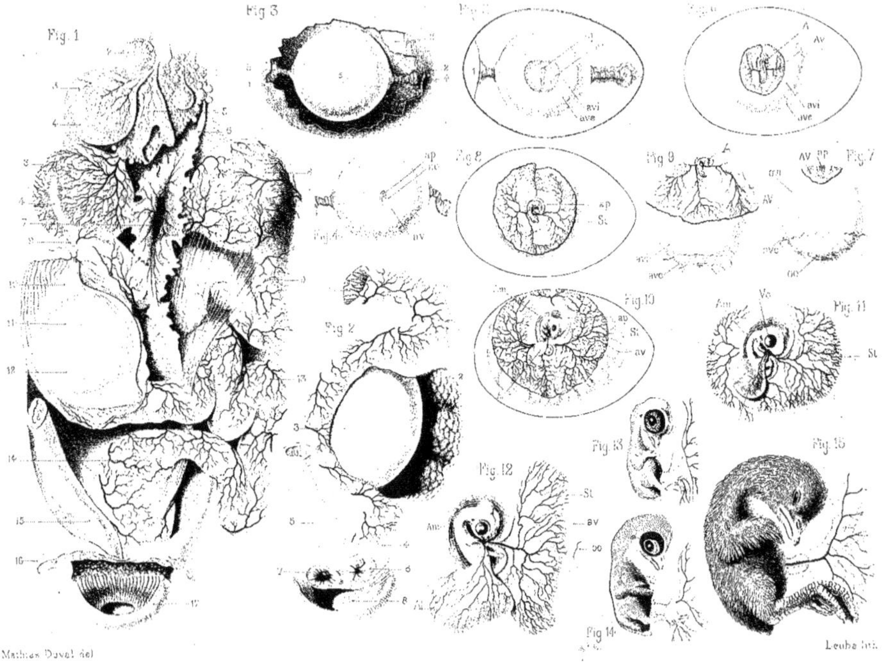

Mathias Duval del.

L'OEUF ET L'EMBRYON

Leuba lith.

G. Masson Editeur.

Imp. Edouard Bry Paris

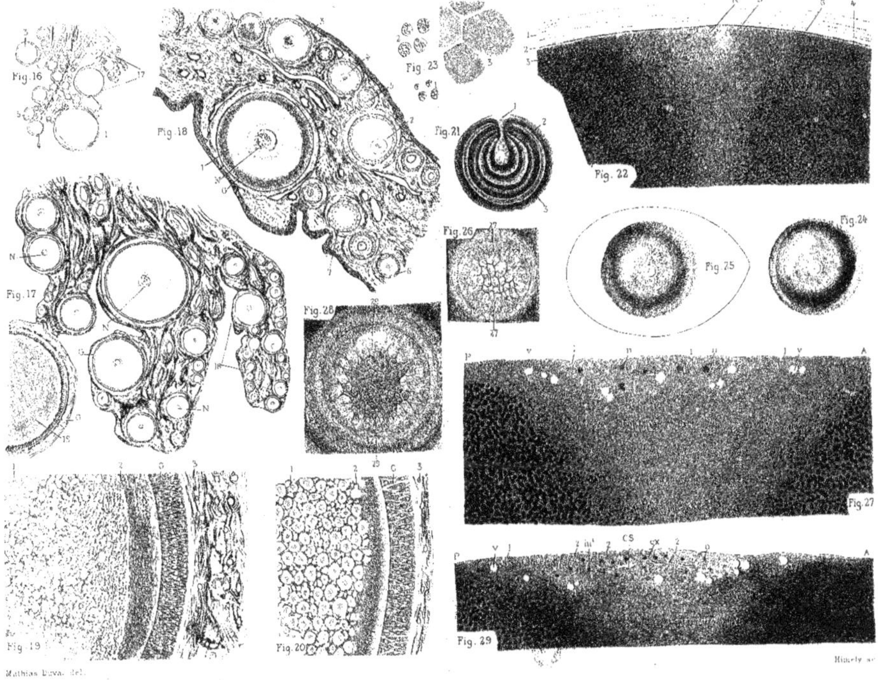

Mathias Duval. del.

Hinely sc.

SEGMENTATION DE L'ŒUF.

G. Masson _ Éditeur.

Imp. Sarrazin, Paris.

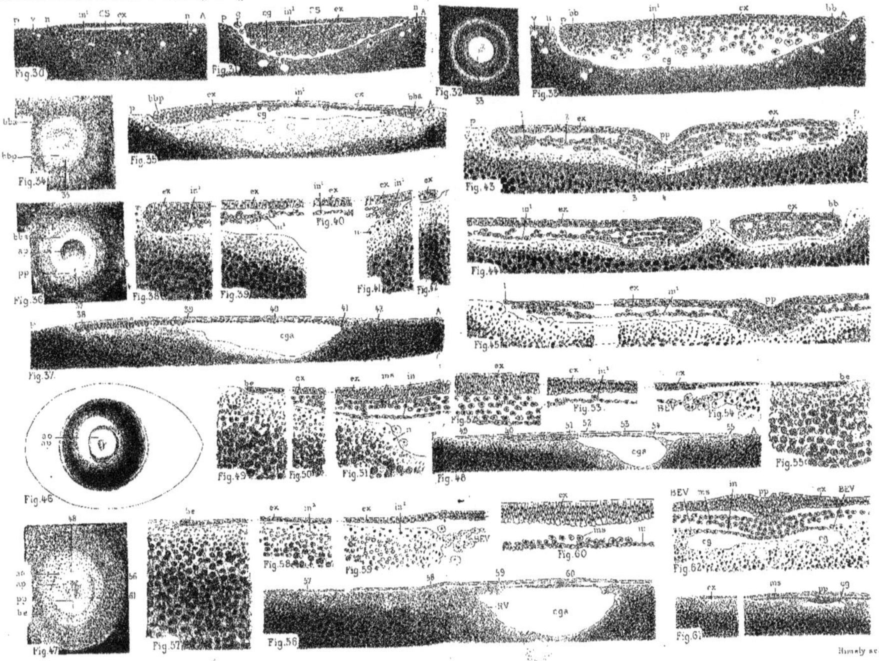

Mathias Duval del.

Hémely sc.

FORMATION DU BLASTODERME.

G. Masson, Éditeur.

Imp. Sarazin, Paris

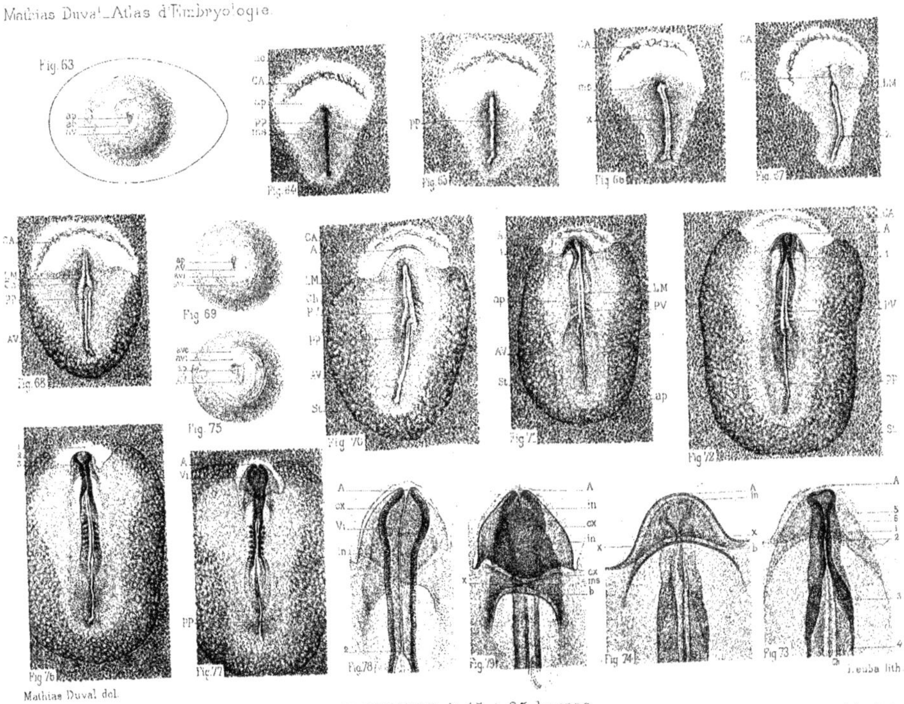

Mathias Duval del.

EMBRYONS de 15 à 25 heures.

Imp. Edouard Bry Paris.

Leuba lith.

G. Masson Éditeur.

Mathias Duval_Atlas d'Embryologie. Planche V.

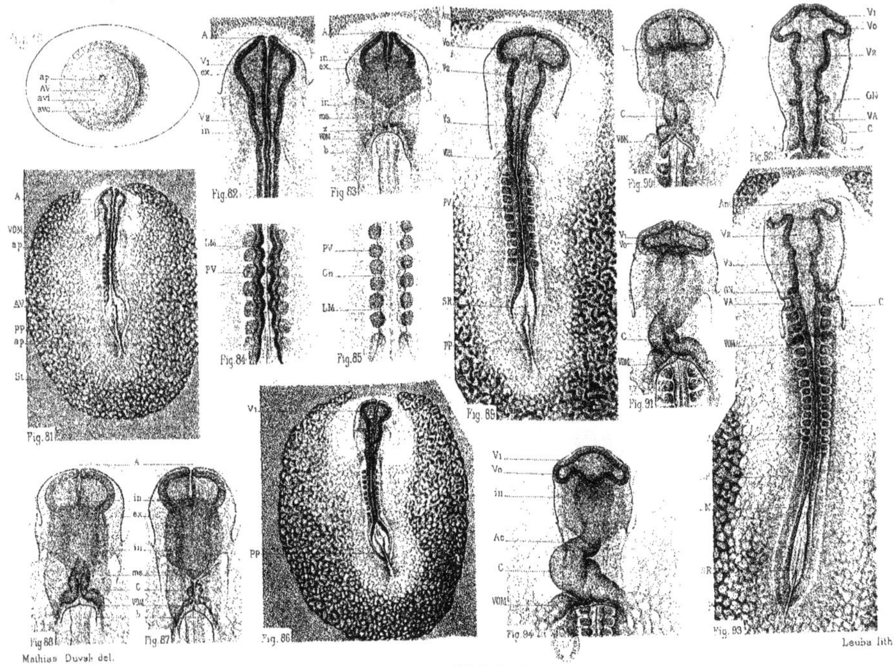

Mathias Duval del. Leuba lith.

EMBRYONS de 26 à 33 heures.

G Masson Editeur. Imp. Edouard Bry Paris.

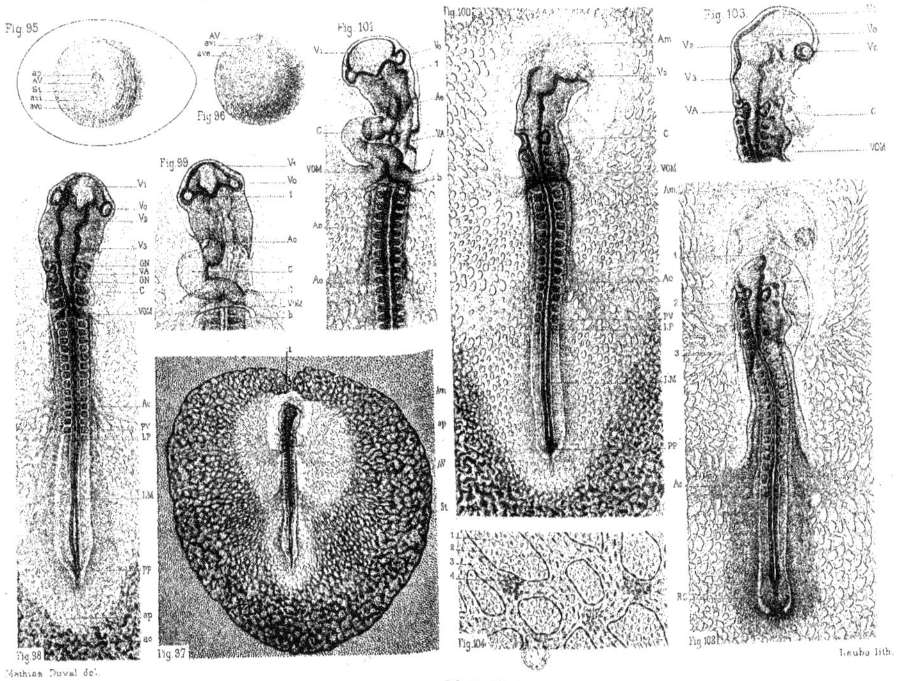

Mathias Duval del.

Leuba lith.

EMBRYONS de 33 à 43 heures.

G. Masson Editeur.

Imp. Edouard Bry Paris.

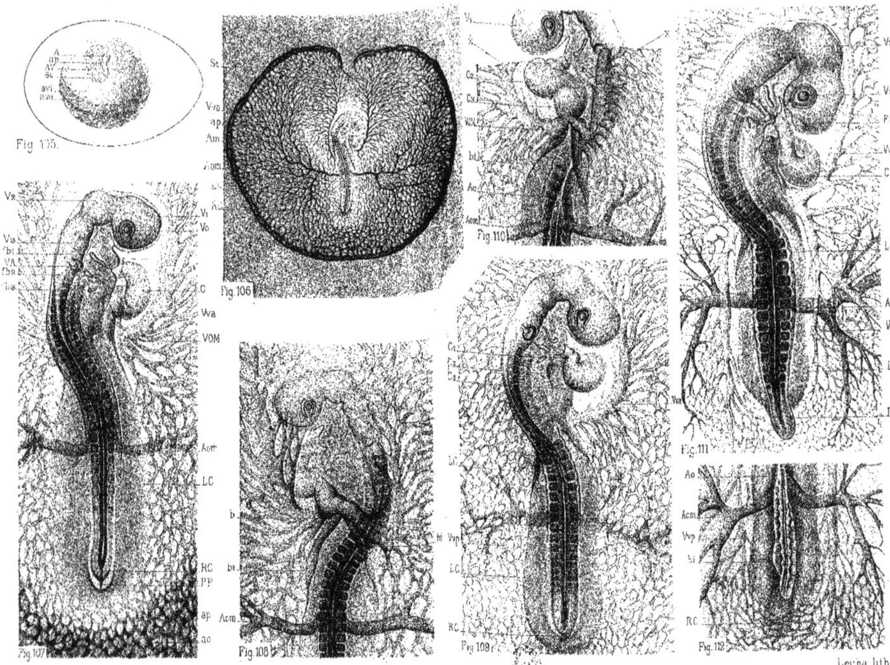

Mathias Duval del.

Leuba lith.

EMBRYONS de 46 à 52 heures

G. Masson Editeur.

Imp. Edouard Bry, Paris.

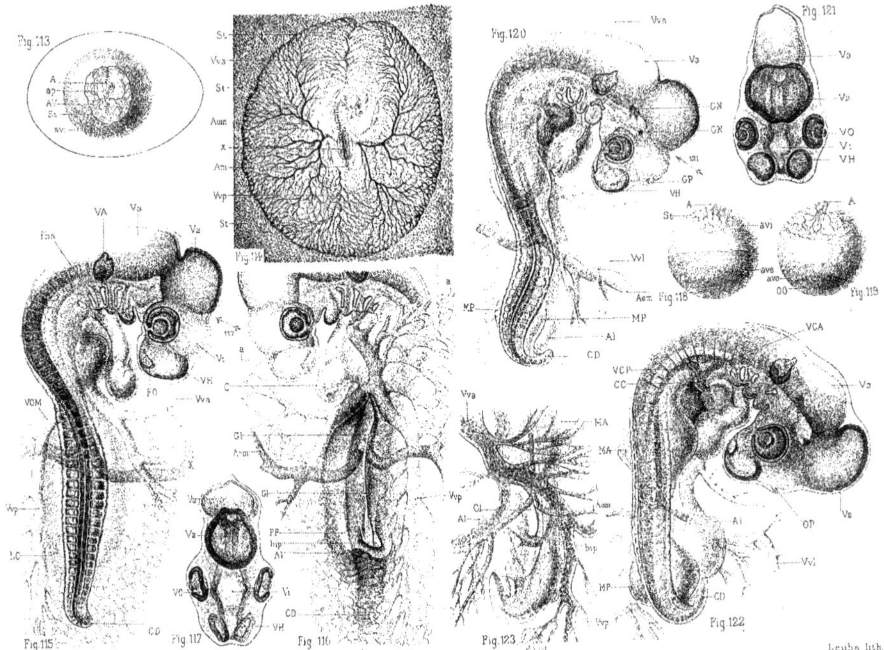

Mathias Duval del.

Leuba lith.

EMBRYONS de la fin du 3me et du 4me jour.

G. Masson, Editeur.

Imp. Edouard Bry Paris.

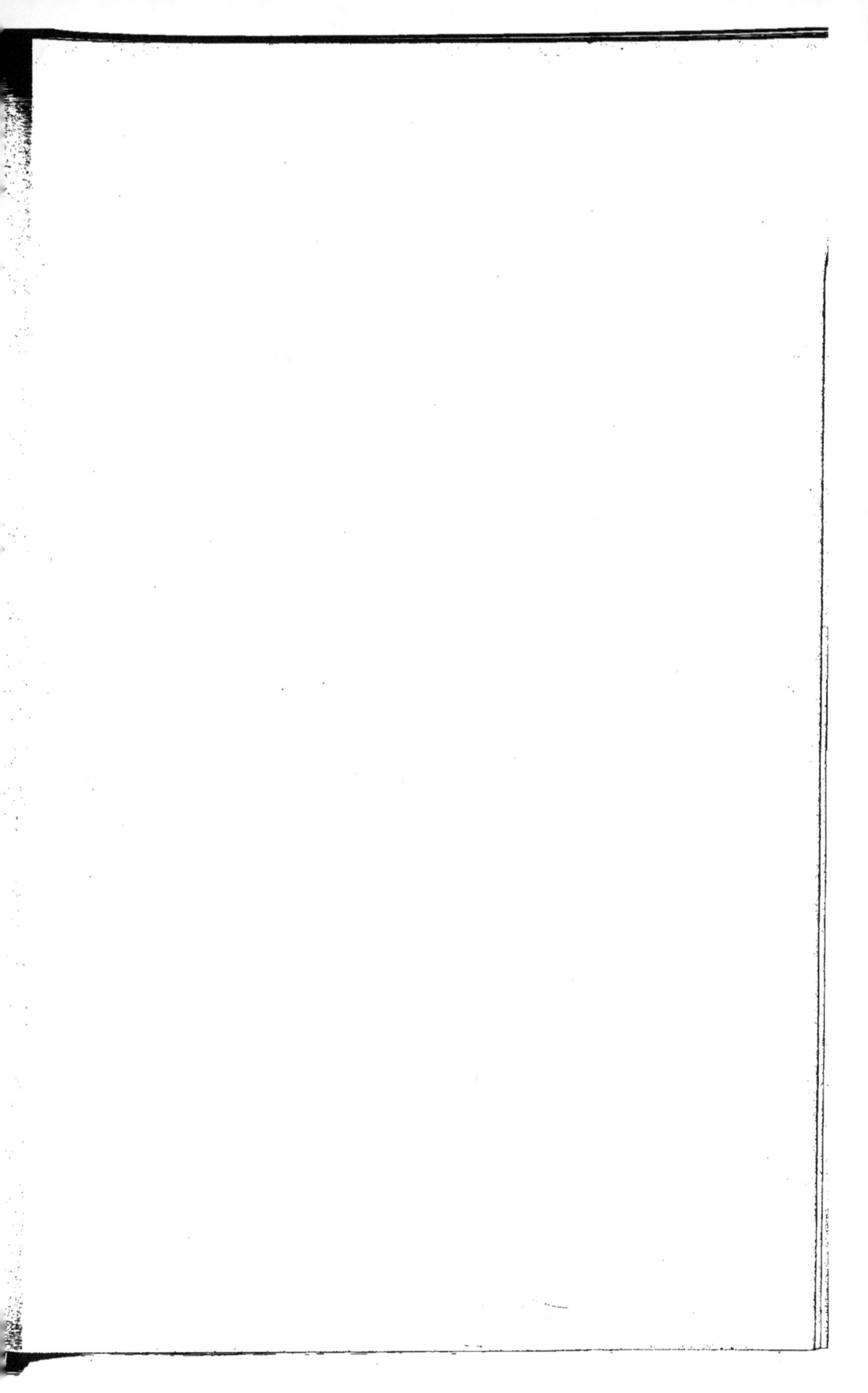

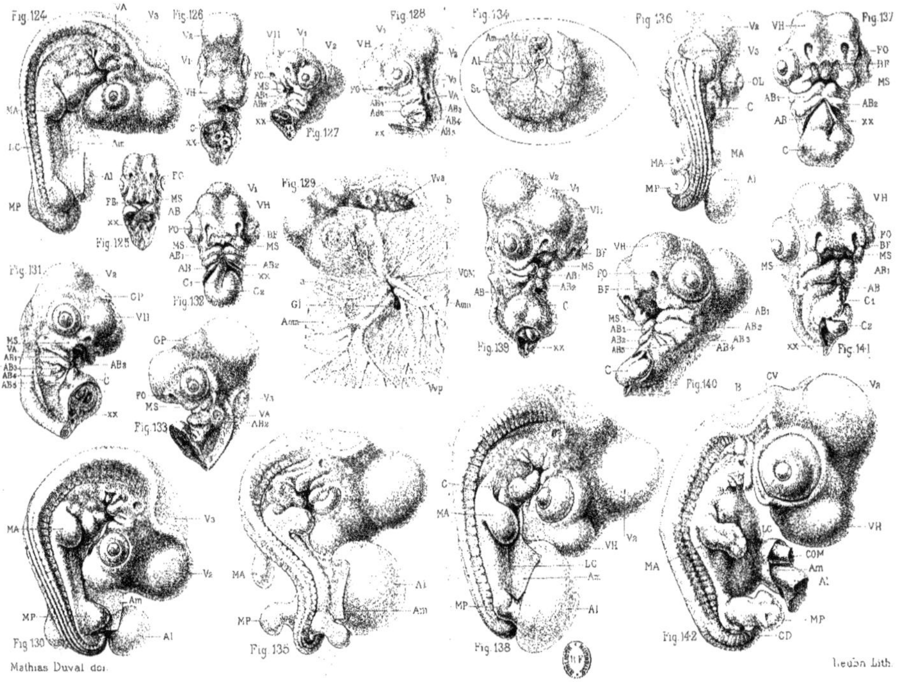

Mathias Duval del. Leuba Lith.

EMBRYONS du 5me et du 6me jour.

G. Masson, Editeur. Imp. Edouard Bry Paris.

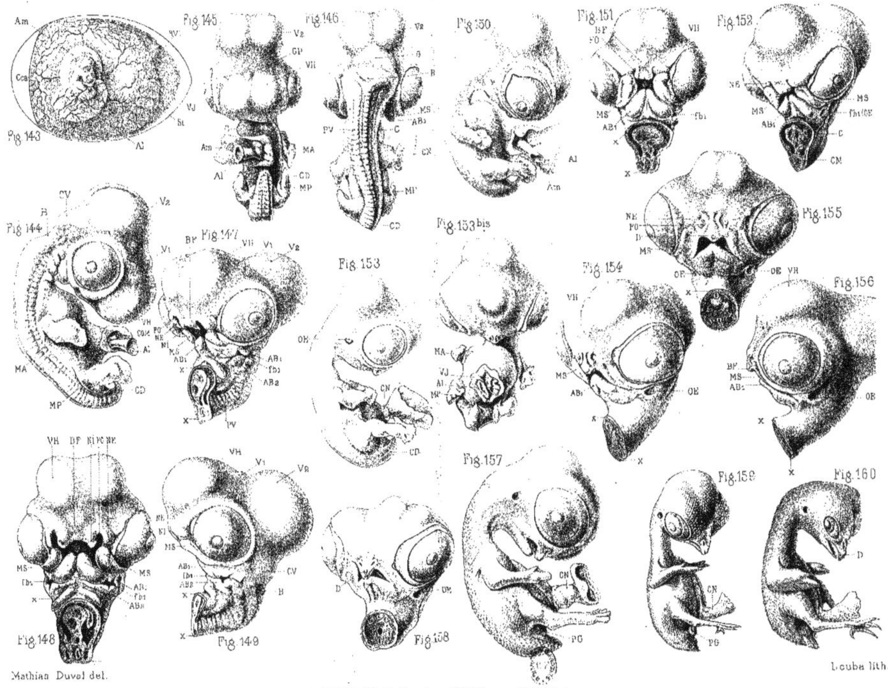

Mathias Duval del. Lcuba lith.

EMBRYONS du 6me au 13me jour.

G. Masson Editeur. Imp. Edouard Bry, Paris.

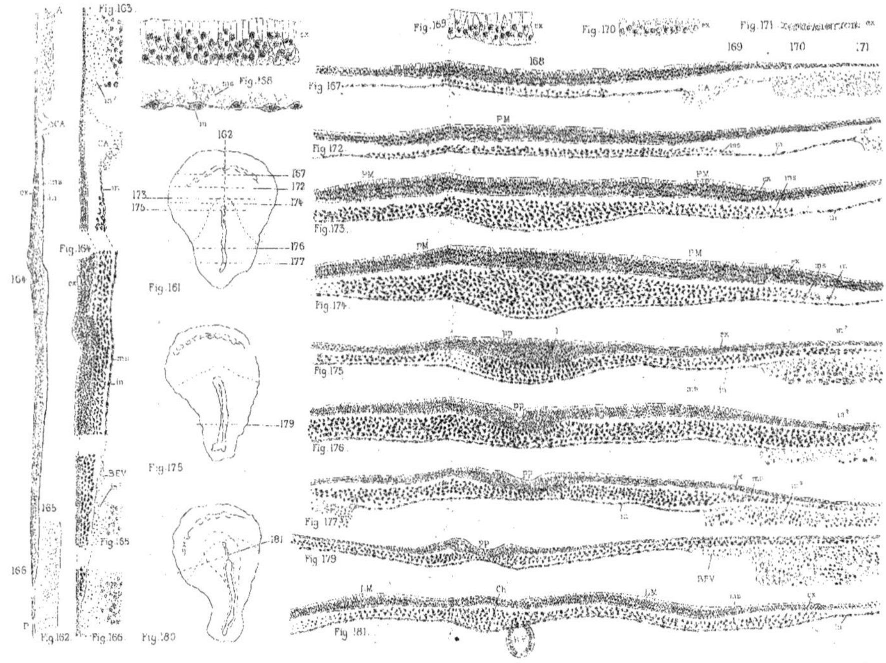

Mathias Duval del.

BLASTODERME VERS LA 17e-2e HEURE

G. Masson, Éditeur

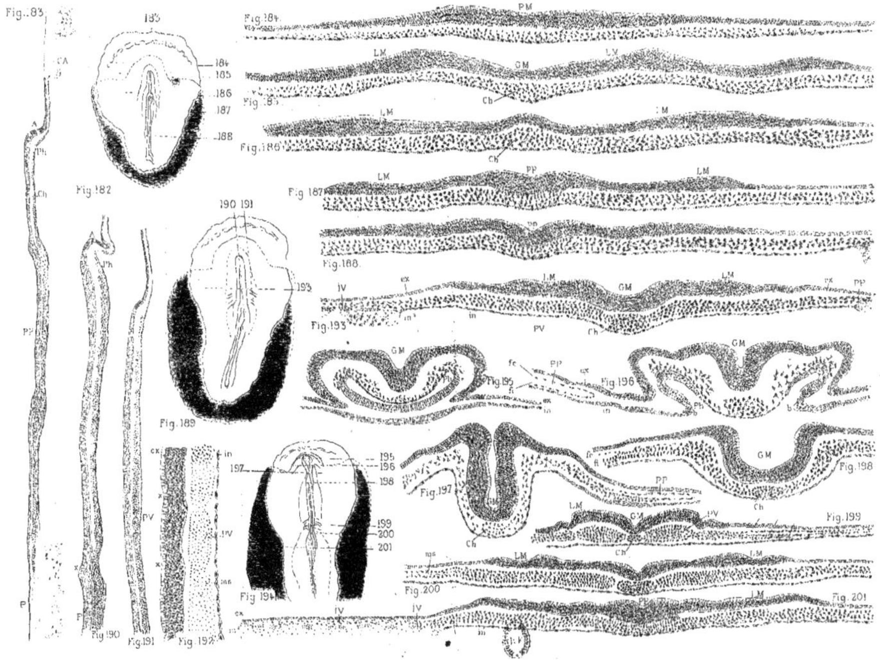

Mathias Duval del.   Hourly sc.

BLASTODERME ET EMBRYON VERS LA 21ème HEURE

G. Masson, Editeur   Imp. Sarazin, Paris

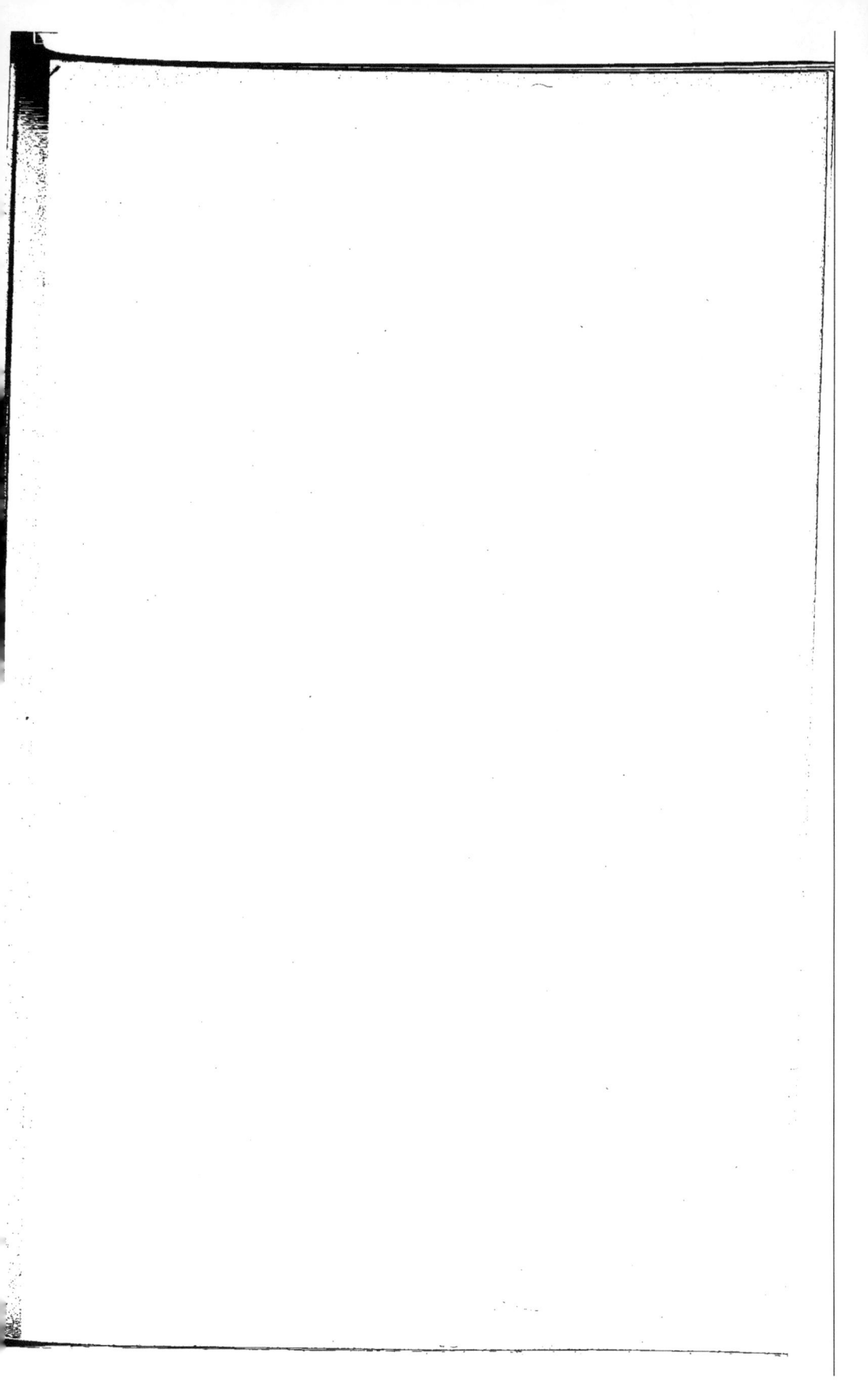

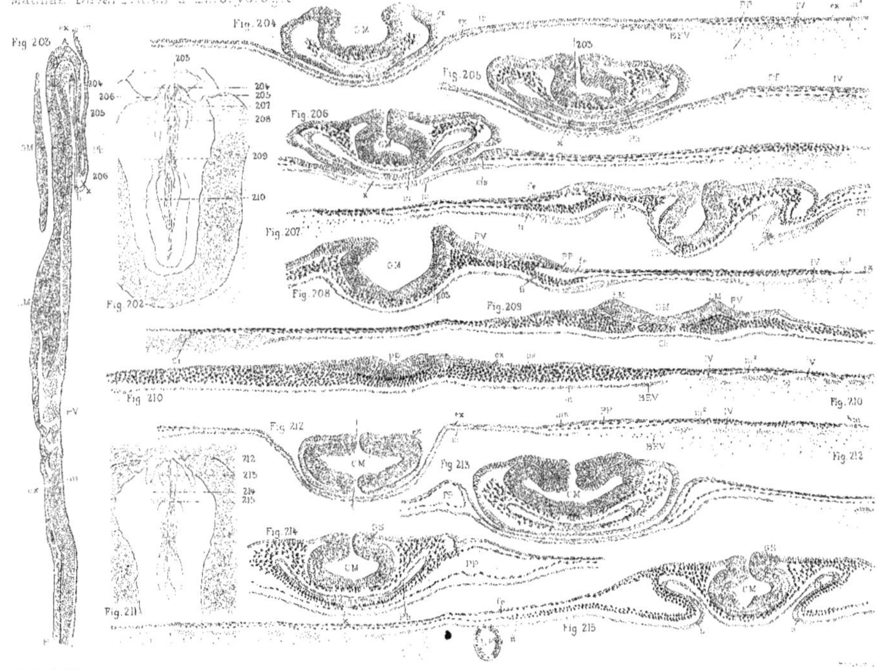

EMBRYON AGÉ DE 23 A 25 HEURES

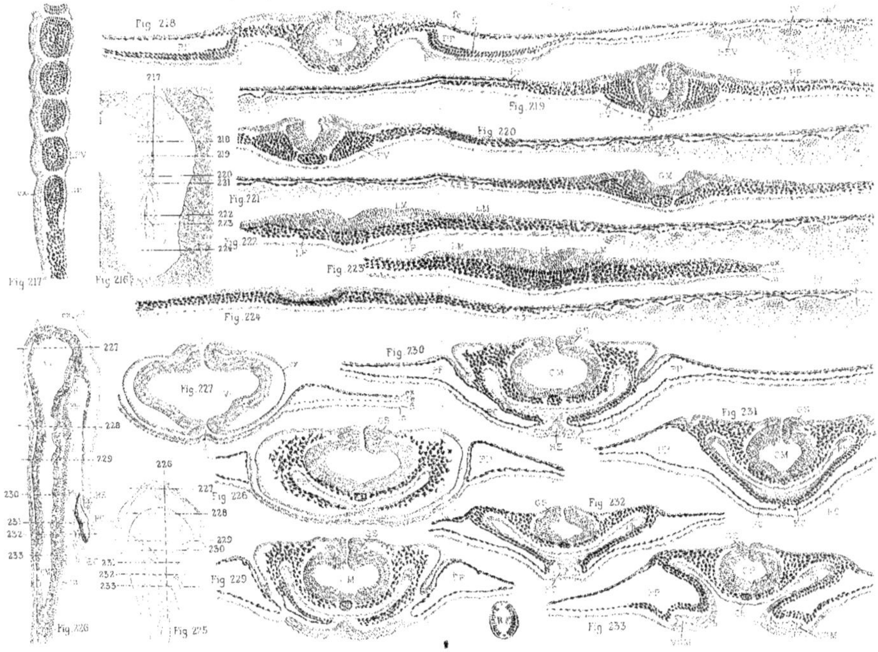

EMBRYON ÂGÉ DE 25 À 26 HEURES.

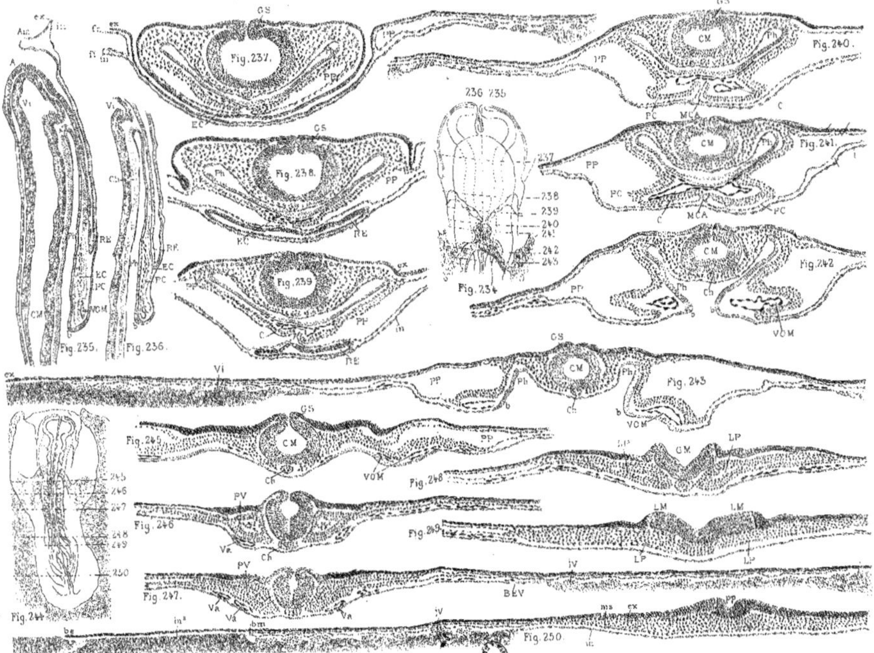

Mathias Duval del.

Himely sc.

EMBRYON DE 27 HEURES

G. Masson, Editeur.

Imp. Sarazin Paris

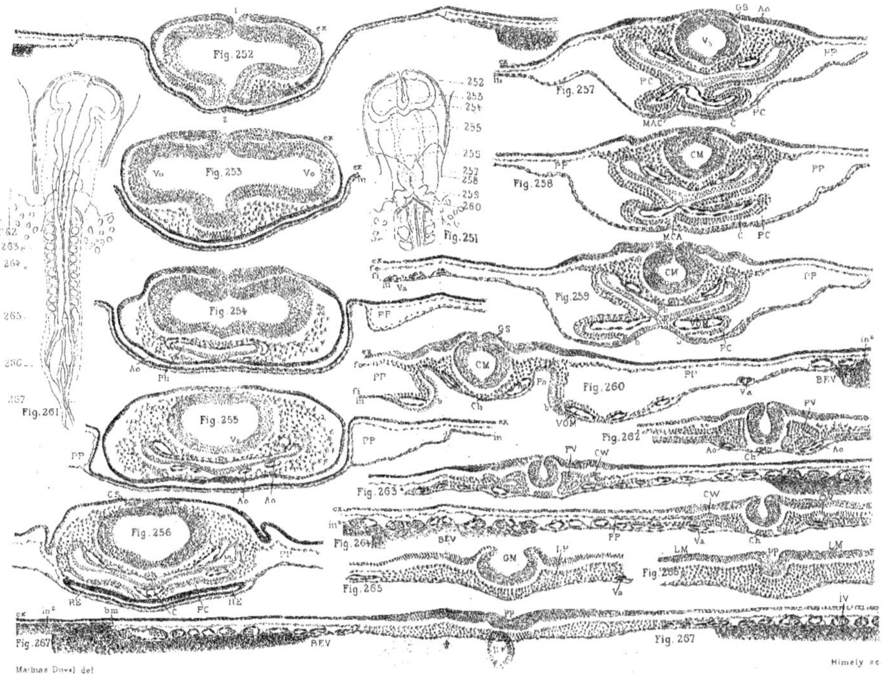

Mathias Duval del.

Himely sc.

EMBRYON DE 29 HEURES

G. Masson, Editeur

Imp. Sarazin Paris

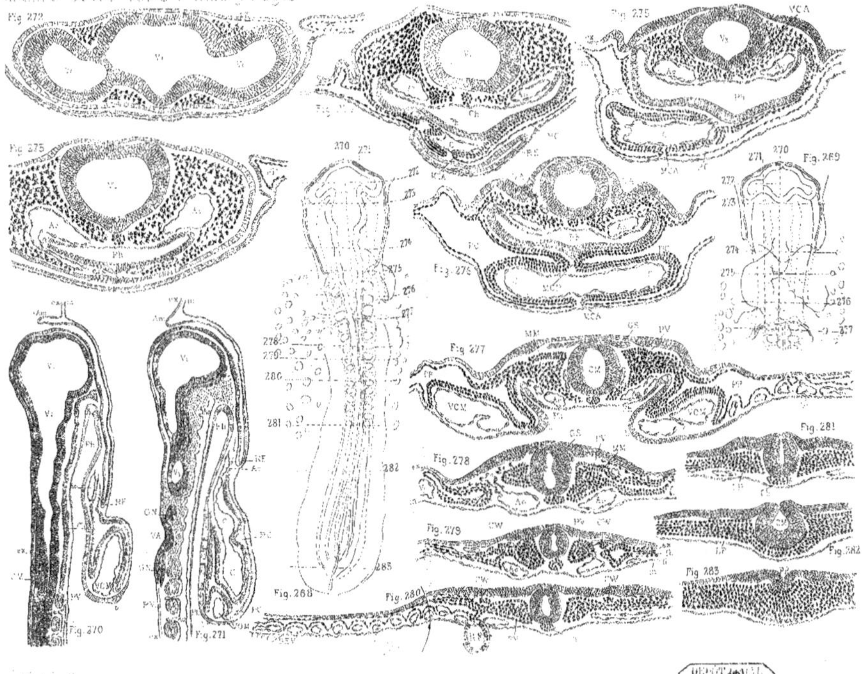

EMBRYON DE 44 HEURES

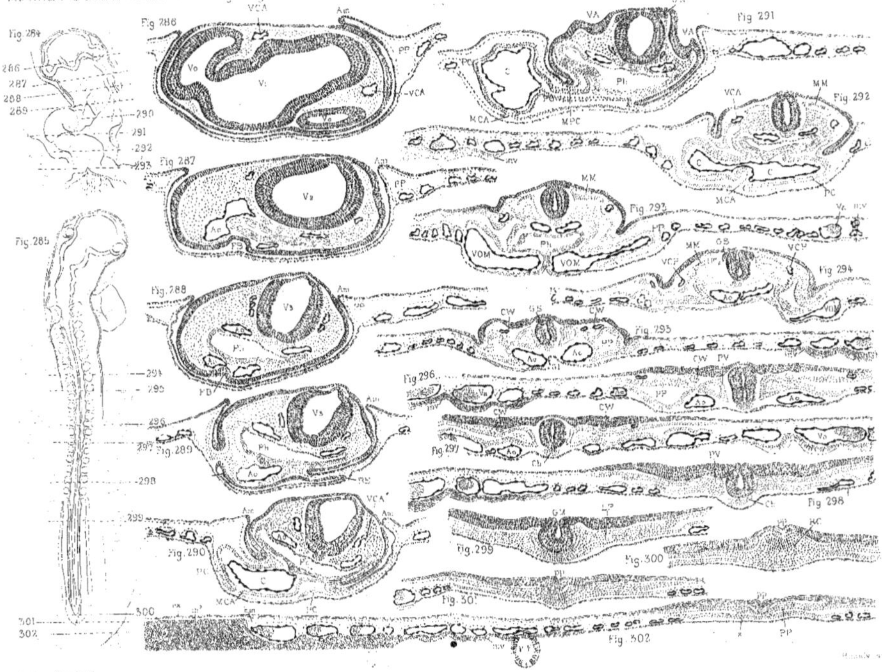

EMBRYON AGÉ DE 41 HEURES

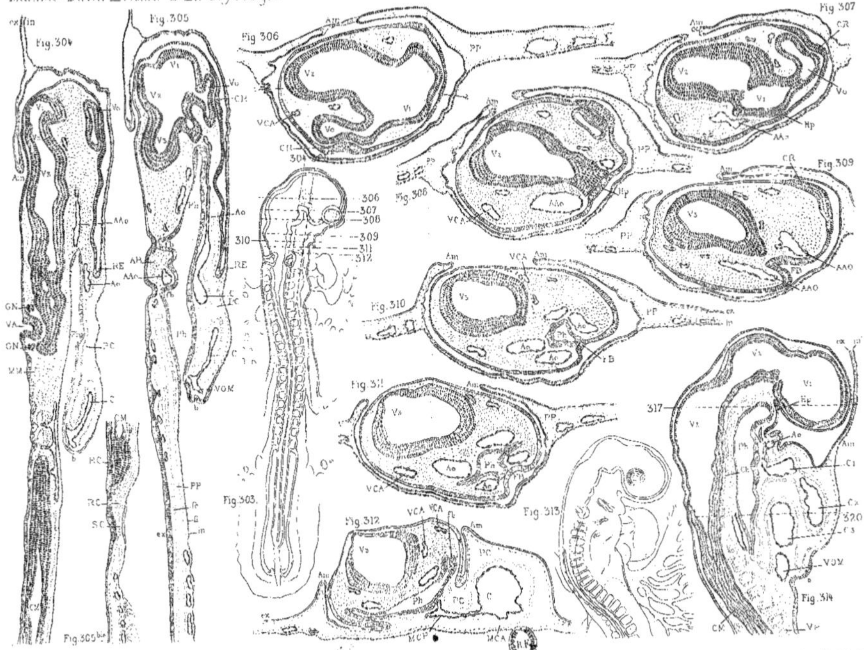

Mathias Duval del.

Rousy sc.

EMBRYON ÂGÉ DE 43 et 46 HEURES

G. Masson Éditeur

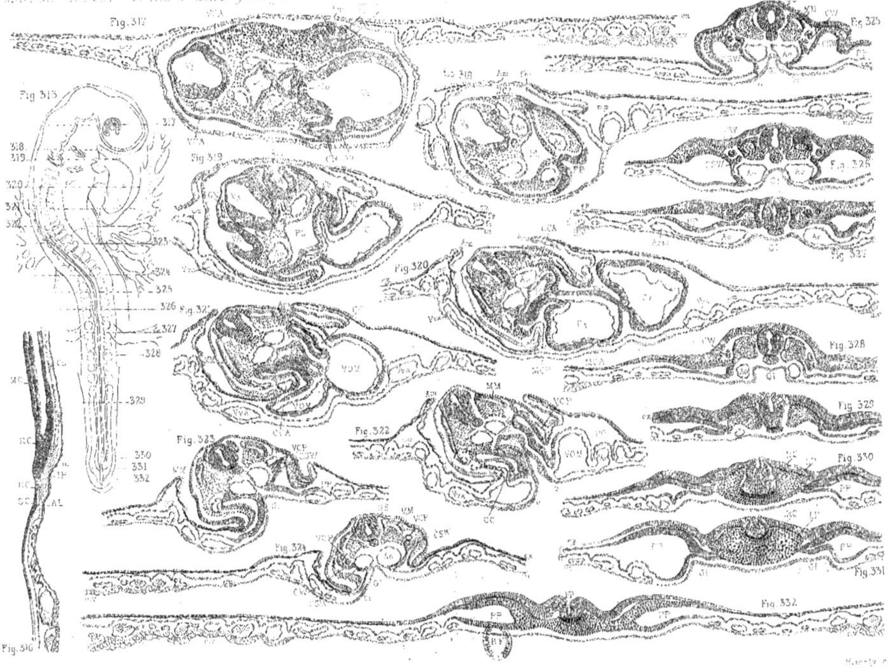

EMBRYON DE 46 HEURES

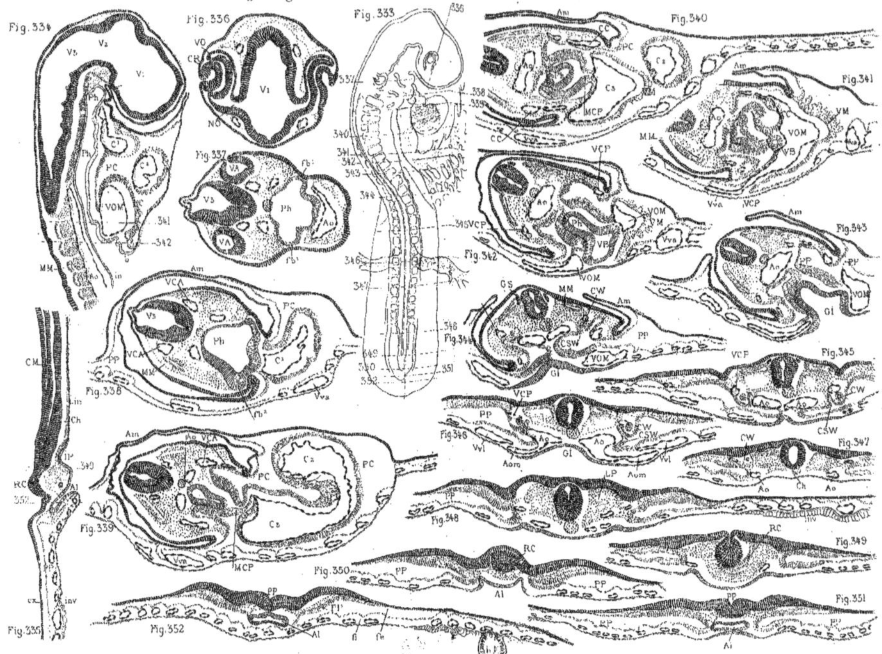

Mathias Duval del. Bouely sc.

EMBRYON DE 48 HEURES.

G. Masson Editeur. Imp. Sarazin Paris.

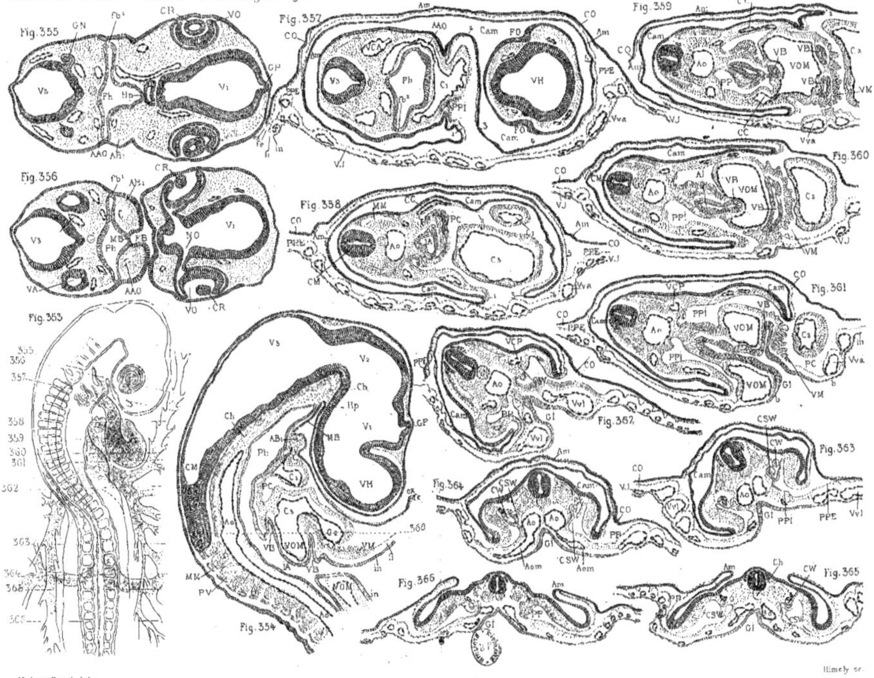

Mathias Duval del.

Hémely sc.

EMBRYON DE 52 HEURES

G. Masson Editeur.
Imp. Lemercier, Paris

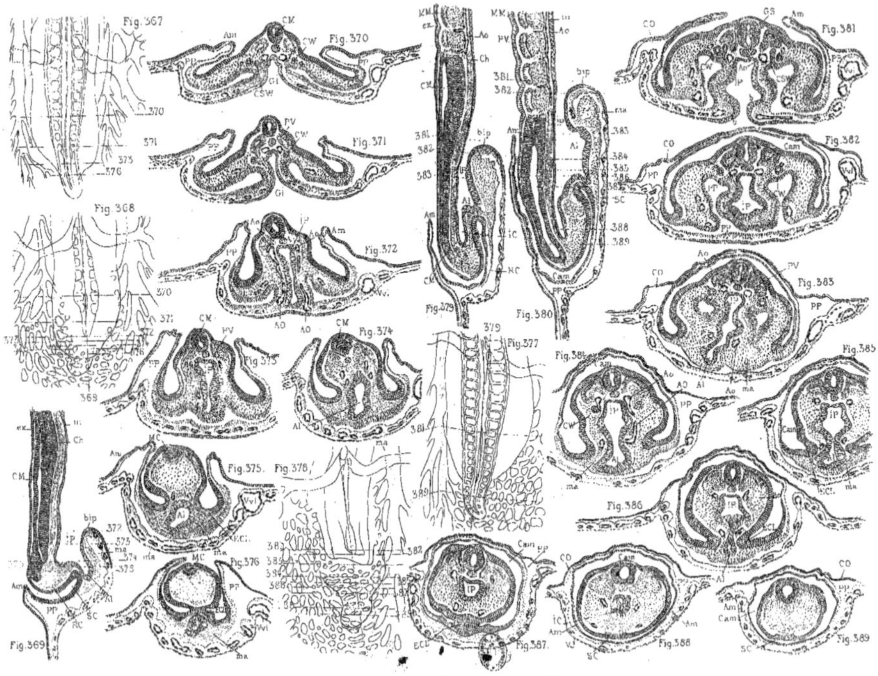

Mathias Duval del. Heuely sc.

EMBRYONS DE 50 A 68 HEURES

G. Masson, Editeur. Imp. Lemercier, Paris.

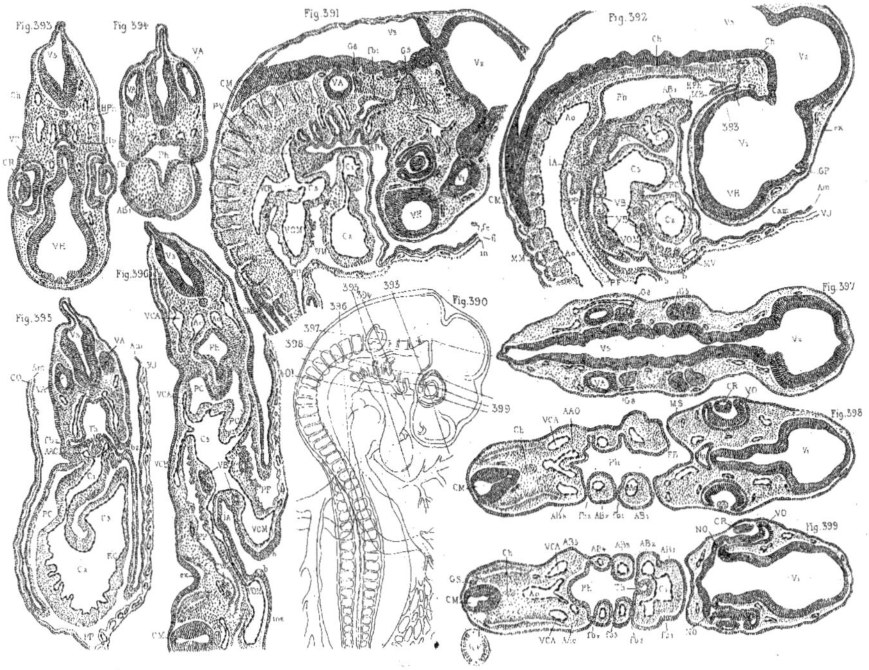

EMBRYON DE 68 HEURES

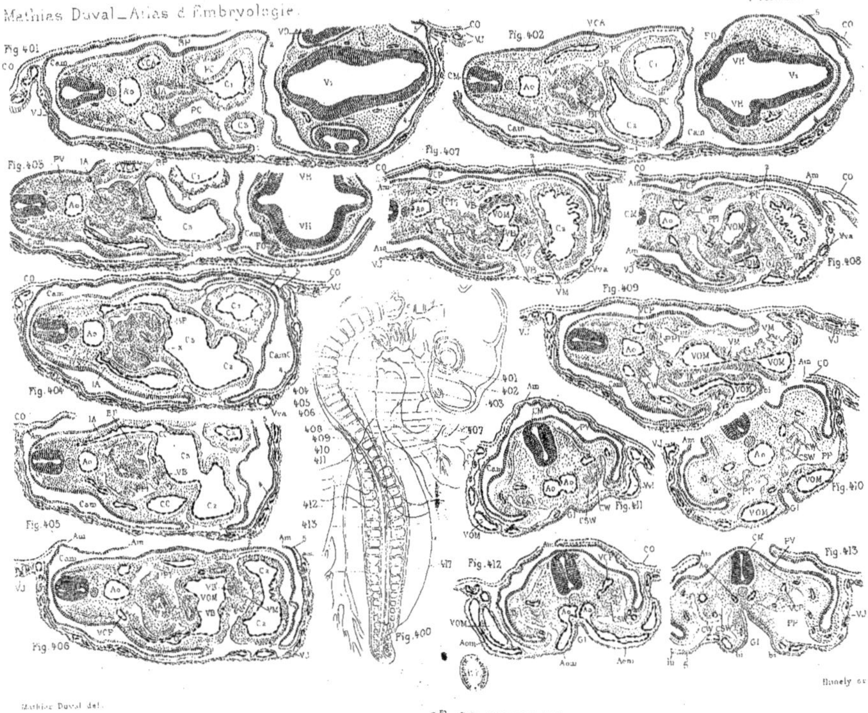

Mathias Duval del.

EMBRYON DE 68 HEURES

Bonely sc.

G. Masson Éditeur

Imp. Sarazin, Paris

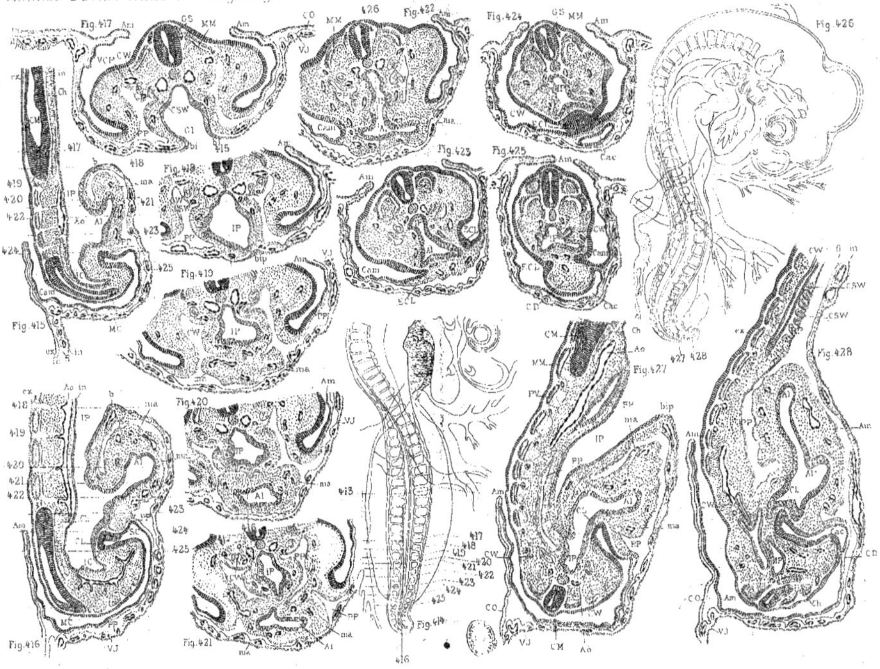

Mathias Duval del. Hunely sc.

EMBRYONS DE 68 ET DE 82 HEURES

G. Masson, Editeur. Imp. Sarazin, Paris

Mathias Duval _ Atlas d'Embryologie. Planche XXVII

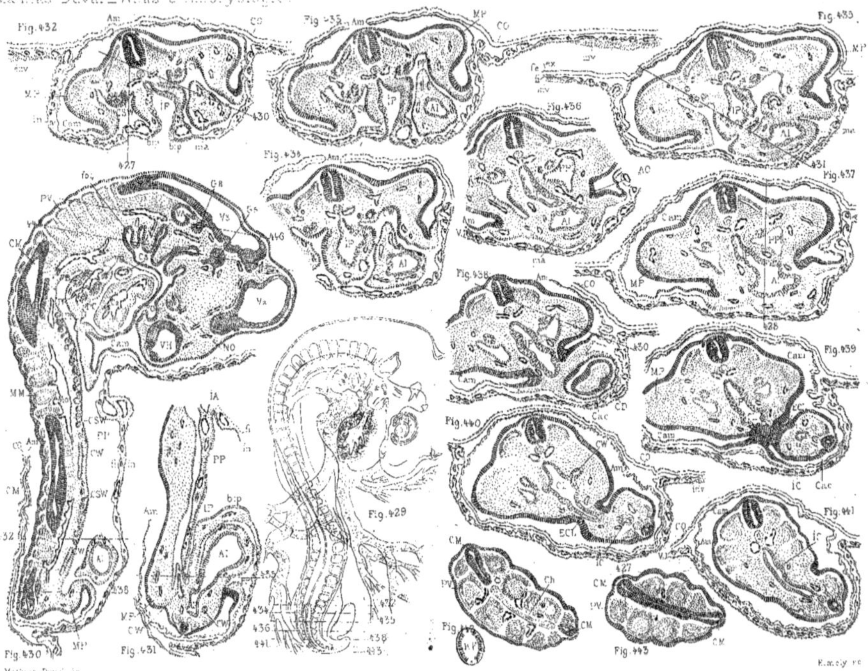

Mathias Duval del. E. Moly sc.

EMBRYON DE 82 HEURES

G. Masson, Éditeur

Imp. Sevenit Paris

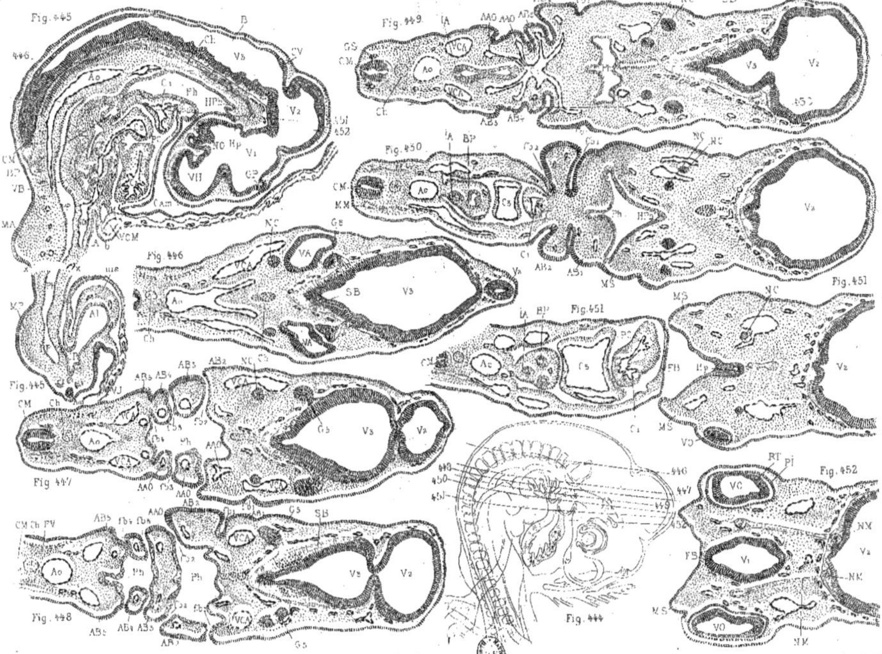

Mathias Duval del.

EMBRYON DE 82 HEURES

G. Masson, Editeur.

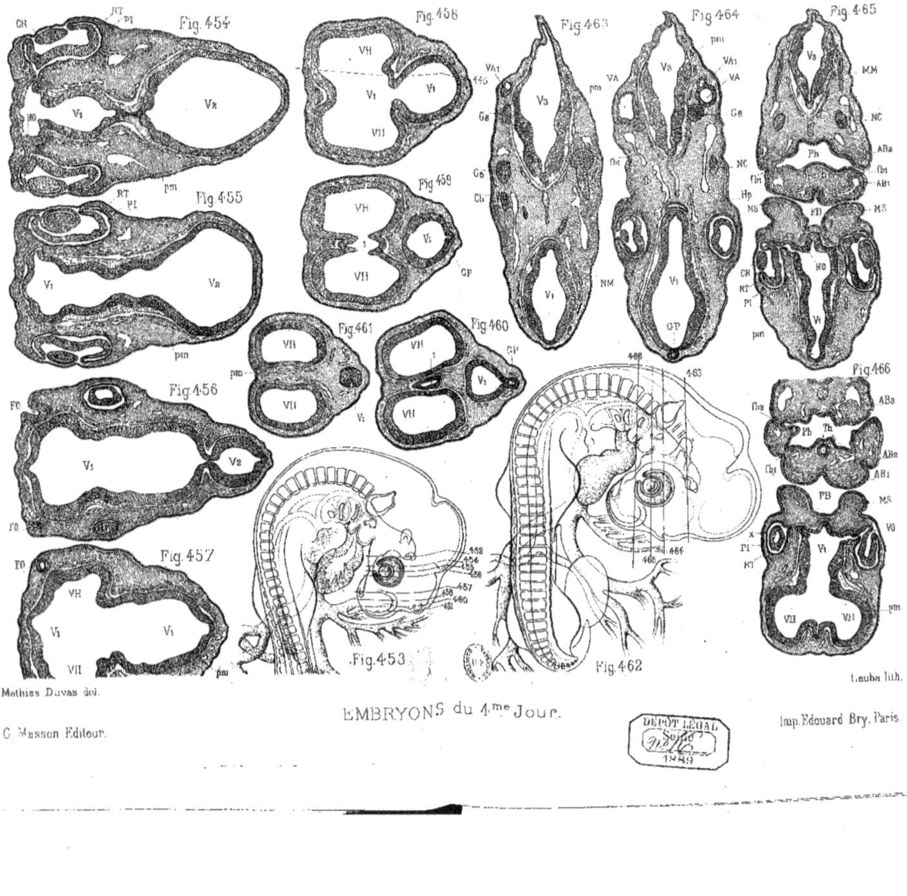

Mathias Duval del.

Leuba lith.

EMBRYONS du 4me Jour.

G. Masson Editeur.

Imp. Edouard Bry, Paris.

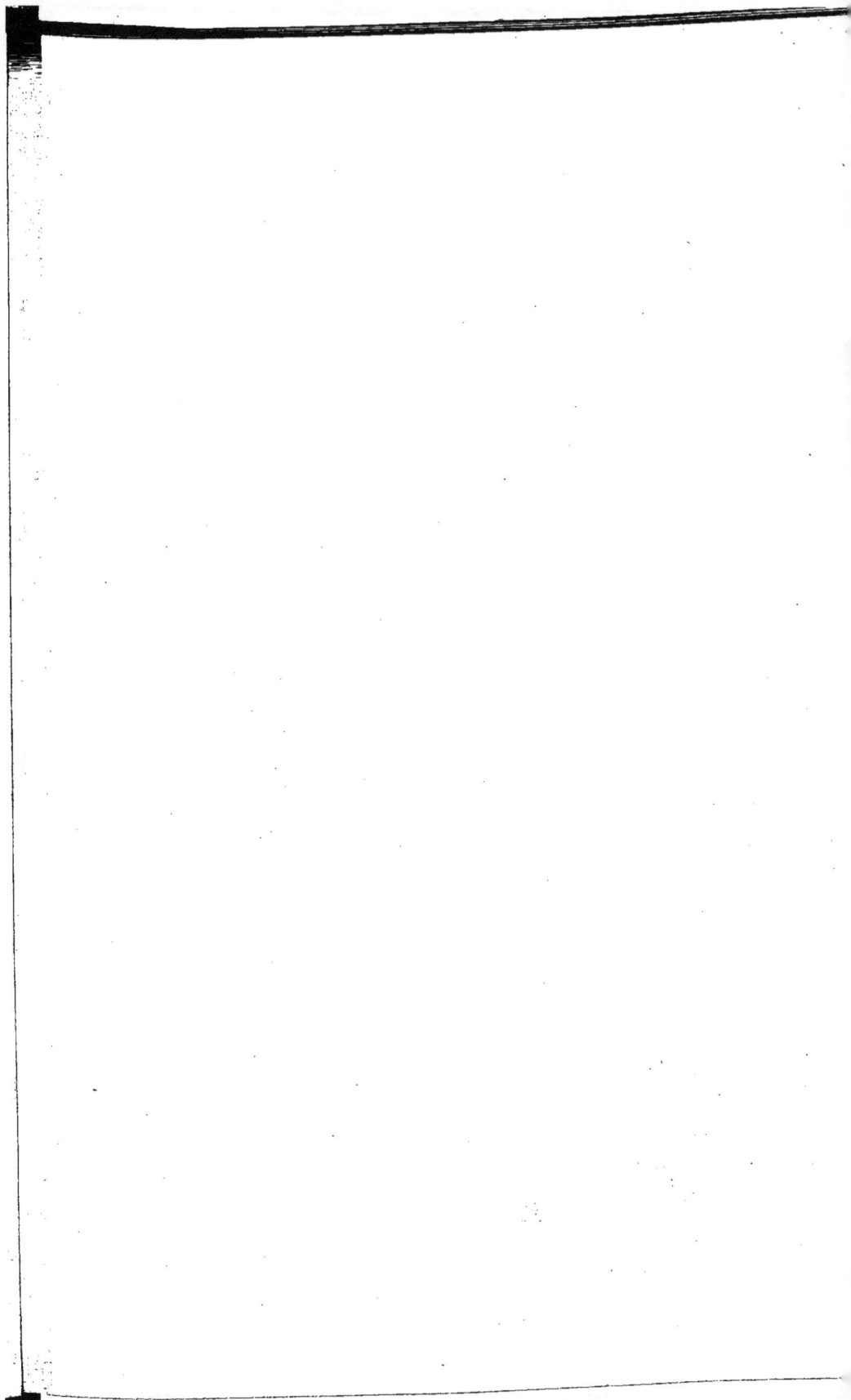

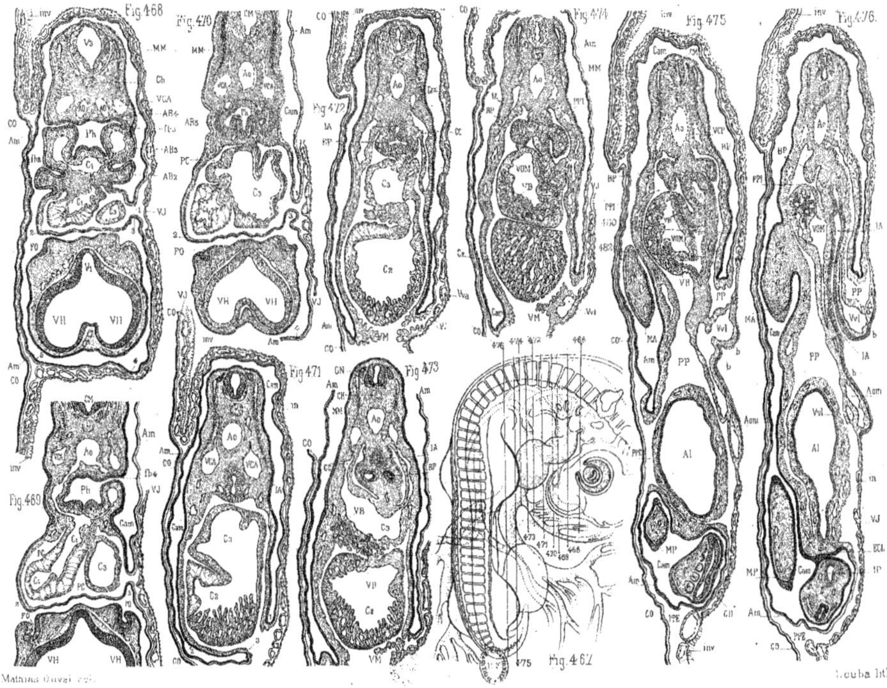

Mathias Duval del. Leuba lith.

EMBRYON du 4me Jour.

G. Masson Editeur. Imp. Edouard Bry, Paris.

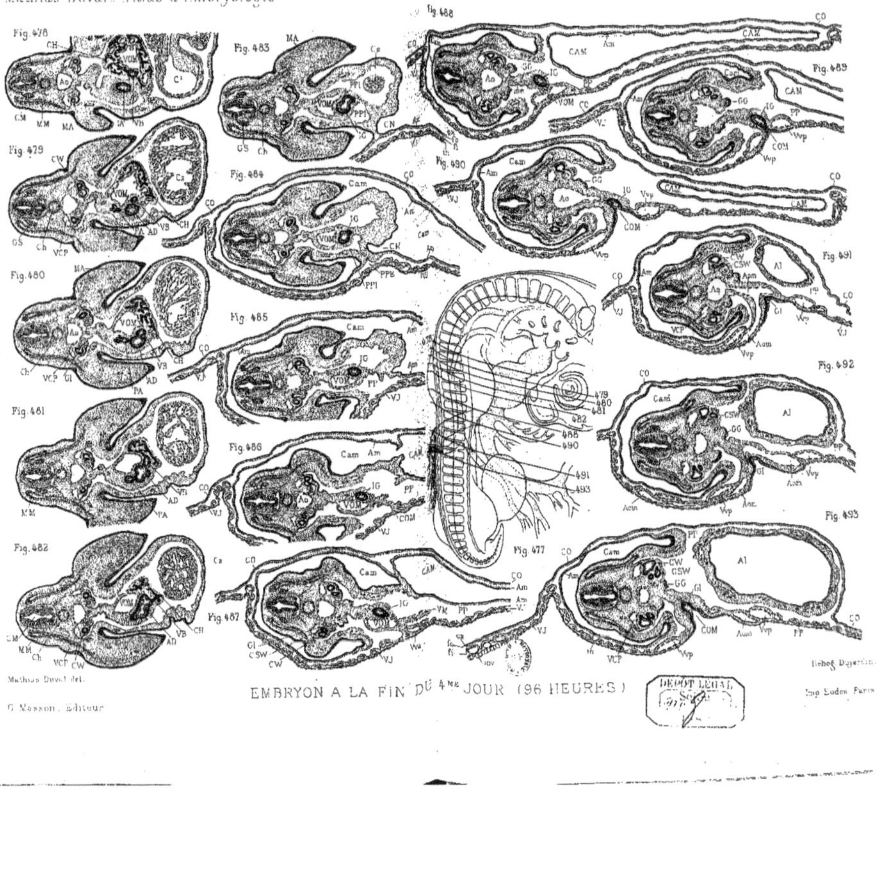

EMBRYON A LA FIN DU 4me JOUR (96 HEURES)

Mathias Duval del.
G. Masson, Editeur
Lith. Dujardin
Imp. Eudes, Paris

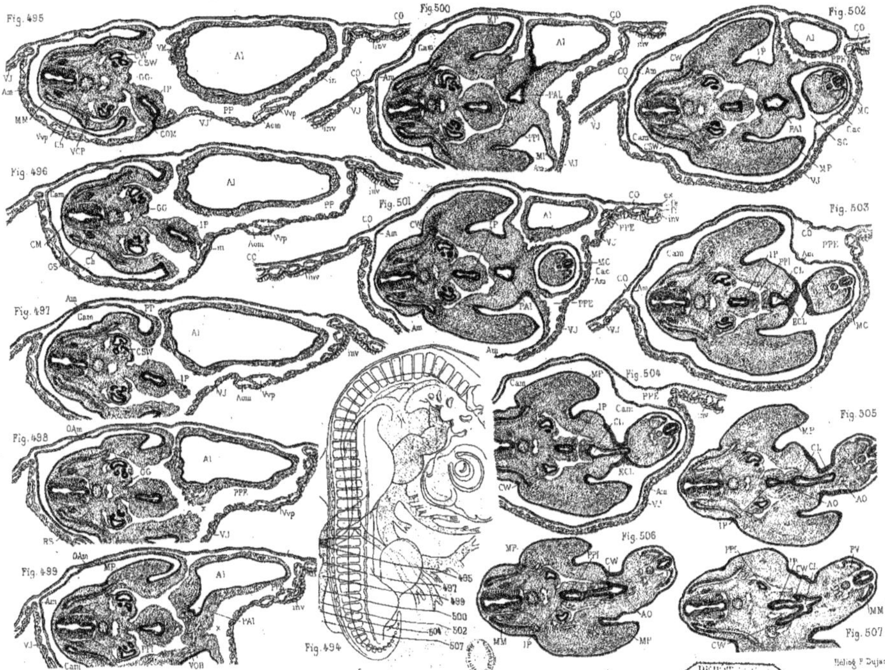

EMBRYON A LA FIN DU 4ME JOUR (96 HEURES)

Mathias Duval del.
G. Masson Éditeur
Héliog. P. Dujardin
Imp. Eudes Paris

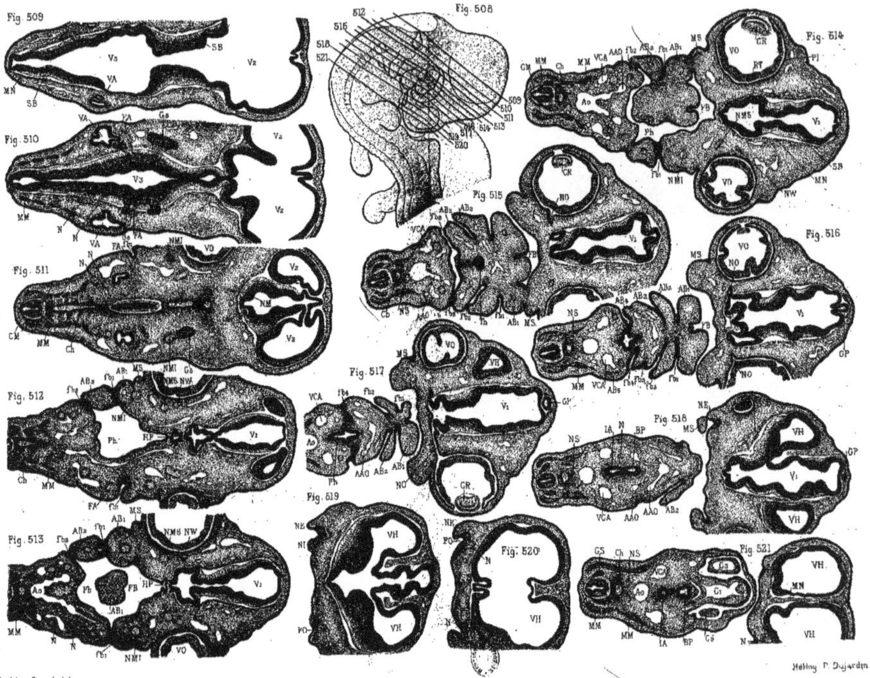

Mathias Duval del

Héliog. P. Dujardin

EMBRYON A LA FIN DU 5ME JOUR

6

G. Masson Editeur.

Imp. Eudes Paris.

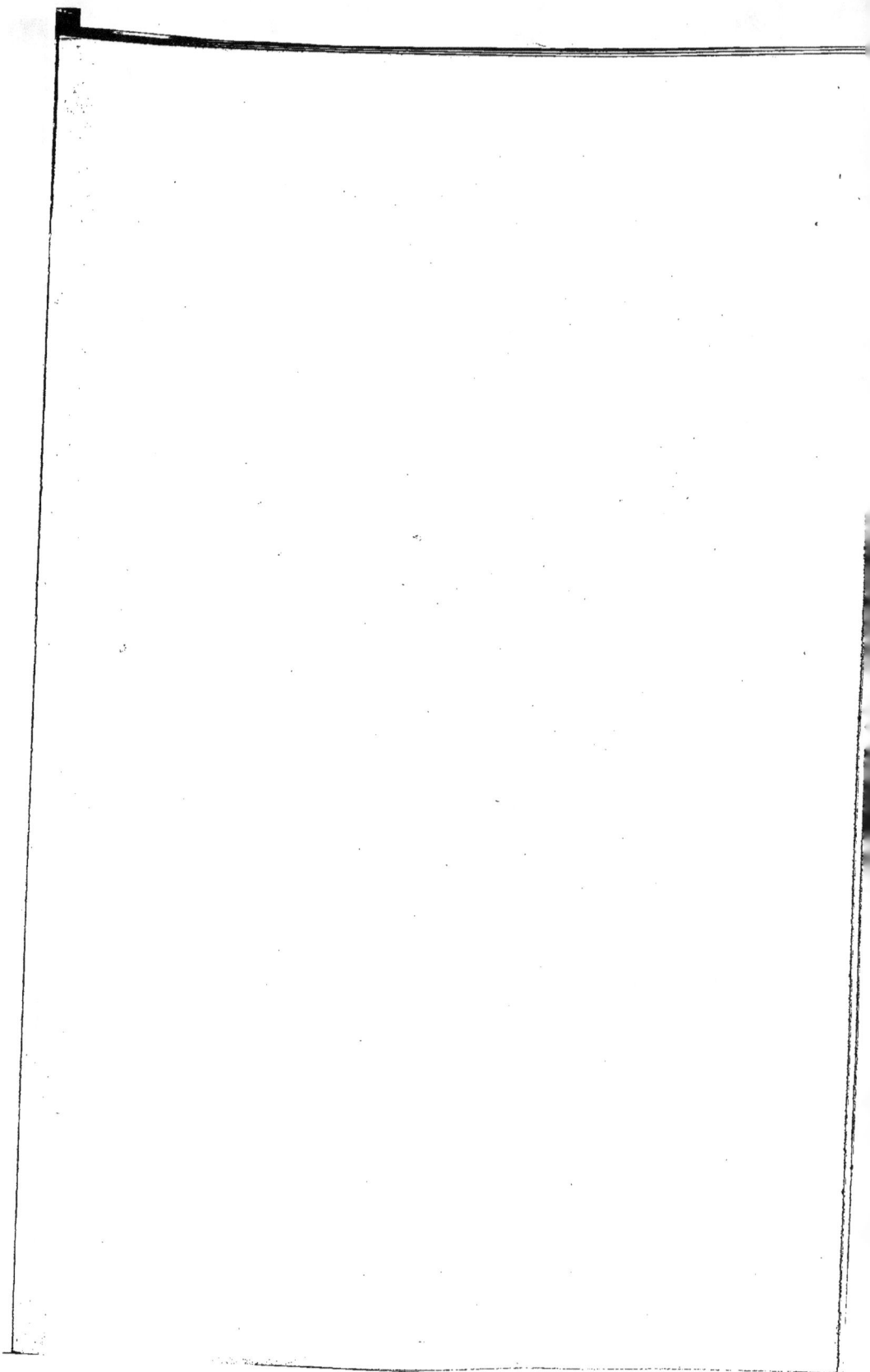

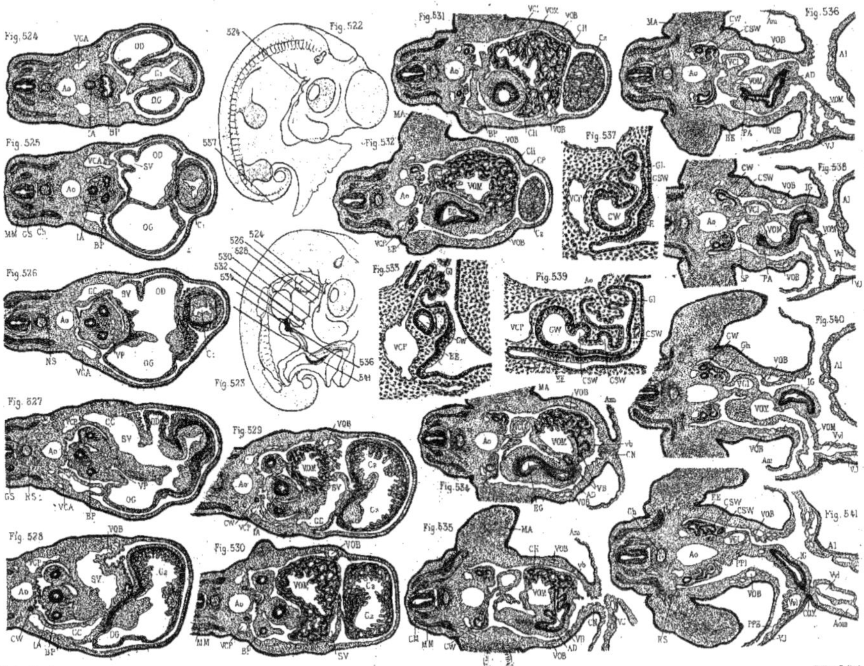

Mathias Duval del. Lith. F. Dujardin

EMBRYON AU MILIEU DU 6ME JOUR

G. Masson Éditeur Imp. Eudes, Paris

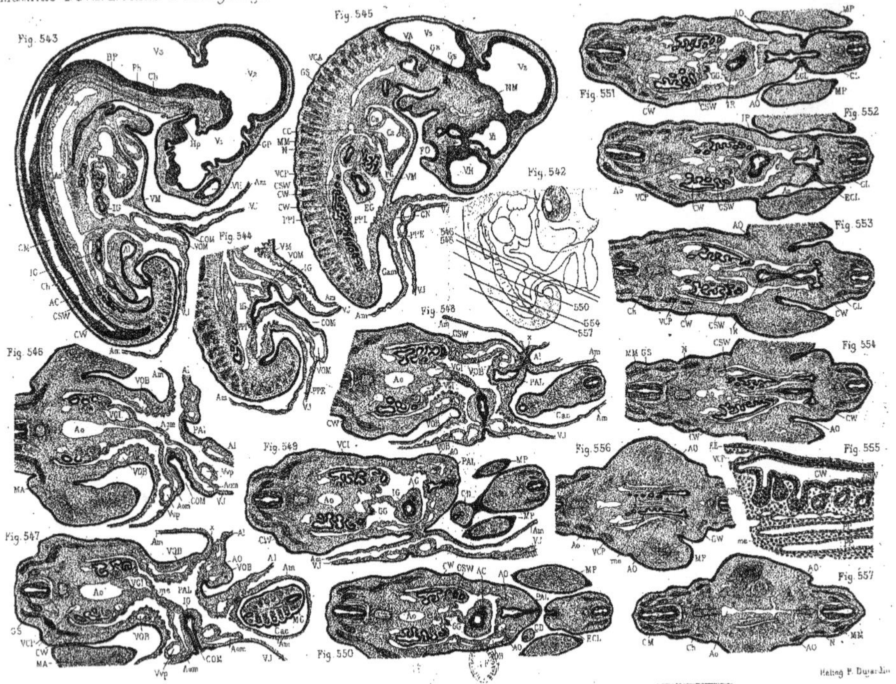

Mathias Duval del.

Heliog. P. Dujardin

EMBRYON AU MILIEU DU 6ME JOUR

G. Masson Editeur

Imp. Eudes, Paris

Mathias Duval. Atlas d'Embryologie

Planche XXXVI

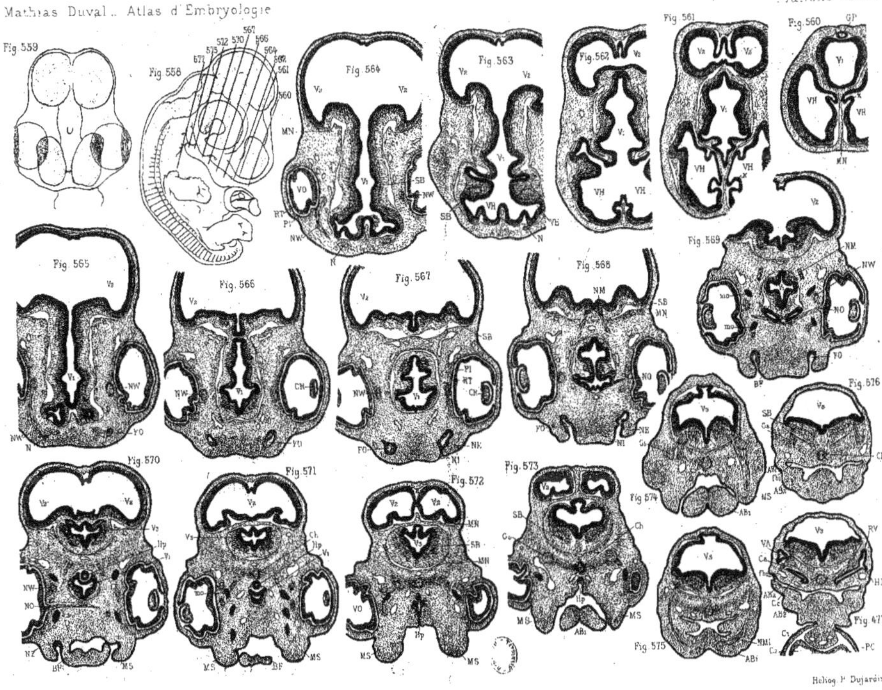

Mathias Duval del.

Héliog. P. Dujardin.

EMBRYON A LA FIN DU 6ME JOUR

G. Masson Éditeur

Imp. Eudes Paris

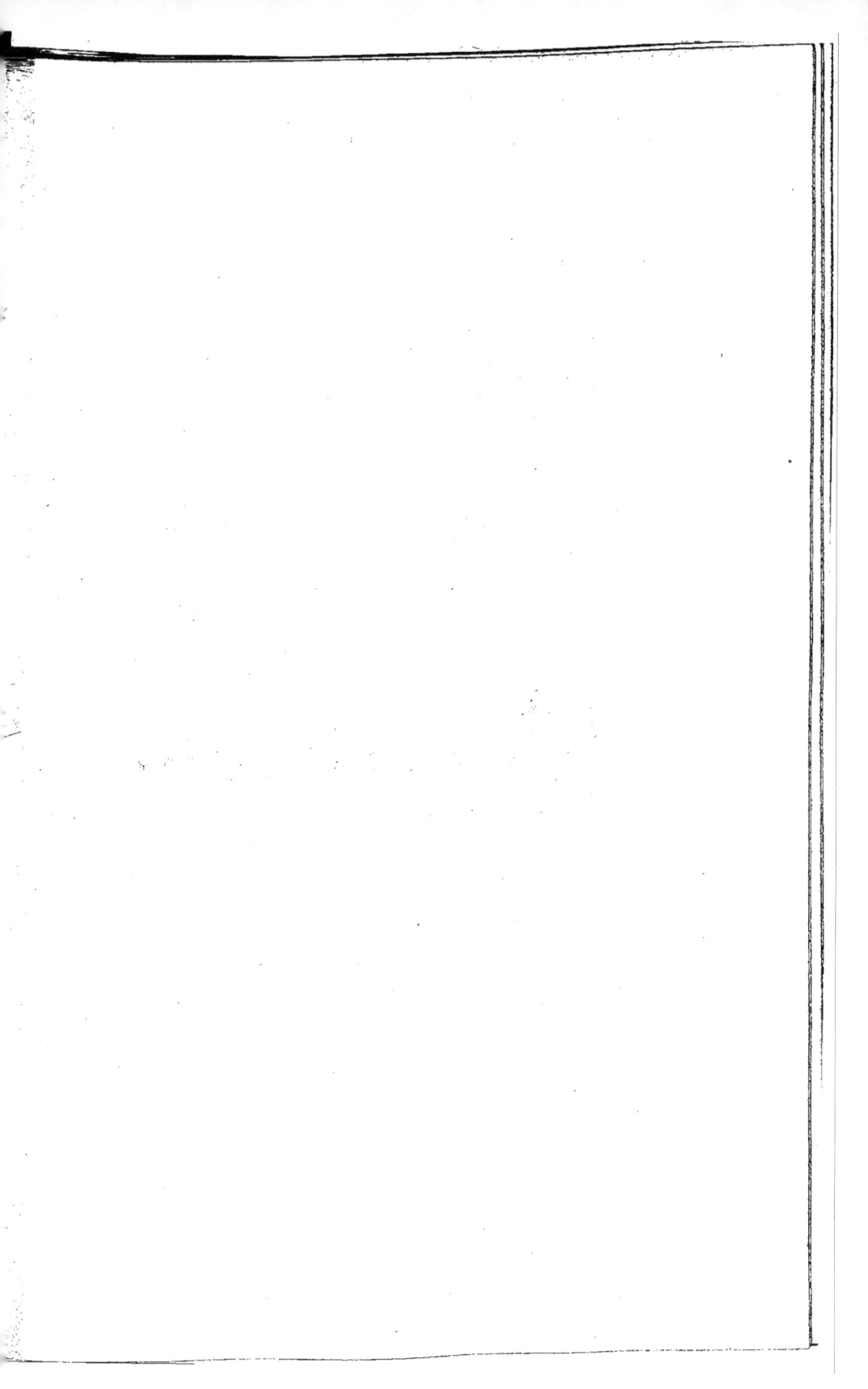

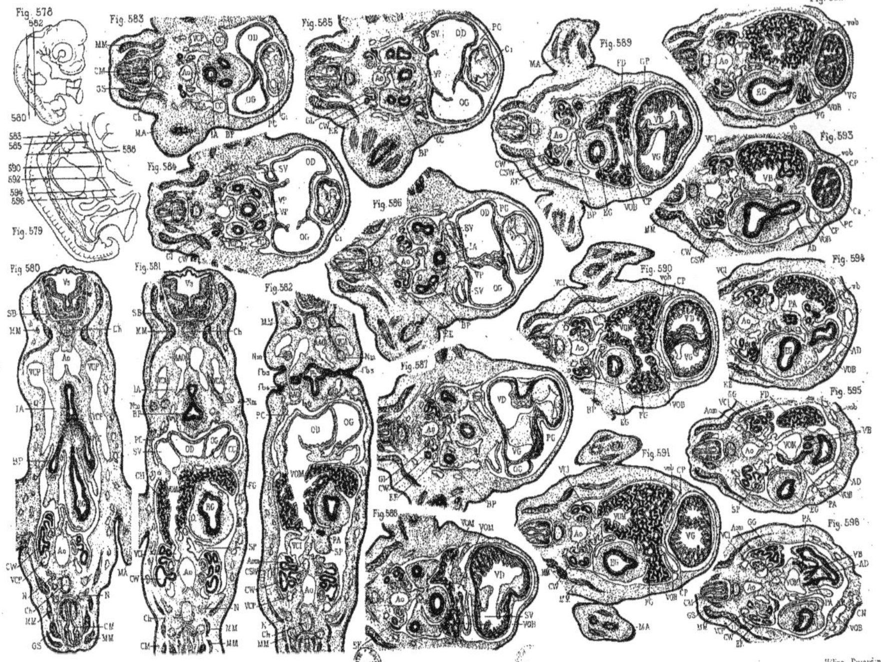

Mathias Duval del

Hélioq. Dujardin

EMBRYON DU 7ME JOUR

C. Masson Éditeur

Imp. Eudes Paris

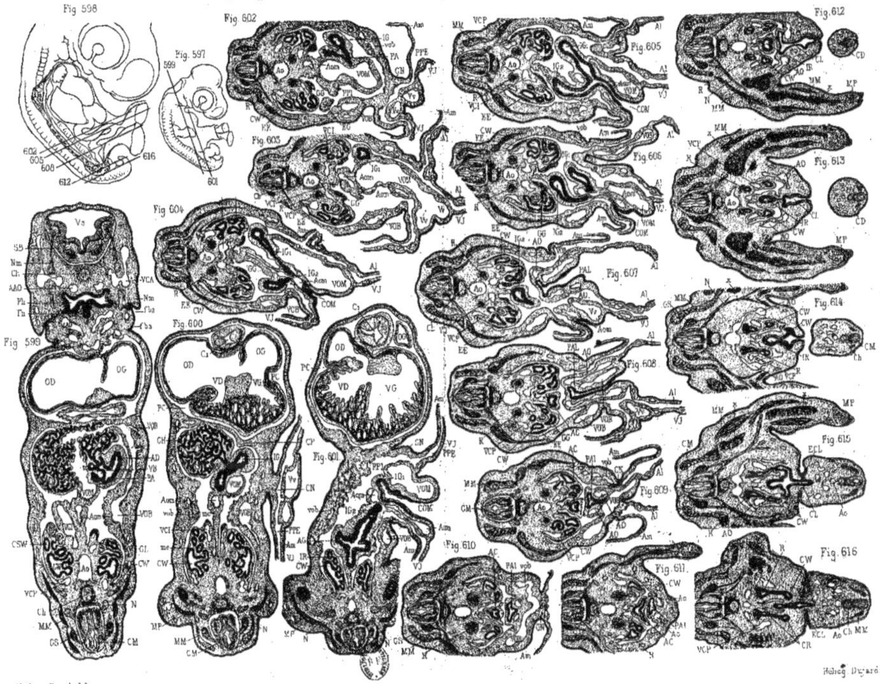

Mathias Duval del

Hulcq Dujardin

EMBRYON DU 7ME JOUR

C. Masson Editeur

Imp. Eudes Paris

Mathias Duval_Atlas d'Embryologie. Planche XXXIX.

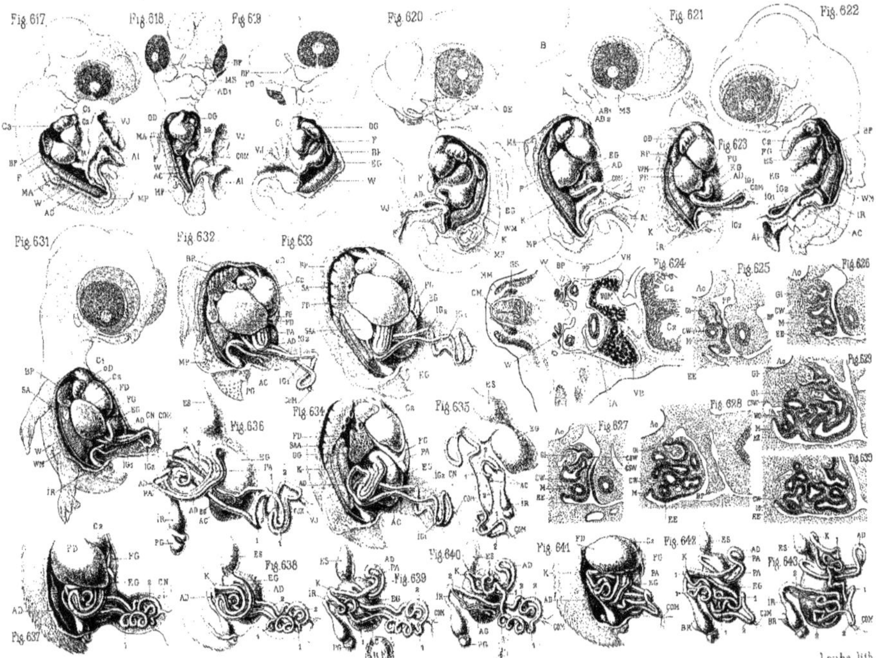

Mathias Duval del. Louba lith.

DÉVELOPPEMENT DES VISCÈRES.

G. Masson Editeur. Imp. Edouard Bry, Paris

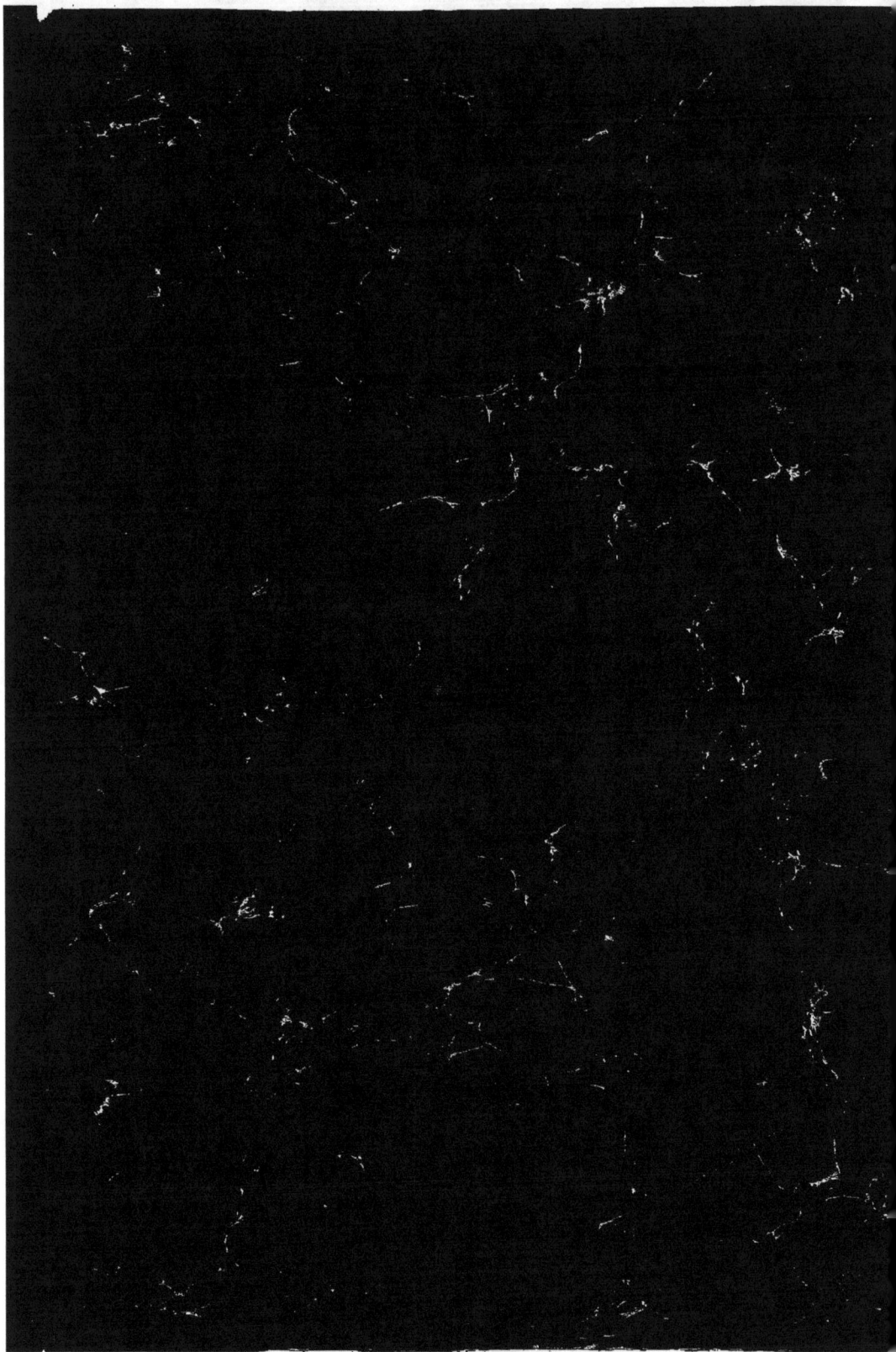

www.ingramcontent.com/pod-product-compliance
Lightning Source LLC
Chambersburg PA
CBHW071634200326
41519CB00012BA/2299